7

Funktionen

Zuordnungen in der Erfahrung

1. a) Uta feiert Geburtstag. In nachstehender Tabelle ist jedem Gast sein Lieblingsgetränk zugeordnet. Die Zuordnung lässt sich auch durch ein **Pfeilbild** beschreiben. Vervollständige nachstehendes Pfeilbild.

Tabelle	
Name	Lieblingsgetränk
Anna	Limo
Dirk	Cola
Lisa	Saft
Marc	Milch
Uta	Saft

Pfeilbild

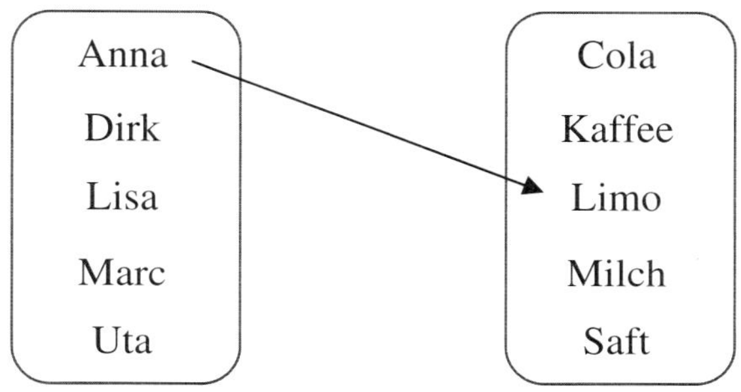

b) Ordne den Erfindungen ihre Jahreszahlen zu.
Stelle die Zuordnung im Pfeilbild dar.

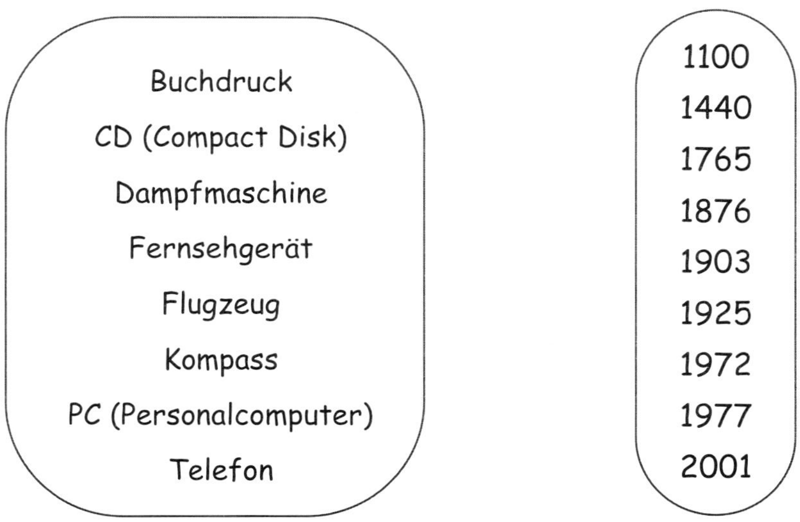

2. Radfahren

Wurzel ist auf ihrem Rennrad unterwegs. Sie fährt mit konstanter Geschwindigkeit und schafft in zwei Stunden 48 km.

a) Berechne die Strecken, die sie in den in der Tabelle angegebenen Zeitspannen zurücklegt.

Fahrzeit	20 min	$\frac{1}{2}$ h	45 min	1 h	1,5 h	2 h	$2\frac{1}{4}$ h	170 min
Strecke in km								

b) Gib die Zuordnungsvorschrift der Zuordnung ***Fahrzeit*** → ***Fahrstrecke*** an.
Von welchem Typ ist die Zuordnung (siehe Kapitel 1)?

t = Fahrzeit in h (t für time (engl.))

c) Zeichne das Schaubild der Zuordnung in das vorbereitete Koordinatensystem.

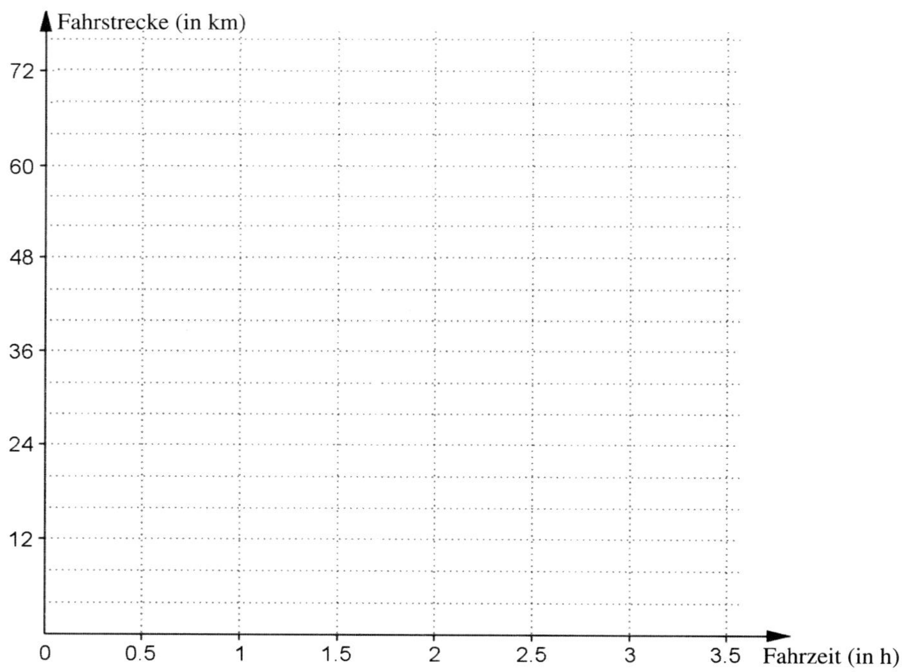

d) Wurzel ist fit und schafft leicht 100 km. Wie lange braucht sie dafür?

3. Stromrechnung

a) Berechne die Stromkosten bei einem Verbrauch von 2000 kWh (5000 kWh) im Jahr.

Strom-Tarif

Grundpreis im Jahr	102 €
Arbeitspreis	$27 \, \frac{c}{kWh}$

kWh = Kilowattstunde

- 2000 kWh $\mapsto$
- 5000 kWh $\mapsto$

b) Gib für die Zuordnung ***Jahresverbrauch*** $\rightarrow$ ***Preis*** eine Zuordnungsvorschrift an.

x = Verbrauch von elektrischer Energie im Jahr

x $\mapsto$

c) Fülle aus.

Energieverbrauch im Jahr in kWh	1200	2500	3000		
Preis in €				1020	1317

d) Stelle zu nebenstehenden Ablesedaten die Verbrauchsrechnung auf.

Energieverbrauch 2015

Zählerstand alt: 13105
Zählerstand neu: 15855

Abgelesen am 31.12.2015

e) Ist Silvesters Aussage richtig? (Vergleiche Seite 9, Aufgabe 12)

Die Zuordnung ***Jahresverbrauch*** $\rightarrow$ ***Preis*** ist proportional.

4. Segelfliegen

Die Abbildung zeigt die Flughöhe eines Segelflugszeugs in Abhängigkeit von der Flugzeit. Gemessen wurde die Höhe über dem Meeresspiegel (ü. M.).

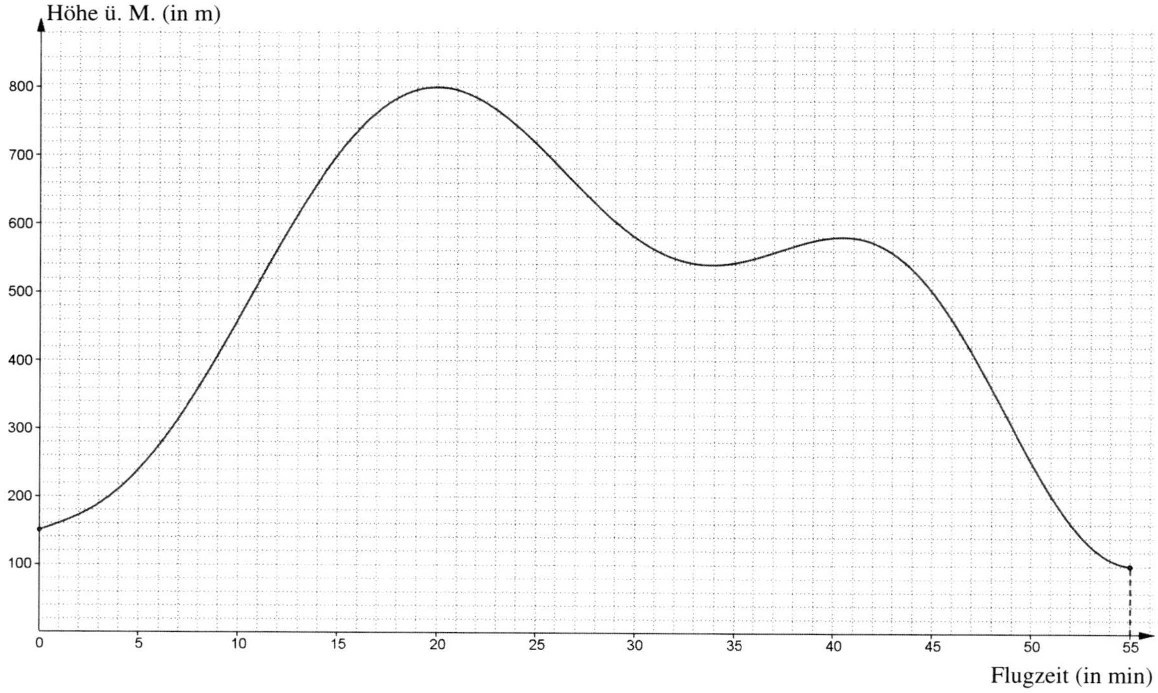

a) Welche Höhe hat das Flugzeug nach 5 min, 10 min, 15 min?

b) Nach welcher Flugzeit hat das Segelflugzeug 500 m ü. M. erreicht?

c) Wann hat das Flugzeug die größte Höhe erreicht, und wie hoch ist es zu diesem Zeitpunkt?

d) Lies ab, wie lange ungefähr das Segelflugzeug höher als 600 m fliegt.

e) Beschreibe, wie sich die Flughöhe im Zeitintervall $[30\,\text{min}; 45\,\text{min}]$ ändert.

f) Was bedeutet die Höhenangabe zum Zeitpunkt 0?

g) Versuche die Flughöhe nach 55 min zu erklären.

5. Fallschirmspringen

Das Schaubild zeigt die Fallgeschwindigkeit v eines Fallschirmspringers in Abhängigkeit von der Fallzeit t.

a) Beschreibe an Hand des Schaubildes die Geschwindigkeit des Fallschirmspringers.

Welche Phasen kannst du beim Fallschirmspringen unterscheiden?

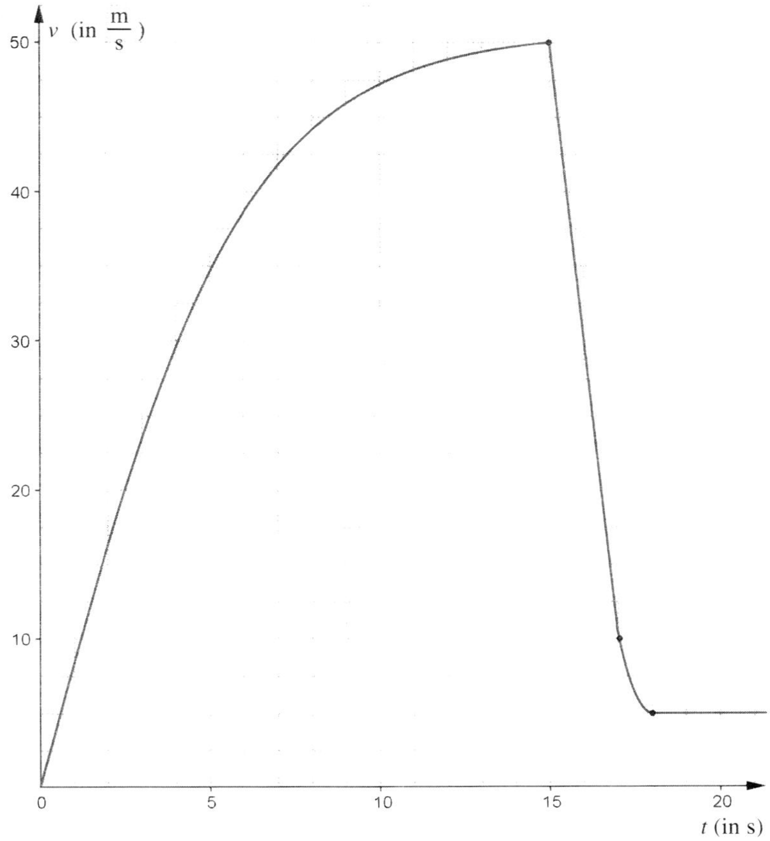

b) Welchen größten Wert erreicht die Geschwindigkeit?
Gib diese maximale Geschwindigkeit auch in $\frac{km}{h}$ an.

v_{max} =

c) Um wie viel ändert sich die Geschwindigkeit in der 16. bis 18. Sekunde?

Geschwindigkeitsänderung =

d) Nach 18 s befindet sich der Fallschirmspringer in 400 m Höhe.
Wie lange dauert es jetzt noch bis zur Landung?

e) Um ungefähr wie viele Meter fällt der Fallschirmspringer je Sekunde von der 11. bis zur 15. Sekunde?

6. Handytarif

Die Taktung 60/20 bei einem Handytarif bedeutet:

Die erste Gesprächsminute wird voll abgerechnet, auch wenn die Verbindung weniger als 60 Sekunden dauert. Ab der zweiten Gesprächsminute wird anteilig in 20-Sekunden-Schritten abgerechnet.

Handy-Spar-Tarif

Telefonieren/SMS:
9c pro min in alle deutschen Netze

Mailbox: kostenlos

Taktung: 60/20

a) Fülle die Tabelle aus.

Gesprächdauer in s	48	60	79	90	107	125
Kosten in c						

b) Zeichne das Schaubild der Zuordnung ***Gesprächsdauer*** $\rightarrow$ ***Kosten*** in das vorbereitete Koordinatensystem.

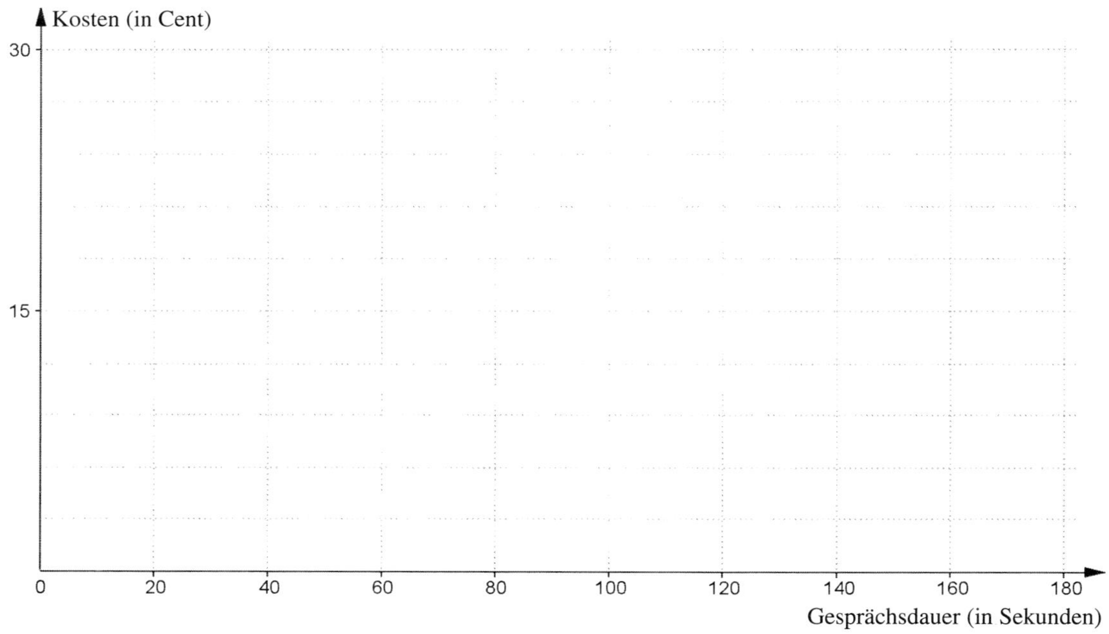

c) Was kostet ein Gespräch von $15\frac{1}{2}$ min?

d) Silvester hat 12 Telefongespräche geführt:

Fünf dauerten weniger als eine Minute, vier dauerten $1\frac{1}{2}$ Minuten und drei $3\frac{1}{4}$ Minuten. Berechne die gesamten Kosten.

e) Wie viel hätten Silvesters zwölf Telefongespräche bei einem Tarif mit der Taktung 60/1 gekostet?

7. Füllvolumen und Füllhöhe

Silvester füllt ein kegelförmiges Gefäß mit Wasser. Er gießt 100 cm^3 Wasser hinein, misst die Füllhöhe, gießt weitere 100 cm^3 Wasser hinzu und misst erneut die Füllhöhe usw.

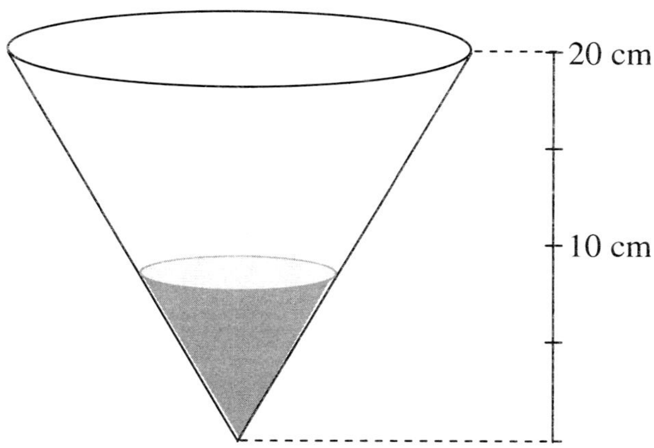

Seine Messergebnisse fasst er in einer Tabelle zusammen.

Füllvolumen (in cm^3)	0	100	200	300	400	500	600	700	800
Füllhöhe (in cm)	0	6,6	8,3	9,5	10,5	11,3	12,0	12,6	13,2

a) Ist die Zuordnung **Füllvolumen → Füllhöhe** proportional? Begründe deine Antwort.

b) Zeichne mit Hilfe der Tabelle das Schaubild der Zuordnung.

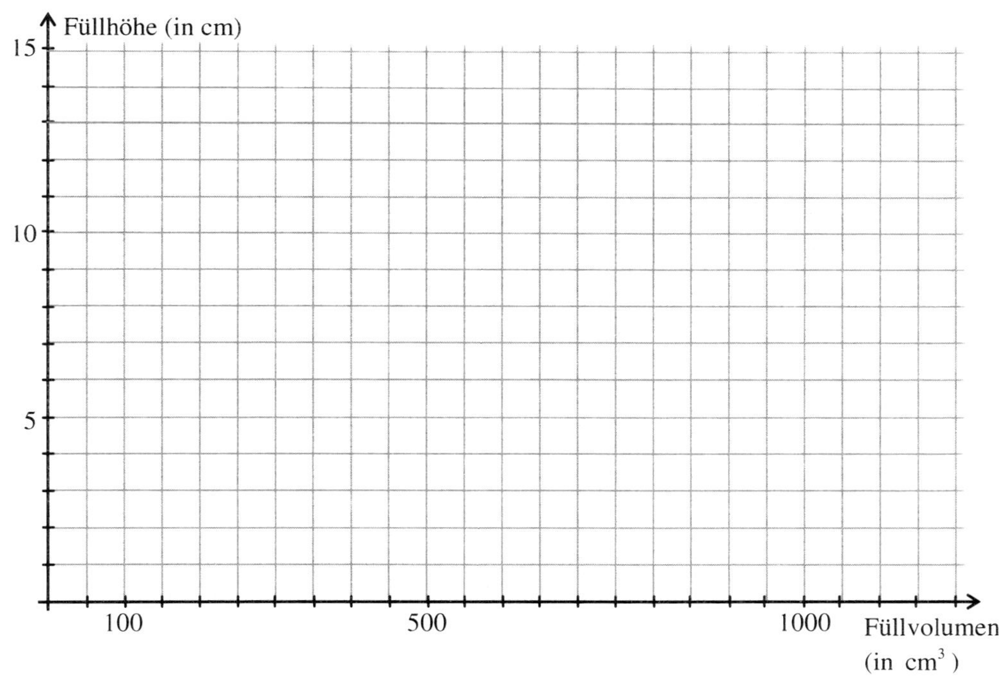

c) Lies aus dem Schaubild ab,

- wie viel Wasser sich in dem Gefäß befindet, wenn die Füllhöhe 10 cm ist,
- wie hoch das Wasser steht, wenn das Füllvolumen 1 ℓ ist.

8. Schulweg

Welches der unten abgebildeten Schaubilder passt am besten zu der Geschichte?

Schreibe für das übrige Schaubild selbst eine Geschichte.

Silvester fährt mit dem Rad zur Schule …

a) Ich war noch nicht lange unterwegs, als ich merkte, dass ich meine Mathe-Sachen vergessen hatte. Ich fuhr zurück, um sie zu holen.

b) Alles lief ausgezeichnet, bis ich einen platten Reifen bekam. Ich pumpte den Reifen wieder auf und fuhr dann weiter.

c) Ich ließ es am Anfang gemächlich angehen, beschleunigte aber, als ich merkte, dass ich zu spät kommen würde.

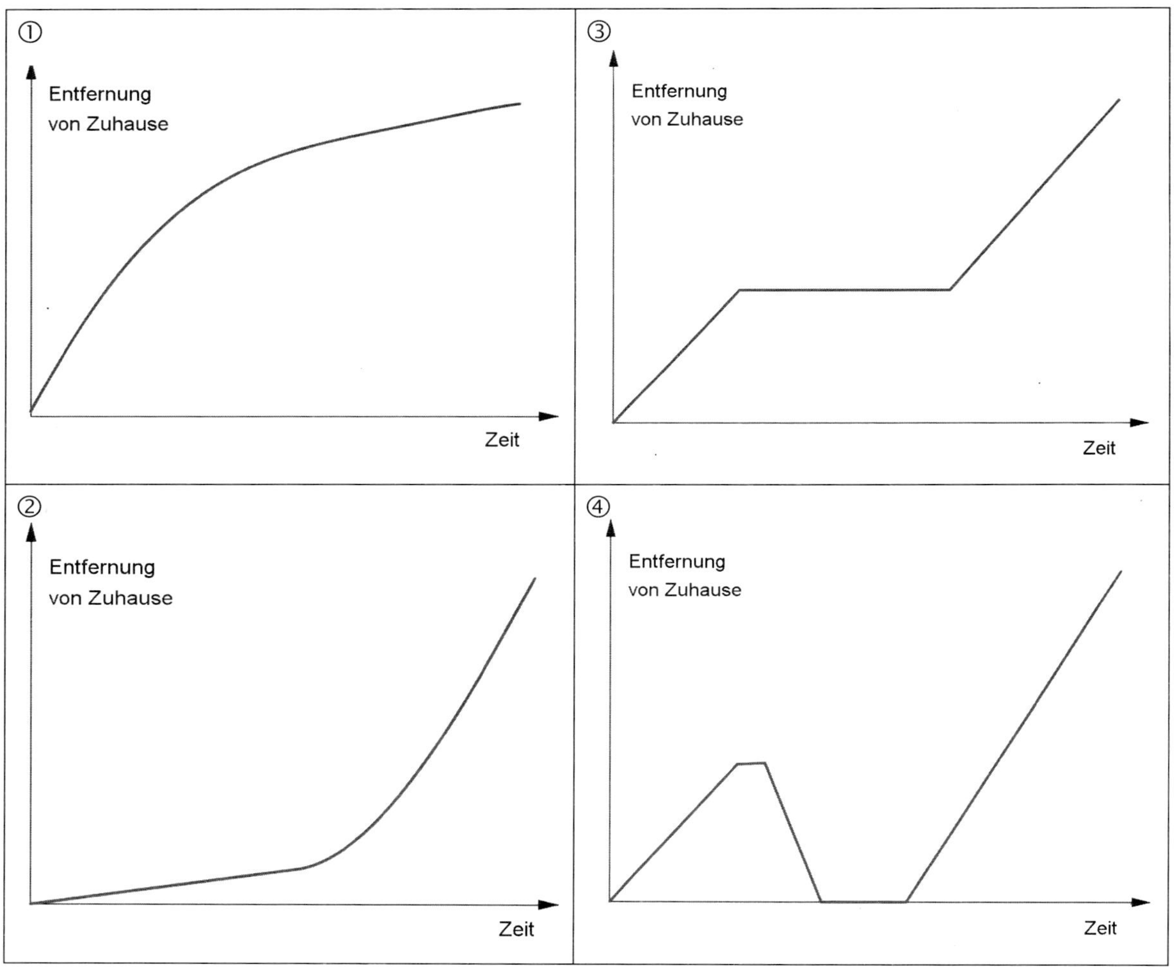

Funktionsbegriff

9. Betrachte die Zuordnung: Jeder natürlichen Zahl ist die Anzahl ihrer Teiler zugeordnet.

a) Ergänze.

- $1 \mapsto$
- $3 \mapsto$
- $5 \mapsto$
- $2 \mapsto$
- $4 \mapsto$
- $0 \mapsto$

b) Stelle zwei Ausschnitte der Zuordnung grafisch dar.

Pfeilbild

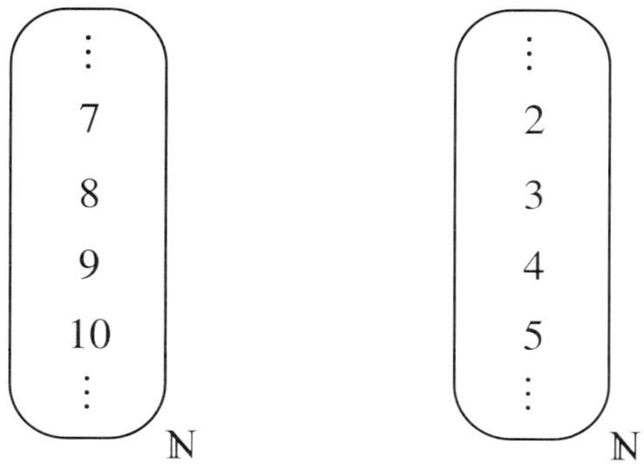

Schaubild

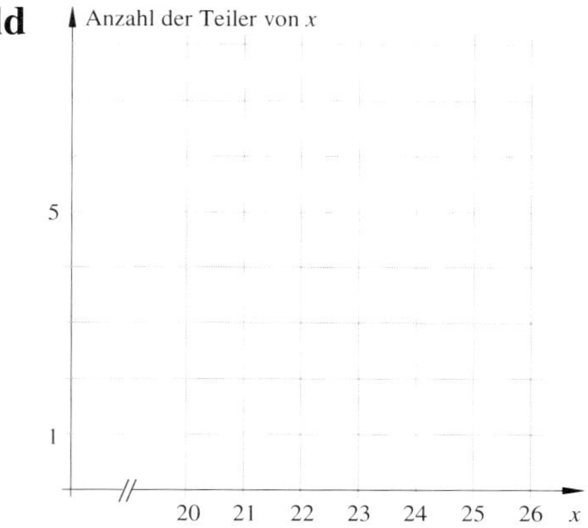

10. Betrachte die Zuordnung: Jeder natürlichen Zahl sind ihre Primfaktoren zugeordnet.

a) Fülle die Wertetabelle aus.

Zahl	24	25	26	27	28	29	30
Primfaktoren	2 ; 3						

b) Stelle zwei Ausschnitte der Zuordnung grafisch dar.

Pfeilbild

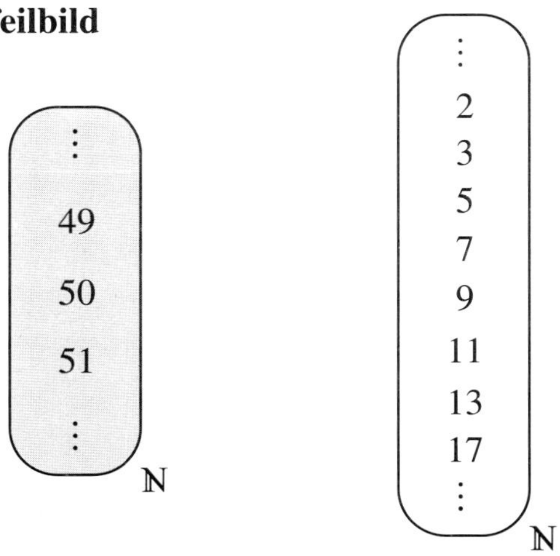

Schaubild

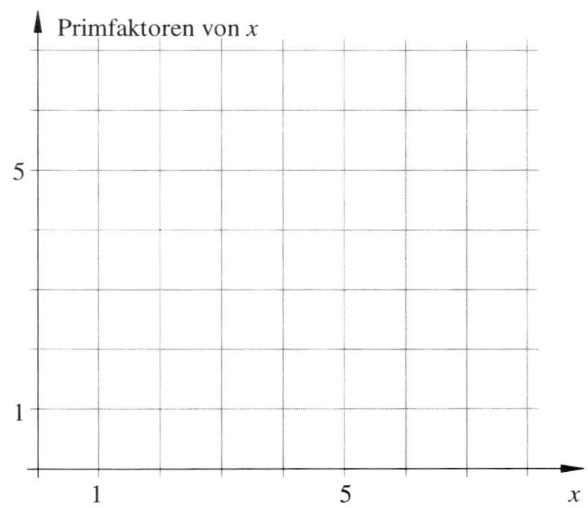

c) Ordnet die Zuordnung jeder Zahl aus ℕ genau eine Zahl zu? Begründe deine Antwort.

11. Ich ordne einer rationalen Zahl den neunfachen Kehrwert der um 2 kleineren Zahl zu.

Also: $17 \mapsto 9 \cdot \frac{1}{17-2}$

Ausgerechnet:

$17 \mapsto \frac{3}{5}$

a) Berechne wie Silvester.

$11 \mapsto$ $-1 \mapsto$ $\frac{7}{3} \mapsto$

b) Gib die Zuordnungsvorschrift an:

c) Fülle die Wertetabelle aus.

x	-7	-3	0	1	1,5	2	2,5	3
zugeordnete Zahl								

Die Zuordnung ordnet jeder Zahl aus $\mathbb{Q} \setminus \{2\}$ genau eine Zahl zu.

$\mathbb{Q} \setminus \{2\} = \mathbb{Q}$ ohne die Menge mit dem Element 2.

Eine Zuordnung, die **jedem** Element einer Menge *D* **genau eine** Zahl zuordnet, heißt **Funktion auf *D*.**
D heißt **Definitionsmenge** der Funktion.

12. Silvester hat sich Zuordnungen von $D = \{1, 2, 3, 4\}$ nach $\mathbb{Q}$ ausgedacht und durch Pfeilbilder dargestellt.
Welche dieser Zuordnungen sind Funktionen auf *D*? Begründe jeweils deine Entscheidung.

a)

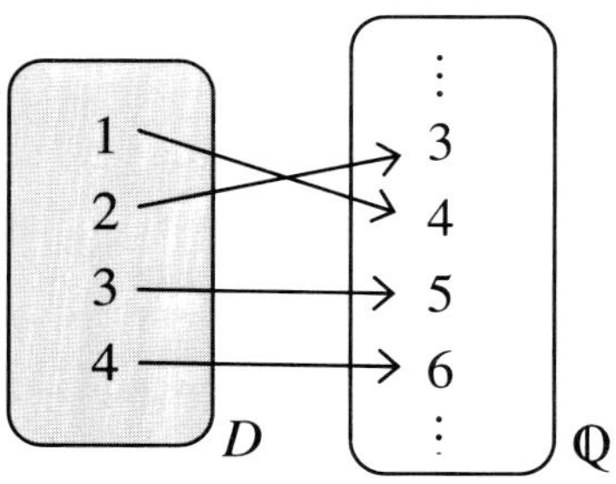

b)

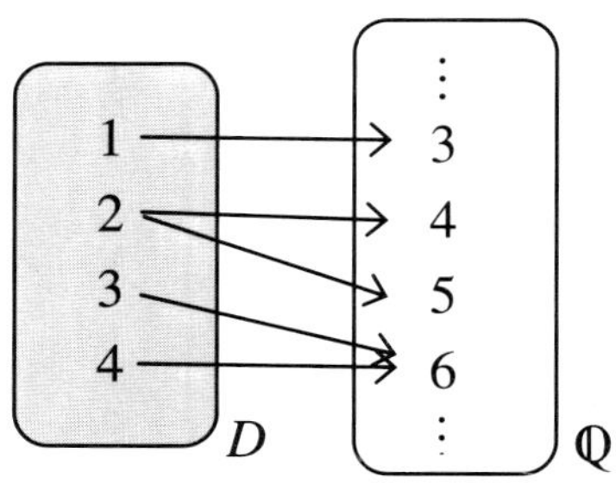

c)

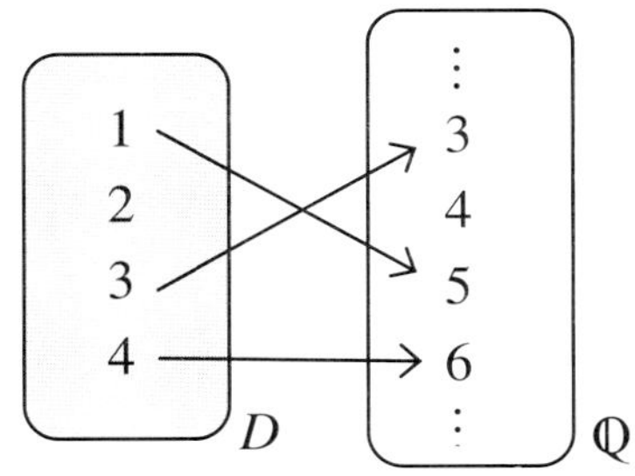

d)

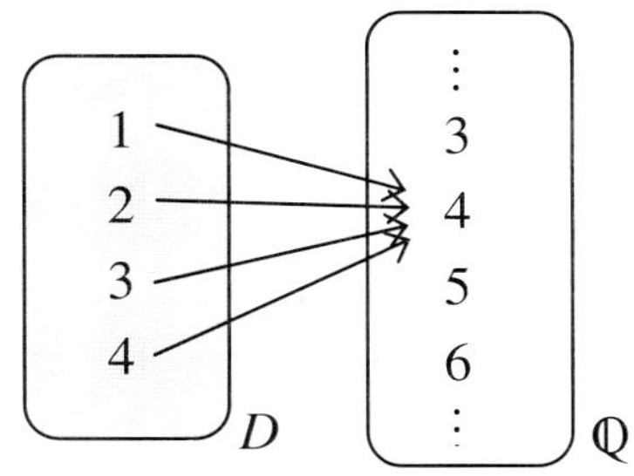

13. Kreuze die Zuordnungen an, die **Funktionen auf** $\mathbb{Q}$ sind. Begründe deine Entscheidung.

- ☐ Jeder Zahl ist die nächstgrößere ganze Zahl zugeordnet.
- ☐ Jeder Zahl ist die nächstliegende ganze Zahl zugeordnet.
- ☐ Jeder Zahl ist ihr Abstand zur nächstliegenden ganzen Zahl zugeordnet.
- ☐ Jeder positiven Zahl ist 1, allen anderen 0 zugeordnet.
- ☐ Den Zahlen größer als -1 ist die Zahl 5, den Zahlen kleiner als 1 die -5 zugeordnet.
- ☐ Jeder Zahl ist die Kehrzahl der nächstkleineren ganzen Zahl zugeordnet.

Bezeichnungen

Die Zuordnung $f\colon x \mapsto \frac{9}{x-2}$ (vergleiche Aufgabe 11) ist eine Funktion auf $\mathbb{Q}\setminus\{2\}$.

Wir schreiben dafür: $f\colon \mathbb{Q}\setminus\{2\} \to \mathbb{Q},\ x \mapsto \frac{9}{x-2}$

- f → Funktionsname
- $x \mapsto \frac{9}{x-2}$ → Funktionsvorschrift
- $\frac{9}{x-2}$ → Funktionsterm
- x → Variable
- $\mathbb{Q}$ → Zielmenge
- $\mathbb{Q}\setminus\{2\}$ → Definitionsmenge

Und lesen: „f von $\mathbb{Q}\setminus\{2\}$ nach $\mathbb{Q}$ mit x wird zugeordnet $\frac{9}{x-2}$."

Als Funktionsnamen verwenden wir die Kleinbuchstaben f (Standard), g, h, … .

Zwischen Definitionsmenge und Zielmenge schreiben wir einen Pfeil ohne Strich ($\to$), in der Funktionsvorschrift einen Pfeil mit Strich ($\mapsto$).

14. Gegeben sind **Funktionsvorschriften** in Wortform. Bestimme jeweils die (größtmögliche) Definitionsmenge D und gib die Funktion in der Form $f: D \to \mathbb{Q}, x \mapsto \ldots$ an.

a) f ordnet jeder Zahl die Kehrzahl der um 5 kleineren Zahl zu.

Funktionsvorschrift: $x \mapsto$

Definitionsmenge:

Funktion:

b) f ordnet jeder Zahl die Summe ihres Quadrates und der Zahl 5 zu.

Weiter im Heft:

c) g ordnet jeder Zahl das Quadrat der um 5 größeren Zahl zu.

d) h ordnet jeder Zahl die Kehrzahl der um 3 größeren Zahl zu.

e) d ordnet jeder Zahl ihre Differenz zur Kehrzahl zu.

f) q ordnet jeder Zahl ihren Quotienten mit der um 2 kleineren Zahl zu.

g) k ordnet jeder Zahl die Differenz von 10 und ihrem Siebenfachen zu.

h) p ordnet jeder Zahl das halbe Produkt ihrer 3. Potenz mit der um 1 kleineren Zahl zu.

i) b ordnet den negativen Zahlen ihre Gegenzahl zu und allen anderen Zahlen sich selbst.

Regelmäßiges Neuneck

Die Abbildung zeigt ein regelmäßiges Neuneck.

Welches Maß hat der Winkel $\sphericalangle \alpha$ im Punkt P?

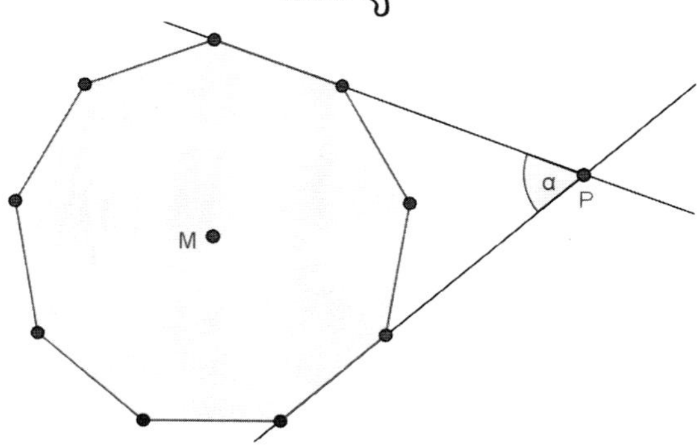

Funktionswert

15. Betrachte die Funktion $f: \mathbb{Q}\backslash\{-1\} \to \mathbb{Q},\ x \mapsto \dfrac{12}{x+1}$.

a) Fülle die Lücken aus.

Die der 2 zugeordnete Zahl heißt **Funktionswert von *f* an der Stelle 2**, in Zeichen ***f*(2)** (lies: „*f* von 2")

Ich kann also schreiben:

$2 \overset{f}{\longmapsto}$

oder

f(2) =

b) Gib die Funktionswerte von f an den gegebenen Stellen an. Benutze die Pfeil-Schreibweise und die f-von-Schreibweise.

Stelle	Pfeilschreibweise	f-von-Schreibweise
0		
1		
2		
5		
7		
-5		

Die Rechnung schaffst du im Kopf!

c) Mache es wie Wurzel (im Heft).

$f\left(\frac{1}{2}\right)$ = Funktionswert von f an der Stelle $\frac{1}{2}$

$$f\left(\tfrac{1}{2}\right) = \frac{12}{\frac{1}{2}+1} = \frac{12}{\frac{3}{2}} = 12 \cdot \tfrac{2}{3} = 8$$

$f(11)$; $f(17)$; $f(119)$; $f(-25)$; $f\left(-\frac{1}{2}\right)$; $f\left(\frac{1}{3}\right)$; $f(0{,}2)$; $f(-0{,}9)$

- Eine Funktion f ordnet jedem $x \in D$ genau eine Zahl y zu. Diese Zahl y heißt **Funktionswert von *f* an der Stelle *x*** und wird mit ***f*(*x*)** (lies: f von x) bezeichnet:

$$\boldsymbol{y = f(x)}.$$

- Außer durch Zuordnungsvorschriften beschreibt man Funktionen auch durch Gleichungen, z. B. die Funktion in Aufgabe 15:

$$f: \mathbb{Q}\backslash\{-1\} \to \mathbb{Q},\ x \mapsto y \quad \text{mit} \quad \underbrace{y = \frac{12}{x+1}}_{\text{Funktionsgleichung}} .$$

16. Gegeben ist die Funktion $f:\mathbb{Q}\rightarrow\mathbb{Q}, x\mapsto y$ mit $y=5-2\cdot x$.

a) Berechne den Funktionswert.

... an der Stelle -3 :	f(-3) = 5 - 2·(-3) = 5 + 6 = 11
... an der Stelle 1 :	f(1) =
... an der Stelle 7 :	
... an der Stelle 0 :	
... an der Stelle $\frac{5}{2}$:	
... an der Stelle -2 :	
... an der Stelle -1,3 :	

b) Es gibt eine Stelle, an der f den Funktionswert 111 hat. Finde diese Stelle.

17. Gegeben ist die Funktion $g: x\mapsto \frac{x}{x+1}$.

a) Gib die größtmögliche Definitionsmenge von g an.

b) Welchen Funktionswert hat g an der Stelle 3 (an der Stelle -2)?

c) Berechne $g(9)$, $g(-\frac{3}{4})$ und $g(-1{,}1)$.

d) Welche Zahl ordnet g der Zahl -3 (der Zahl $-\frac{1}{2}$) zu?

e) Berechne $g(1)$, $g(g(1))$ und $g(g(g(1)))$.

18. Gegeben ist die Funktion h auf $\mathbb{Q}$ mit $h(x)=x^2-x-2$.

a) Berechne.

$h(\frac{1}{2})$ =

$h(-\frac{4}{3})$ =

h(100) =

b) Fülle aus.

x	0	1	3	-2	-3	9
h(x)						

c) Es gibt zwei Stellen, an denen h den Funktionswert 0 hat. Suche diese Stellen.

19. Autovermietung

Herr Bur mietet für einen Tag bei der Autovermietung CarRent einen Transporter.

> **CarRent**
> Ein Transporter (3,5 Tonnen) kostet
> - Grundpreis pro Tag: 38,00 €
> - Kilometerpreis: 0,20 $\frac{€}{km}$
>
> Die ersten 100 km sind im Grundpreis enthalten.

a) Herr Bur ist mit dem Transporter 75 km (180 km) gefahren.

Berechne den Mietpreis.

- Mietpreis bei 75 km:
- Mietpreis bei 180 km:

b) Betrachte die Funktion p an, die den Mietpreis in Abhängigkeit von der gefahrenen Strecke beschreibt. Gib den Funktionsterm und die Definitionsmenge an.

x = gefahrene Strecke

p(x) = {

D =

c) Lege für die Funktion p eine Tabelle an. Aus der Tabelle soll man die Mietpreise für Strecken zwischen 50 km und 400 km in Schritten von 50 km ablesen können.

gefahrene Strecke in km								
Mietpreis in €								

d) Welche Frage kannst du mit Hilfe der Gleichung $p(x) = 75\,€$ beantworten?

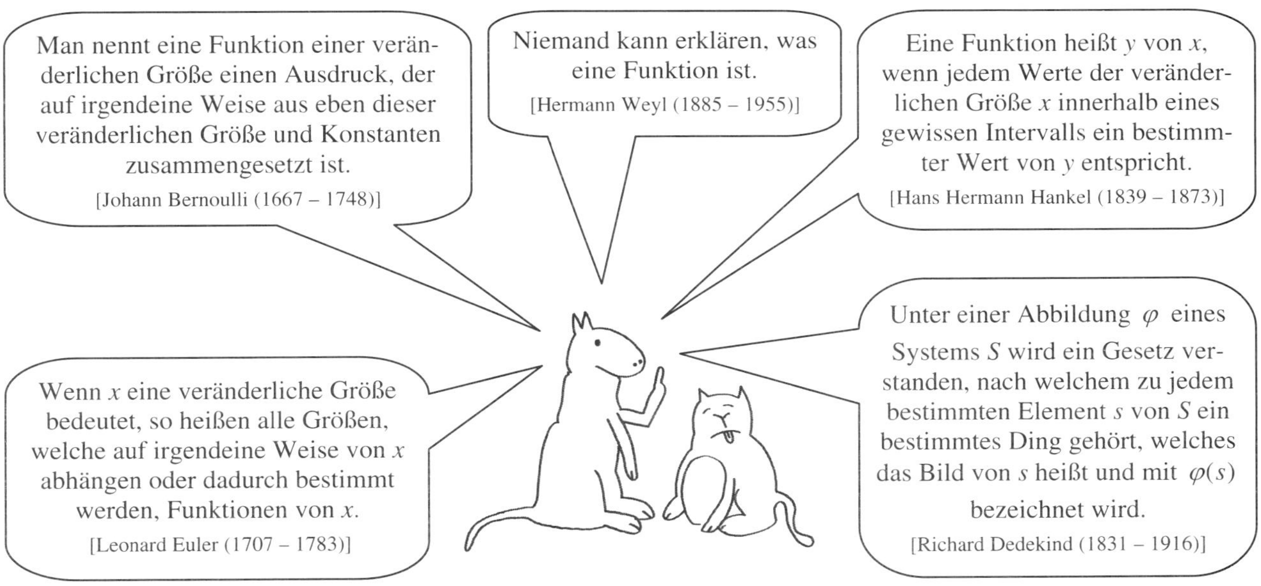

Graph einer Funktion

20. Betrachte die Funktion f auf $\mathbb{Q}$ mit $f(x) = 2x - 1$.

a) Fülle die Wertetabelle aus.

x	-2	-1	0	1	2	3
f(x)						

b) Zahl und zugeordnete Zahl bilden ein **Zahlenpaar**.
Welche Zahlenpaare liefert die Wertetabelle?

(-2|-5);

c) Veranschauliche die Zahlenpaare im Koordinatensystem durch Punkte.

d) Trage weitere Punkte $(x|f(x))$ in das Koordinatensystem ein, z. B. für $x \in \left\{-\frac{3}{2}, -\frac{1}{2}, -\frac{1}{4}, \frac{1}{4}, \frac{1}{2}, \frac{3}{4}, \frac{5}{4}, \frac{3}{2}\right\}$.

e) Alle Punkte $(x|f(x))$ zusammen bilden das Schaubild von f.
Vervollständige deine Zeichnung zum Schaubild von f.

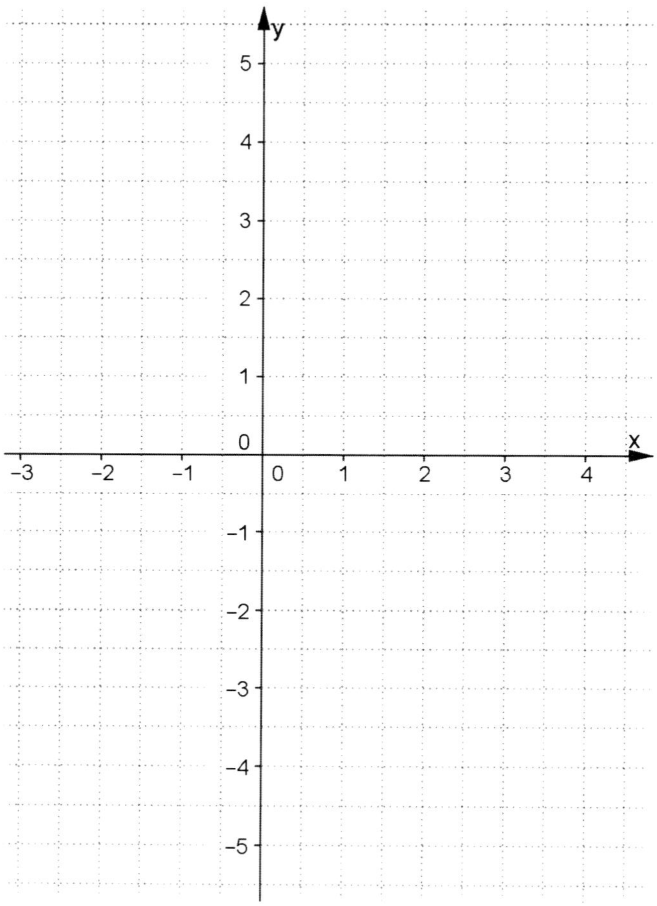

Sei f eine Funktion auf D.
Die Menge aller Punkte $(x|f(x))$ mit $x \in D$ heißt **Schaubild** oder **Graph** der Funktion f.

Graph von f kürzen wir mit G_f ab.

21. Zeichne die Graphen folgender Funktionen auf $\mathbb{Q}$, e) - g) ins Hausheft.

a) $f: x \mapsto 0{,}8 \cdot x$

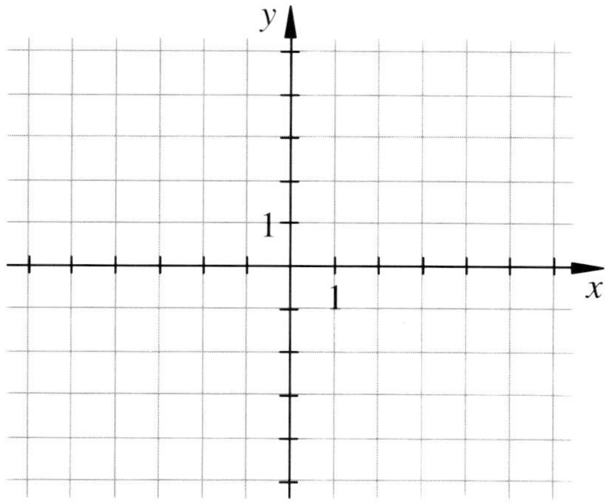

b) $f: x \mapsto 3 - x$

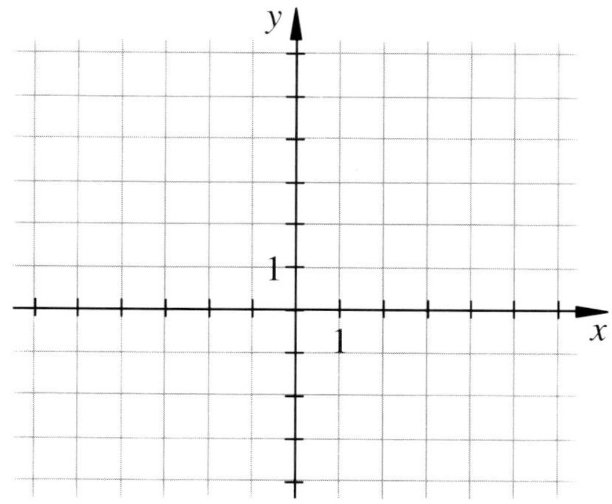

c) $f: x \mapsto -2$

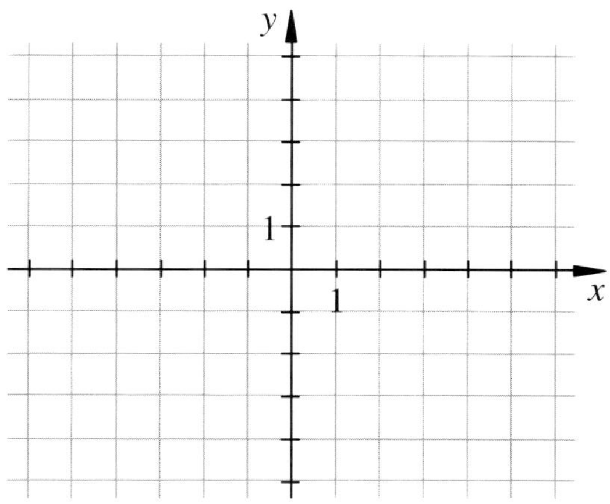

d) $f: x \mapsto |x|$

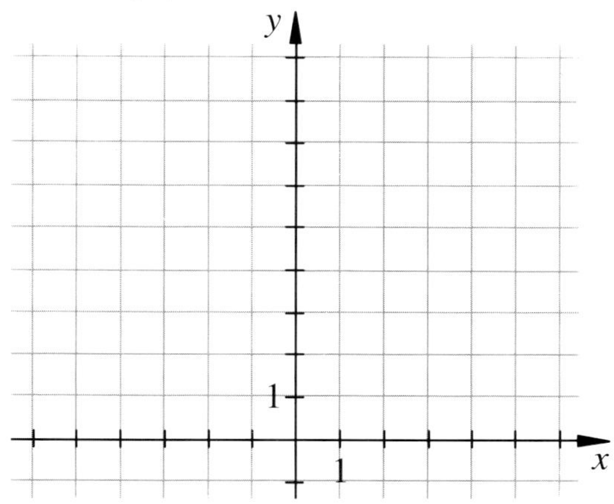

e) $f: x \mapsto x + \frac{3}{2}$

f) $f: x \mapsto \frac{1}{2}x - 1$

g) $f: x \mapsto \begin{cases} 1, \text{ wenn } x < 0 \\ 2, \text{ wenn } x \geq 0 \end{cases}$

22. Funktionswerte ablesen

Die Abbildung zeigt den Graphen einer Funktion f .

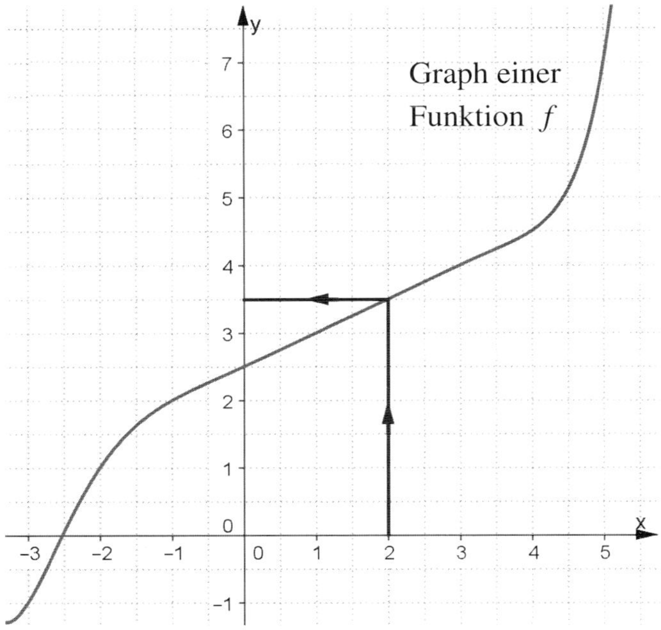

x	f(x)
-3	
-2	
-1	
0	
1	
2	3,5
3	
4	
5	

a) Silvester hat den Funktionswert von f an der Stelle 2 abgelesen. Beschreibe, wie er das gemacht hat.

b) Bestimme ebenso die Funktionswerte von f an den übrigen in der Tabelle genannten Stellen und trage die Ergebnisse in die Tabelle ein.

23. Stellen ablesen

Die Abbildung zeigt den Graphen einer Funktion f .

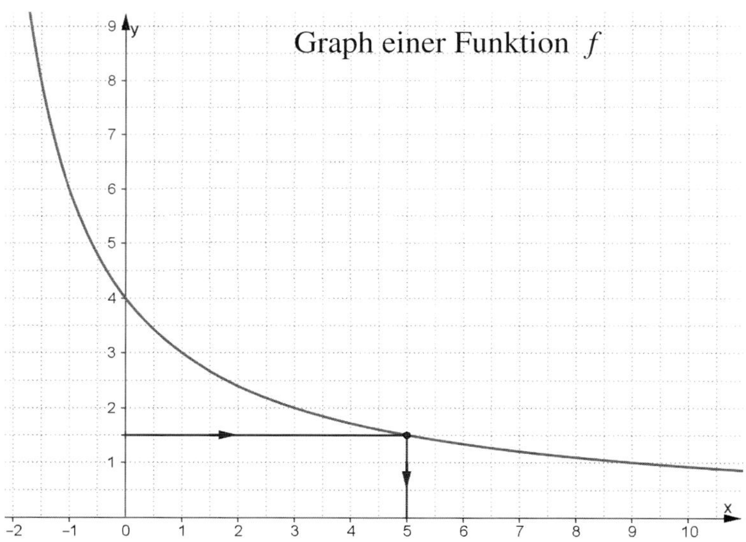

x	f(x)
	1
5	1,5
	2
	3
	4
	5
	6
	8

a) Wurzel hat die Stelle abgelesen, an der f den Funktionswert 1,5 hat. Beschreibe, wie sie das gemacht hat.

b) Bestimme ebenso die Stellen, an denen f die übrigen in der Tabelle genannten Funktionswerte hat, und trage die Ergebnisse in die Tabelle ein.

24. Nachstehende Abbildung zeigt den Graphen einer Funktion f auf dem Intervall $[0;14]$.

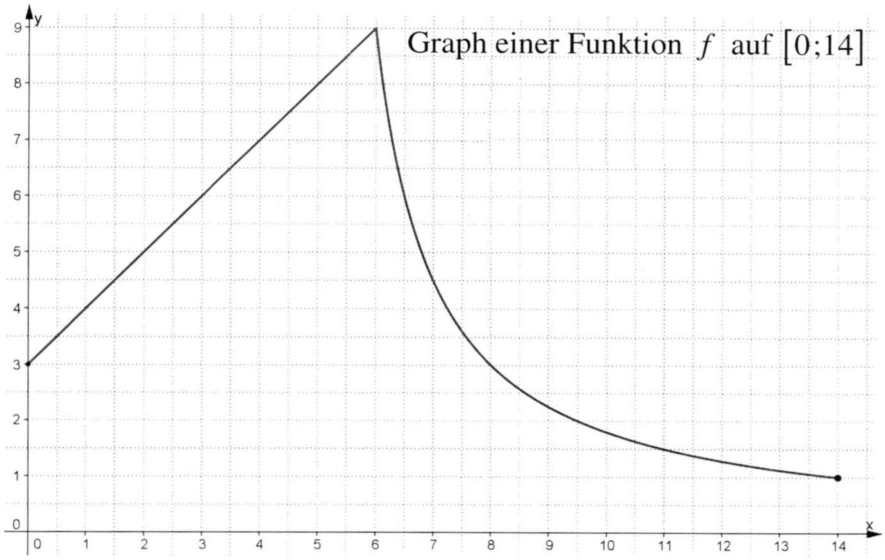

x	f(x)
1	
4	
6	
8	
14	

a) Fülle die Wertetabelle aus.

b) An welchen Stellen hat f ...

- ... den Funktionswert 6 ?
- ... den Funktionswert 3 ?
- ... den Funktionswert $\frac{3}{2}$?
- ... den Funktionswert 0 ?

c) Bestimme alle Stellen x, für die gilt:

- $f(x) = 4\frac{1}{2}$
- $f(x) = 2$
- $f(x) = 1$

d) Bestimme den kleinsten und den größten Funktionswert von f und gib die Menge W aller Zahlen an, die Funktionswerte von f sind.

W =

25. a) Welche der gegebenen Schaubilder sind Graphen von Funktionen? Begründe deine Entscheidung.

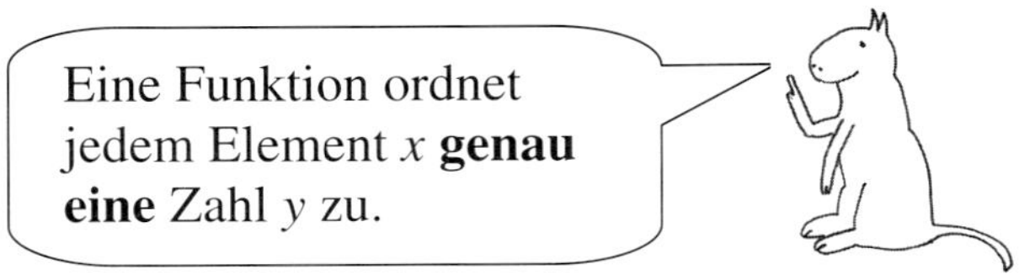

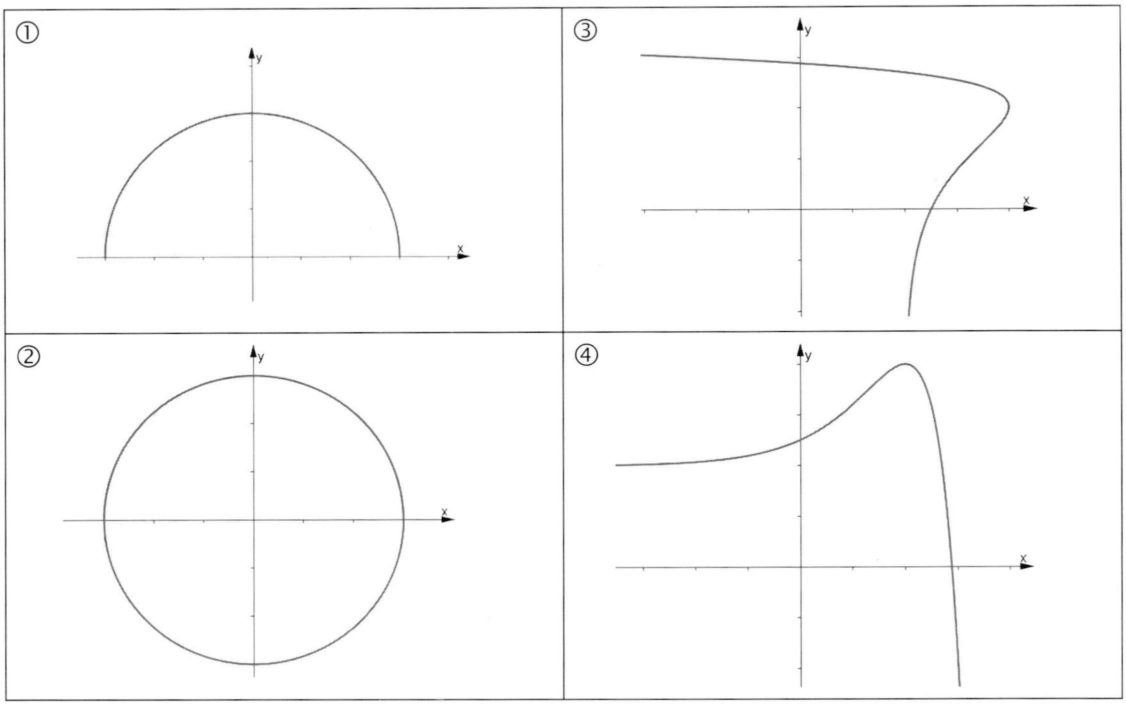

b) Woran erkennst du am Schaubild, ob eine Zuordnung eine Funktion ist?

26. Zu drei der sechs gegebenen Funktionsgleichungen sind die Graphen gezeichnet.
Ordne jedem Graphen die richtige Gleichung zu und zeichne zu den übrigen Gleichungen die Graphen im Heft.

$y=\frac{1}{2}x$	$y=-x$	$y=\lvert x\rvert$	$y=x^2$	$y=\frac{1}{x}$	$y=\frac{1}{x^2}$

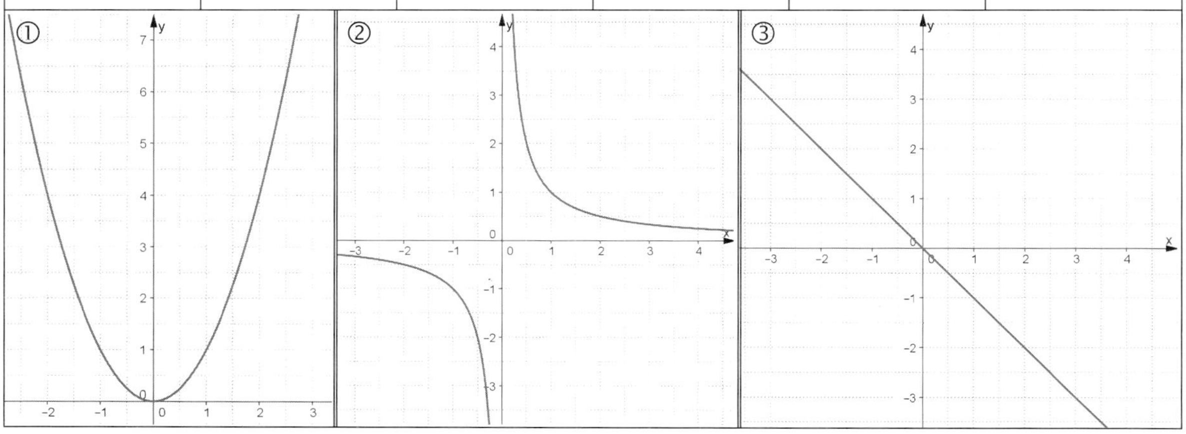

27. Peter verbringt seine Ferien auf dem Bauernhof seines Onkels. Er arbeitet jeden Tag mindestens zwei und höchstens sieben Stunden. Der Onkel bezahlt ihm einen Stundenlohn von 8 €.

a) Peters Tageslohn ist eine Funktion der Arbeitszeit. Gib den Funktionsterm und die Definitionsmenge an.

Arbeitszeit: x

Tageslohn: L(x) =

Definitionsmenge: D =

b) Zeichne den Graphen der Funktion L in das vorbereitete Koordinatensystem.

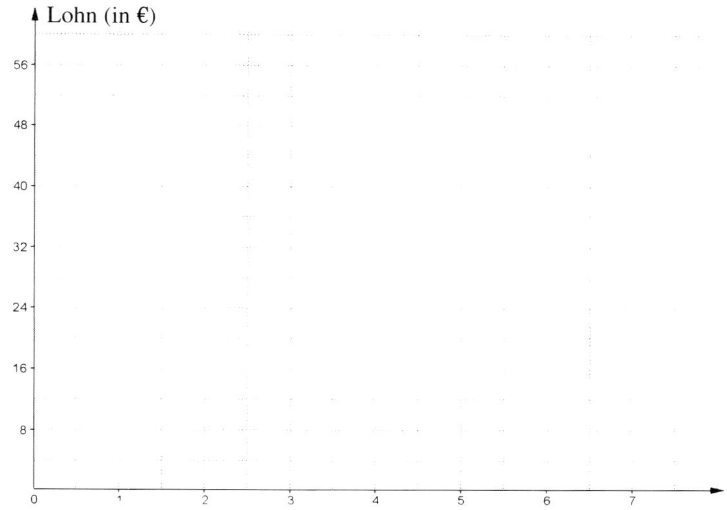

c) Markiere farbig …

- … auf der 1. Achse alle möglichen Arbeitszeiten,
- … auf der 2. Achse alle möglichen Tageslöhne.

Sei $f: D \rightarrow \mathbb{Q}$ eine Funktion.

Die Menge aller Funktionswerte von f heißt **Wertemenge *W*** der Funktion.

Für die Funktion L aus Aufgabe 27 gilt:

W =

28. Wertemenge ablesen

a) Gegeben ist der Graph einer Funktion $f: D \to \mathbb{Q}$.

Wurzel hat die Wertemenge von f abgelesen. Beschreibe, wie sie das gemacht hat.

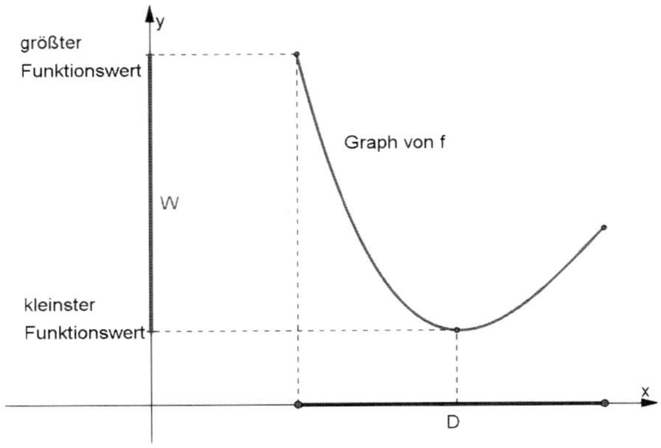

b) Gegeben ist der Graph einer Funktion f auf einer Menge D. Markiere auf der y-Achse die **Wertemenge** farbig.

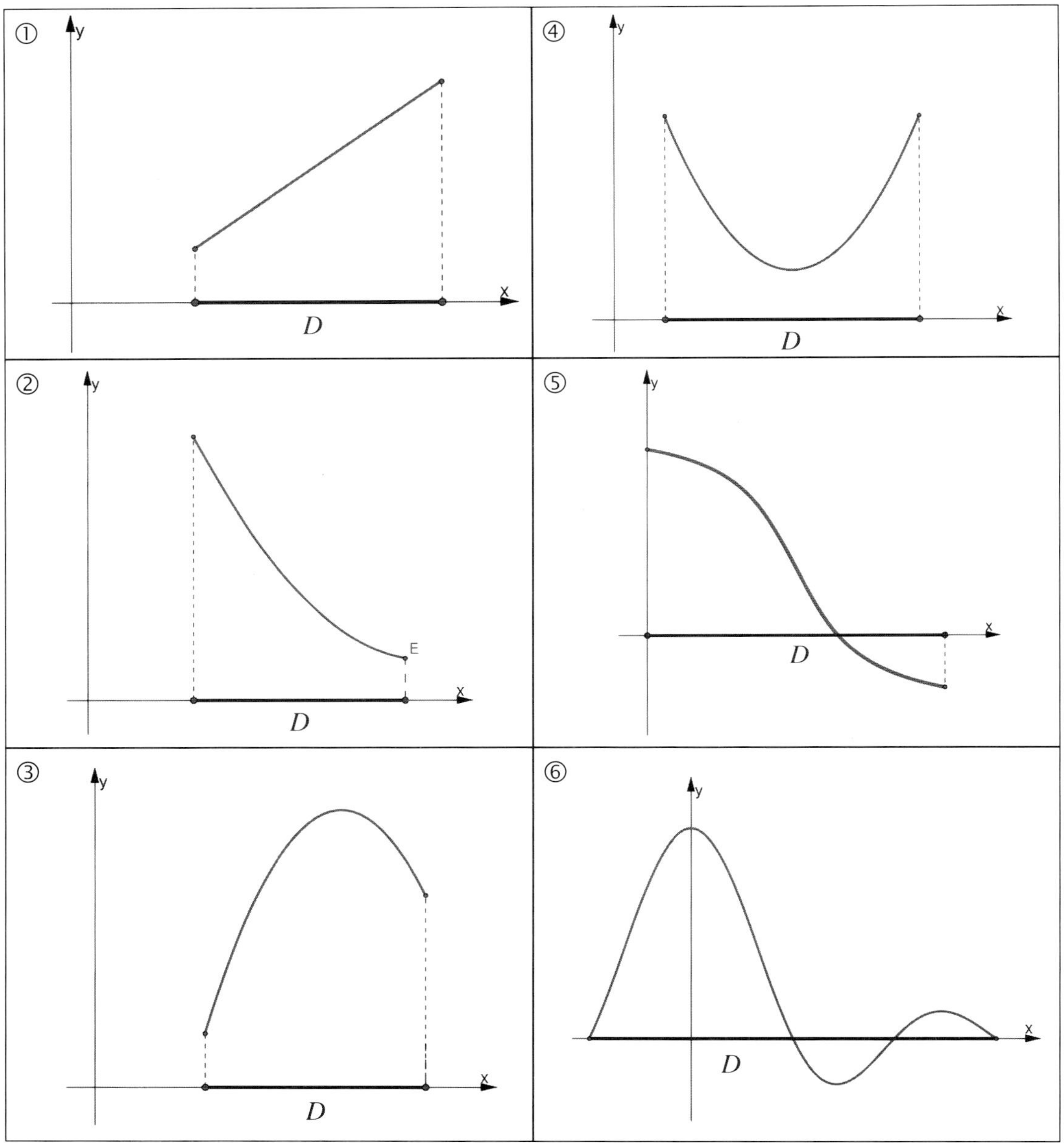

29. Lagebeziehung

Die Abbildung zeigt den Graphen der Funktion $f: \; y = \frac{1}{3}x^2 - 3x + 8$.

a) Zeichne die Punkte $A(2|3)$, $B(3|2)$ und $C(7|4)$ und stelle ihre Lagebeziehung zum Graphen fest.

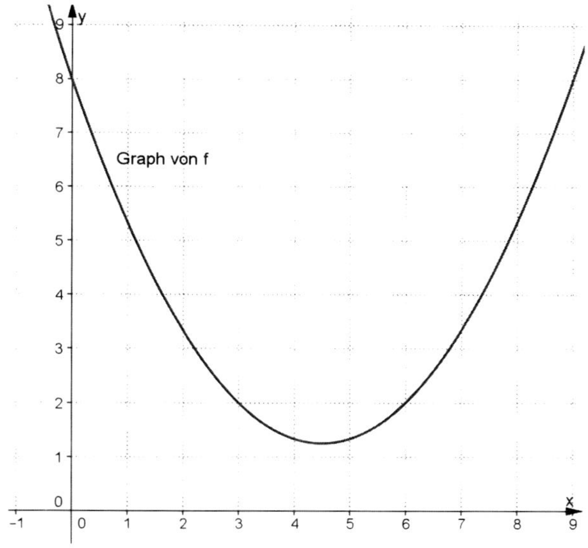

b) Stelle die Lagebeziehung zwischen dem Punkt $D(10|11)$ und dem Graphen von f durch Rechnung fest.

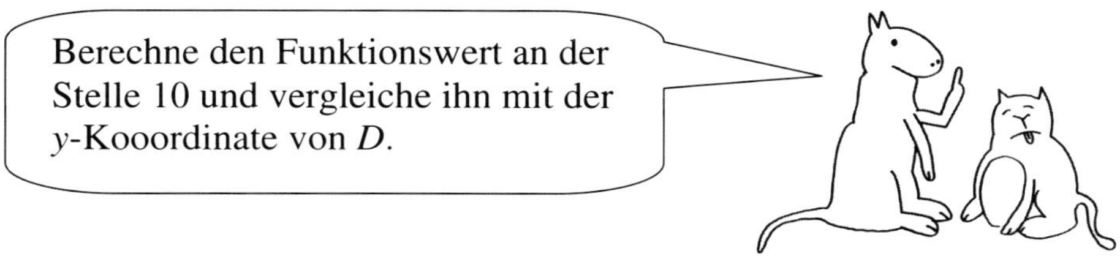

c) Untersuche ebenso die Lagebeziehung zwischen dem Graphen von f und folgenden Punkten:

① $E(12|20)$ ② $F(-1|11)$ ③ $G(15|39)$

30. Silvester hat für fünf Funktionen jeweils eine Zuordnungsvorschrift in Wortform, eine Funktionsgleichung und ein Wertepaar aufgeschrieben. Leider weiß er nicht mehr, was zusammengehört. Hilf ihm beim Ordnen.

(0,5|3)

Jeder Zahl ist die Summe von 2 und ihrem Dreifachen zugeordnet.

(-5|10)

Von der Differenz der Zahl mit 5 wird der Betrag gebildet.

$y = \frac{-x+8}{2}$

$y = 2 + 3x$

$y = 8 - x^2$

(1|5)

Von 8 wird das Quadrat der Zahl subtrahiert.

Zur Kehrzahl der Zahl wird 1 addiert.

(48|-20)

$y = \frac{1}{x} + 1$

$y = |x - 5|$

(3|-1)

Zur Gegenzahl der Zahl wird 8 addiert und dann die Summe halbiert.

31. Zum Nachdenken

Die Abbildung zeigt den Graphen der Funktion $f\colon x \mapsto \frac{1}{6} \cdot \left(x^2 - 9x + 32\right)$ mit $x \in \mathbb{Q}$.

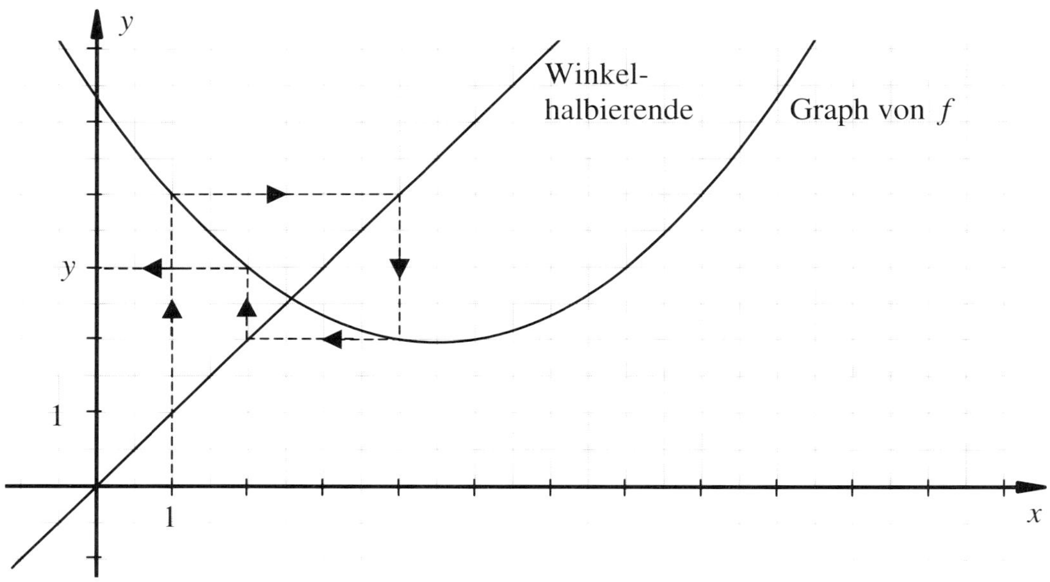

Berechne die Zahl y.

Lineare Funktionen

32. 1 ℓ Benzin wiegt 0,7 kg, ein 10 ℓ -Kanister wiegt leer 2 kg.

a) Der Kanister enthält 8 ℓ Benzin. Berechne das **Gesamtgewicht** von Kanister und Benzin.

8 ℓ ↦

b) Das Gesamtgewicht hängt von der Benzinmenge in dem Kanister ab. Gib eine Gleichung der Funktion ***Benzinmenge*** → ***Gesamtgewicht*** sowie die Definitionsmenge an.

x = Benzinmenge, y = Gesamtgewicht

y =

D =

c) Zeichne den Graphen der Funktion.

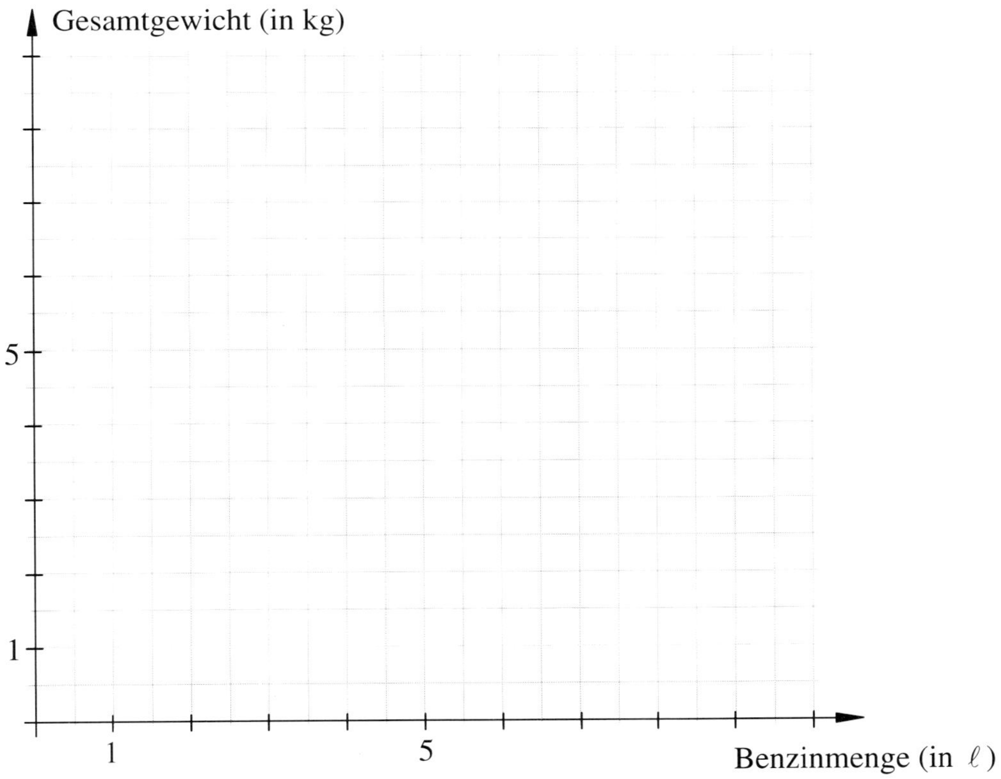

d) In dem Kanister sind weniger als 8,5 ℓ Benzin. Um wie viel ändert sich das Gesamtgewicht, wenn man 1,5 ℓ hinzugießt?

33. Ein quaderförmiges Schwimmbecken ist mit Wasser gefüllt, die Wasserhöhe beträgt 2,6 m. Das Becken soll leergepumpt werden. Dabei sinkt der Wasserspiegel stündlich um 0,4 m. Betrachte die Funktion $h\colon x \mapsto y$, die die Abhängigkeit der Wasserhöhe y von der Pumpzeit x beschreibt.

a) Fülle die Wertetabelle aus und zeichne den Graphen der Funktion.

x (in h)	y (in m)
0	
1	
2	
2,5	
3	
4	
5	

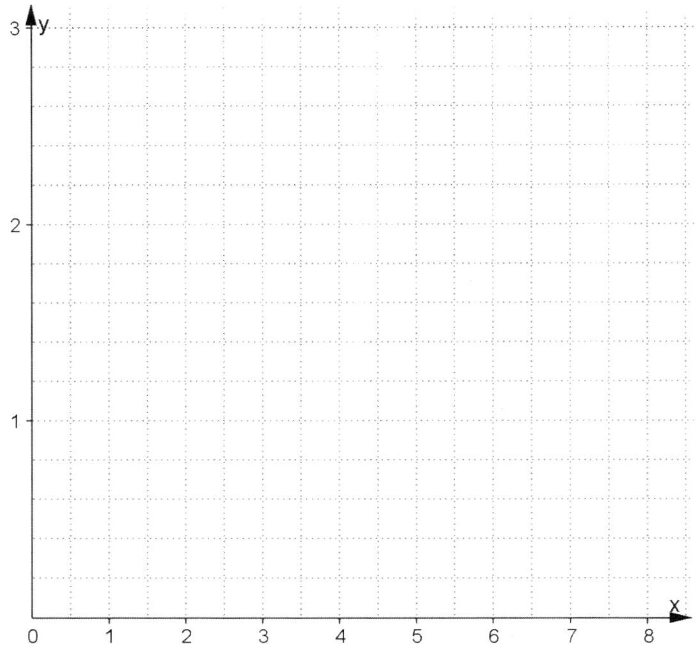

b) Gib eine Gleichung der Funktion an.

c) Wann ist das Becken leer gepumpt?

d) Die Funktionsgleichung hat die Form $y = m \cdot x + n$.
Welche Bedeutung haben die Kenngrößen m und n?

- m =
- n =

34. Im Internet-Café

Ein Internet-Café bietet drei Tarife für die Internetnutzung.

Tarif A	Tarif B	Tarif C
0,05 €/min	Grundpreis: 30 €/Monat 0,03 €/min	Flatrate 120 €/Monat

a) Stelle für die drei Tarife eine Gleichung der Funktion ***monatliche Nutzungsdauer* → *monatliche Internetkosten*** auf.

x = monatliche Nutzungsdauer in h

- Tarif A: A(x) =
- Tarif B: B(x) =
- Tarif C: C(x) =

b) Welche Kosten entstehen bei den drei Tarifen bei einer monatlichen Nutzungsdauer von 20h, 40h und 60h?

Nutzungsdauer	Tarif A	Tarif B	Tarif C
20 h			
40 h			
60 h			

c) Zeichne die Graphen der drei Funktionen in das vorbereitete Koordinatensystem.

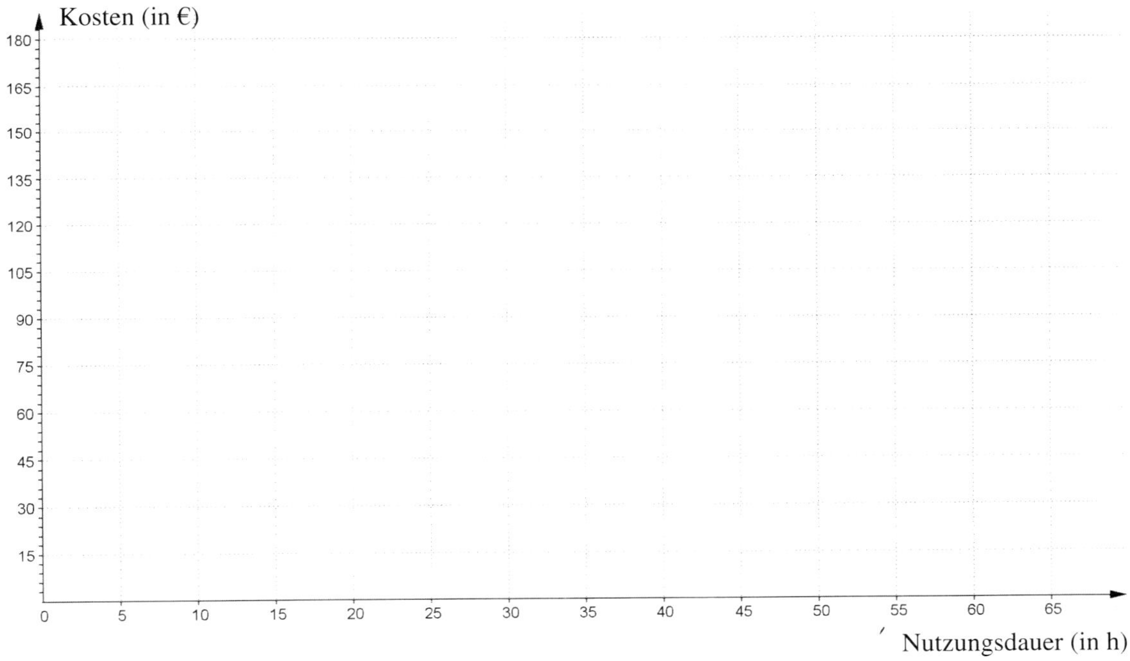

d) Silvester besucht zwölfmal pro Monat das Internet-Café und surft jedes Mal ungefähr $2\frac{1}{2}$ Stunden. Welchen Tarif empfiehlst du ihm?

e) *Im Heft:* Bestimme jeweils den günstigsten Tarif in Abhängigkeit von der monatlichen Nutzungsdauer.

Eine Funktion $f: x \mapsto y$ mit $y = m \cdot x + n$ $(m, n \in \mathbb{Q})$ heißt **lineare Funktion**.

Die Definitionsmenge kann $\mathbb{Q}$ oder eine Teilmenge von $\mathbb{Q}$ sein.

35. a) Gegeben sind zwei lineare Funktionen f und g auf $\mathbb{Q}$ mit

$$f(x) = 1{,}5x - 1 \quad \text{und} \quad g(x) = -\tfrac{1}{2}x + 3\,.$$

Zeichne die Graphen von f und g verschiedenfarbig in das Koordinatensystem.

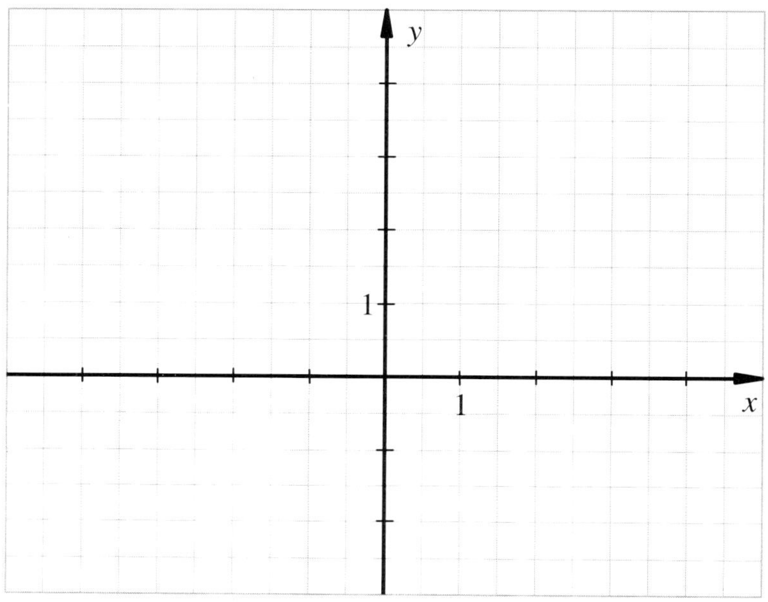

Der Graph einer linearen Funktion auf $\mathbb{Q}$ ist eine **Gerade**.

Du kannst den Graphen mit Hilfe zweier Punkte zeichnen.

b) Zeichne den Graphen von h auf $\mathbb{Q}$ mit $h(x) = 2x + \frac{3}{2}$ in das Koordinatensystem von Teil a).

36. GeoGebra kann Funktionsgraphen zeichnen.
Im Grafik-Fenster siehst du die Graphen der im Algebra-Fenster aufgelisteten Funktionen f, g, k und ℓ.

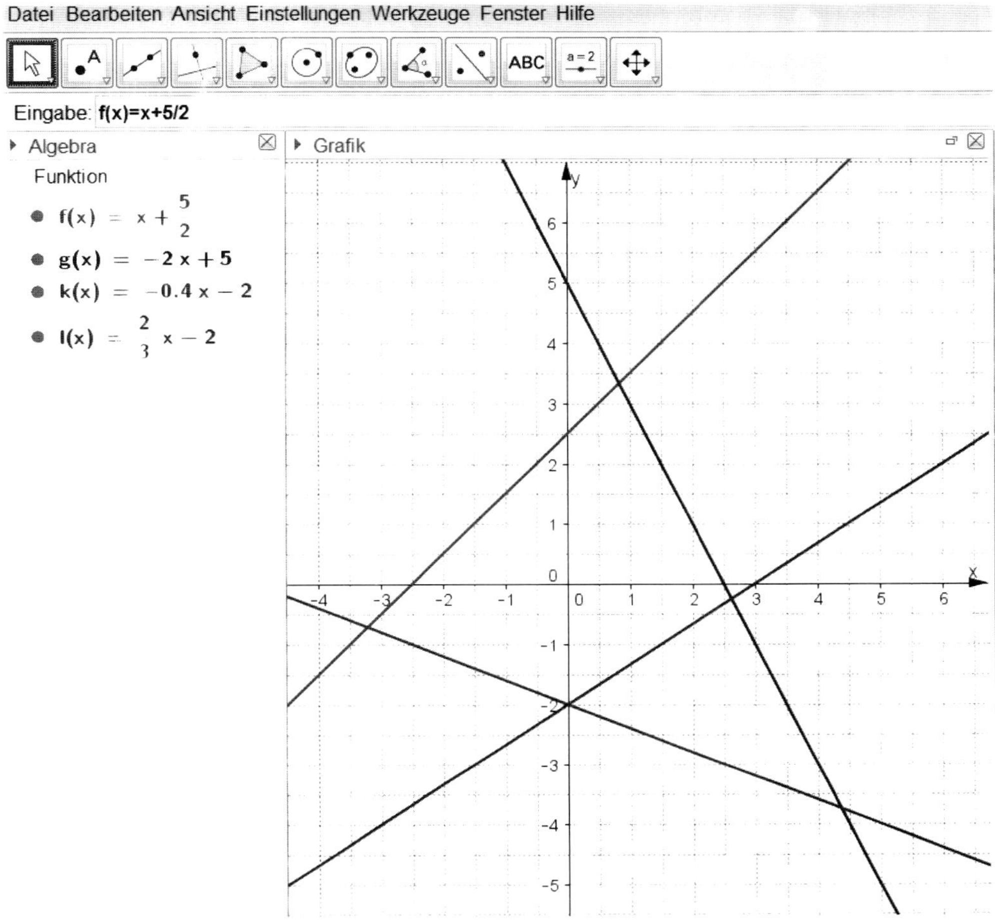

a) Ordne jeder Funktion ihren Graphen zu.

b) Welche geometrische Bedeutung haben die **Absolutglieder** $\frac{5}{2}$, 5 bzw. −2 in den Funktionsgleichungen?

c) Ergänze.

Bei einer linearen Funktion $f\colon x \mapsto m \cdot x + n$ gilt:

n =

d) Zeichne selbst mit einem Funktionenplotter die vier Funktionsgraphen.

37. Der Sonderfall $m = 0$

Zeichne die Graphen der Funktionen

$f\colon x \mapsto 3$, $g\colon x \mapsto -1{,}5$ und $h\colon x \mapsto 0$

verschiedenfarbig in das vorbereitete Koordinatensystem und gib die Wertemengen der Funktionen an.

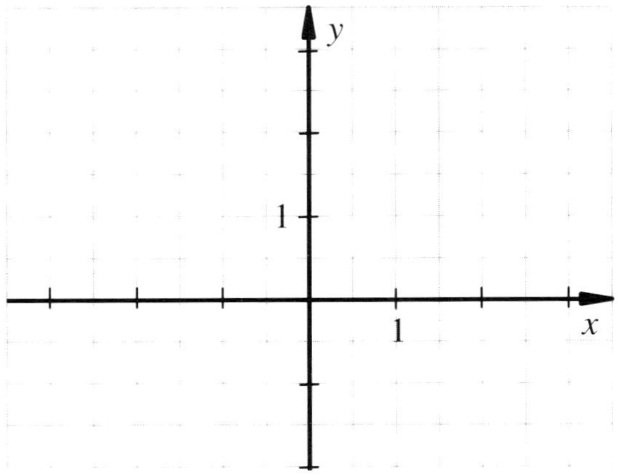

W_f =

W_g =

W_h =

Eine Funktion f mit $f(x) = n$ heißt **konstante Funktion.**

Ihr Graph ist

38. Der Sonderfall $n = 0$

a) Zeichne die Graphen der Funktionen
$f\colon x \mapsto x$, $g\colon x \mapsto 2x$, $h\colon x \mapsto -0{,}5x$
verschiedenfarbig in das zweite Koordinatensystem. Was fällt dir auf?

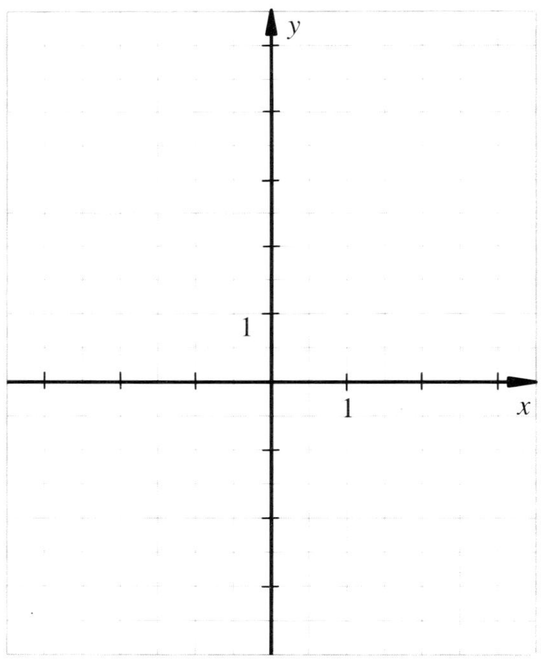

b) Betrachte die Funktion $f\colon x \mapsto 6x$ und eine beliebige Stelle $x_0 \in \mathbb{Q}$. Vergleiche die Funktionswerte an den Stellen $2x_0$, $3x_0$, $k\,x_0$ $(k \in \mathbb{Q})$ mit dem Funktionswert an der Stelle x_0.

- Funktionswert an der Stelle x_0: $f(x_0) = 6x_0$
- Funktionswert an den Stellen $2x_0$, $3x_0$, kx_0:

  $f(2x_0) = 6 \cdot (2x_0) =$

  $f(3x_0) =$

  $f(kx_0) =$
- Vergleich:

  In Worten:

39. Betrachte die lineare Funktion $f: \mathbb{Q} \to \mathbb{Q}$, $x \mapsto 1{,}2x + 3$.

a) Berechne die Funktionswerte $f(-1)$, $f(0)$ und $f(1)$.

b) Zeichne den Graphen von f .

c) Wurzel zeigt dir, wie man die Stelle berechnet, an der f den Funktionswert 15 hat. Hilf Silvester die Stelle zu finden, an der f den Funktionswert 5 hat.

d) An welcher Stelle schneidet der Graph die x-Achse? Die Stelle heißt **Nullstelle von f**.

e) Prüfe, ob der Punkt $A(-10|-8)$ auf dem Graphen liegt.

f) Bestimme y so, dass der Punkt $B(25|y)$ auf dem Graphen liegt.

g) Bestimme x so, dass der Punkt $C(x|25)$ auf dem Graphen liegt.

h) Um wie viel unterscheiden sich die Funktionswerte an den Stellen 100 und 101?

40. Betrachte die lineare Funktion ℓ mit $\ell(x) = 45 - 24x$.

a) Zeichne den Graphen von ℓ (y-Achse von -80 bis 110, wobei $1\text{cm} \mathrel{\hat{=}} 10$).

b) Berechne die Nullstelle von ℓ.

> Gesucht ist $x \in \mathbb{Q}$ mit $\ell(x) = 0$.
> ...

c) Bestimme alle Stellen, an denen die Funktionswerte kleiner als -99 sind.

> Gesucht ist $x \in \mathbb{Q}$ mit $\ell(x) < -99$.
> ...

d) Wer hat Recht?

> Der Punkt $P(165|-5)$ liegt auf dem Graphen von ℓ.

> Nicht der Punkt P, sondern der Punkt $Q(-5|165)$.

e) Füge in deinem Koordinatensystem das Schaubild der Funktion $k\colon x \mapsto 45 + 24x$ hinzu und vergleiche die beiden Graphen.

41. Gegeben ist eine lineare Funktion $f: D \to \mathbb{Q},\ x \mapsto y$.

Zeichne den Graphen von f und lies aus der Zeichnung die Wertemenge ab.

a) $D = [3;9]$; $y = \frac{2}{3}x$

b) $D = [2;5]$; $y = 11 - 2x$

c) $D = [-1;4]$; $y = x - 2$

Zusatzaufgabe für Spezialisten

Gib eine lineare Funktion an, die ...

① ... das Intervall $[0;1]$ auf das Intervall $[1;10]$ abbildet,

② ... das Intervall $[2;5]$ auf das Intervall $[0;1]$ abbildet.

Steigung von Geraden

42. Gegeben sind zwei Geraden g und h (= Graphen linearer Funktionen). Die Gerade h steigt stärker als die Gerade g.

a) Wurzel erklärt dir am Beispiel der Geraden g, wie man die **Steigung** einer Geraden misst.

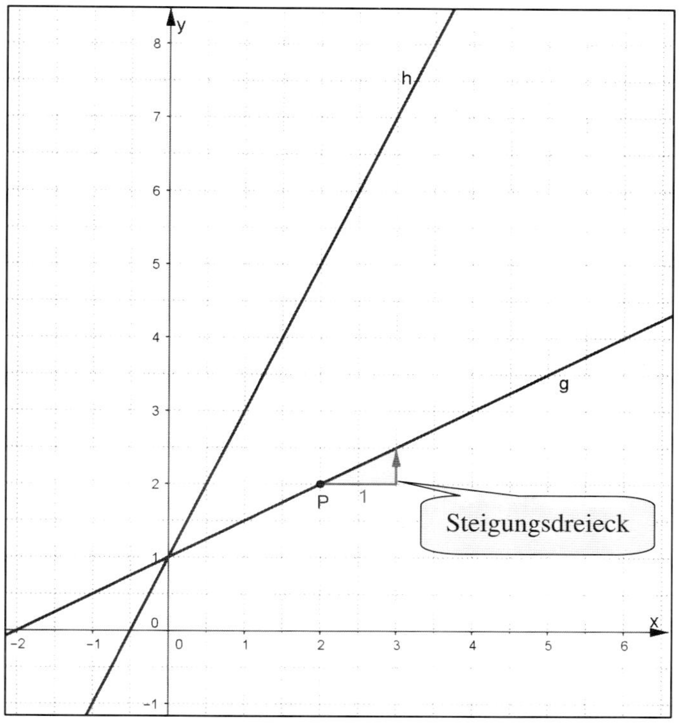

Miss ebenso die Steigung der Geraden h.

- Steigung von g =
- Steigung von h =

b) Hängt die Steigung von der Wahl des Messpunktes P auf der Geraden ab?

c) In den Abbildungen unten siehst du eine **fallende** Gerade, eine Parallele zur x-Achse und eine Parallele zur y-Achse. Welche Steigungen ordnest du diesen Geraden zu?

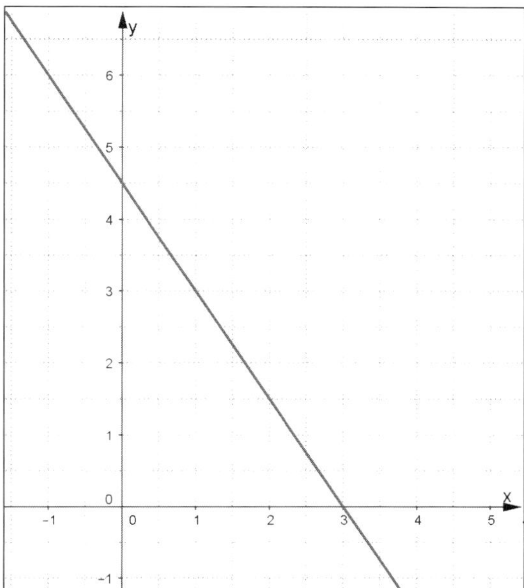

Steigung der Geraden:

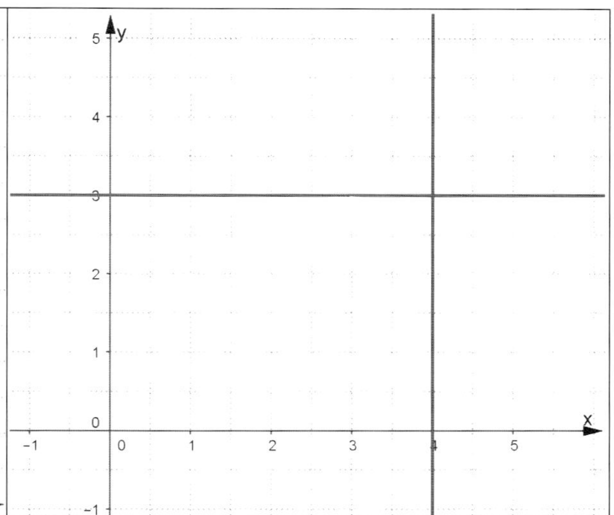

Steigung der P. zur x-Achse:

Steigung der P. zur y-Achse:

Zusatzfrage: Sind die Parallelen zur y-Achse Graphen linearer Funktionen?

43. Gegeben sind sechs von a bis f bezeichnete Geraden.

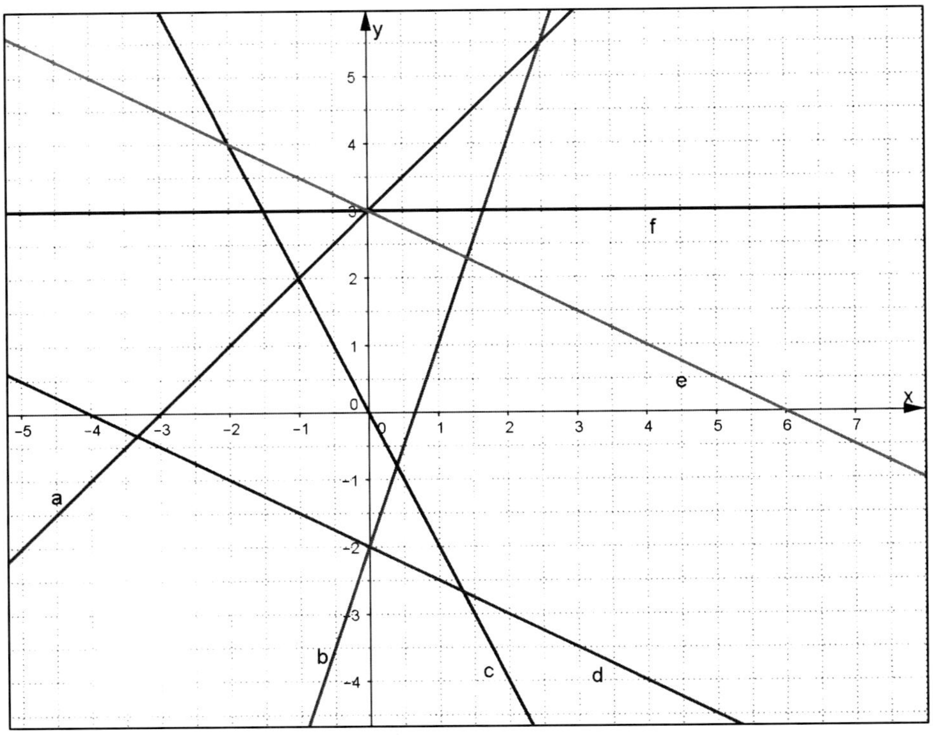

a) Lies aus dem Schaubild die Steigungen der Geraden ab.

Gerade	a	b	c	d	e	f
Steigung						

b) Welche Beziehung besteht zwischen Geraden, wenn sie (wie d und e) dieselbe Steigung haben?

Zahlengerade

Auf der Zahlengeraden sind die Zahlpunkte von $\frac{1}{5}$ und $\frac{1}{3}$ eingetragen.

Wo befinden sich die Zahlpunkte von $\frac{1}{4}$ und $\frac{3}{8}$?

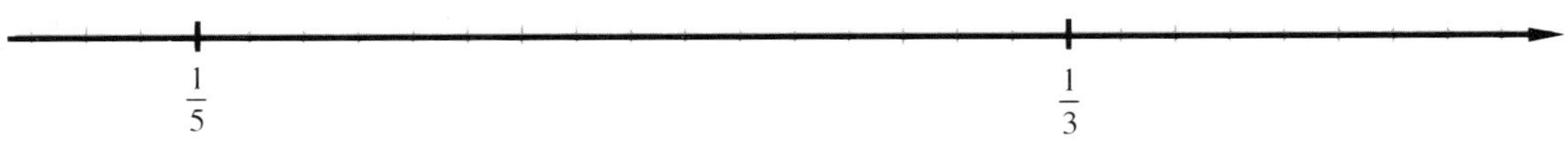

44. Gegeben ist die lineare Funktion f auf $\mathbb{Q}$ mit $f(x) = 0{,}8x + 2$.

a) Berechne die Funktionswerte $f(0)$ und $f(5)$ und zeichne den Graphen in das vorbereitete Koordinatensystem.

b) Miss die Steigung des Graphen. Fällt dir etwas auf?

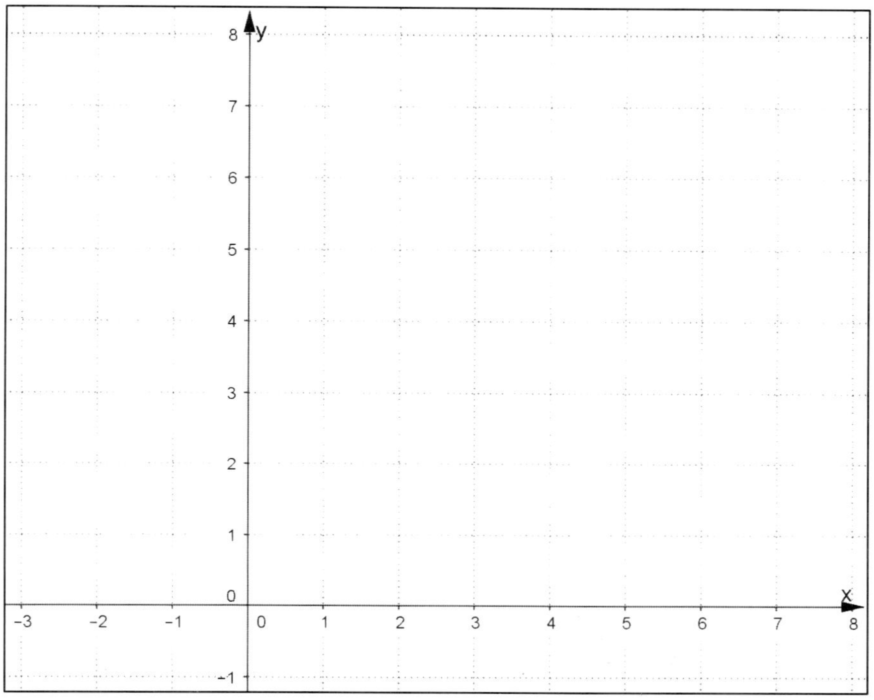

c) Bestätige die Messung durch Rechnung. Wurzel und Silvester machen dir dazu folgende Vorschläge.

Erkläre die Bedeutung der beiden Rechenausdrücke und führe die Rechnungen durch.

d) Allgemein: Sei $f: x \mapsto mx + n$ eine lineare Funktion. Berechne wie Wurzel in c) die Steigung des Graphen.

Für eine lineare Funktion $f: x \mapsto mx + n$ gilt:

- Die Zahl m ist die **Steigung** des Graphen.
- Das heißt: Der Funktionswert ändert sich um m, wenn x um 1 wächst.

Als Formel geschrieben: $f(x+1) - f(x) = m$.

45. Du kannst mit GeoGebra den Zusammenhang zwischen der Zahl m in der Funktionsgleichung und der Steigung des Graphen zeigen lassen.

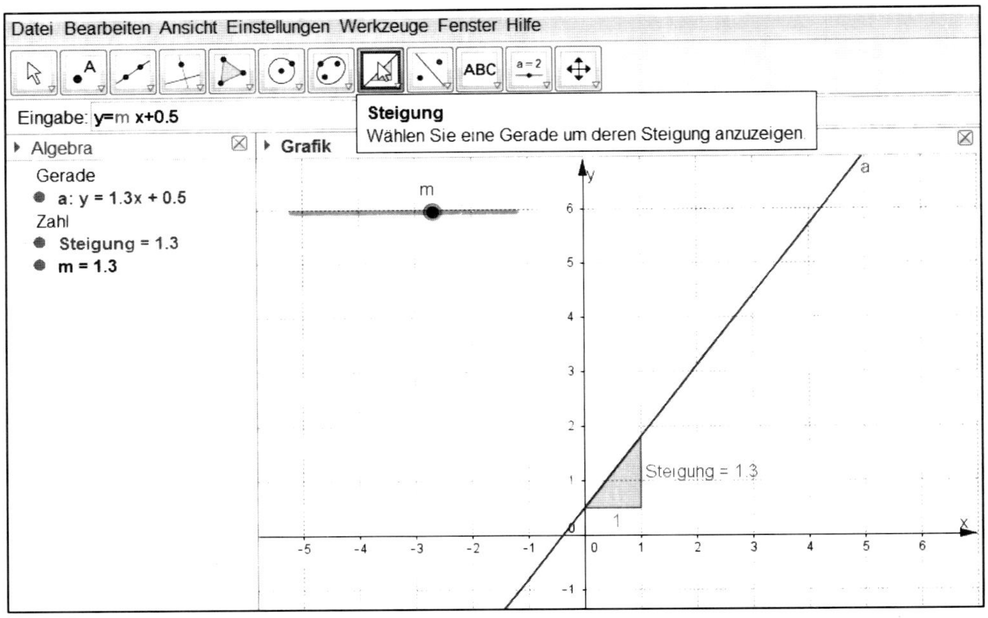

Gib in der Eingabezeile die Gleichung $y = mx + 0.5$ (Leerzeichen zwischen m und x) ein, erstelle für m einen Schieberegler und wähle aus den Werkzeugen für Messungen das Werkzeug „Steigung“. Betätige den Schieberegler und beobachte, wie sich m und die Steigung verändern.

46. Fülle für die linearen Funktionen f und g die Tabellen aus.

a) $f: y = 1{,}2 \cdot x - 1$

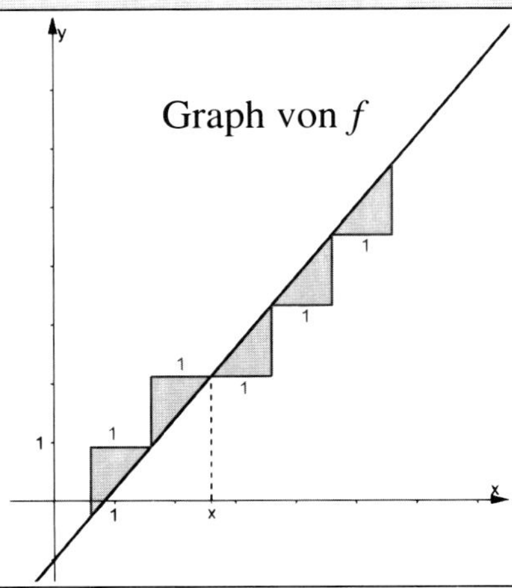

Wächst x um	2	so ändert sich y um	
	5		
	0,5		
Nimmt x ab um	1		
	3		
	$\frac{1}{3}$		

<table>
<tr><td colspan="5">b) $g: y = -0{,}6 \cdot x + 3$</td></tr>
<tr><td rowspan="6">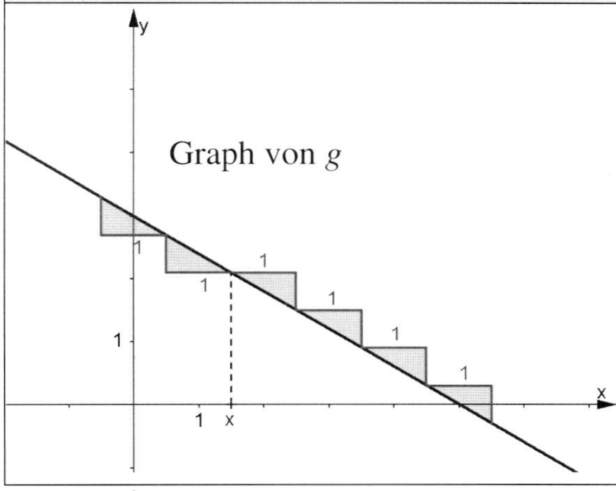
</td><td rowspan="3">Wächst x um</td><td>1</td><td rowspan="6">so ändert sich y um</td><td></td></tr>
<tr><td>50</td><td></td></tr>
<tr><td>2,5</td><td></td></tr>
<tr><td rowspan="3">Nimmt x ab um</td><td>1</td><td></td></tr>
<tr><td>24</td><td></td></tr>
<tr><td>$\frac{5}{3}$</td><td></td></tr>
</table>

47. a) Die Bildfolge zeigt, wie Silvester den Graphen von $f: x \mapsto 2x - 1{,}5$ zeichnet.

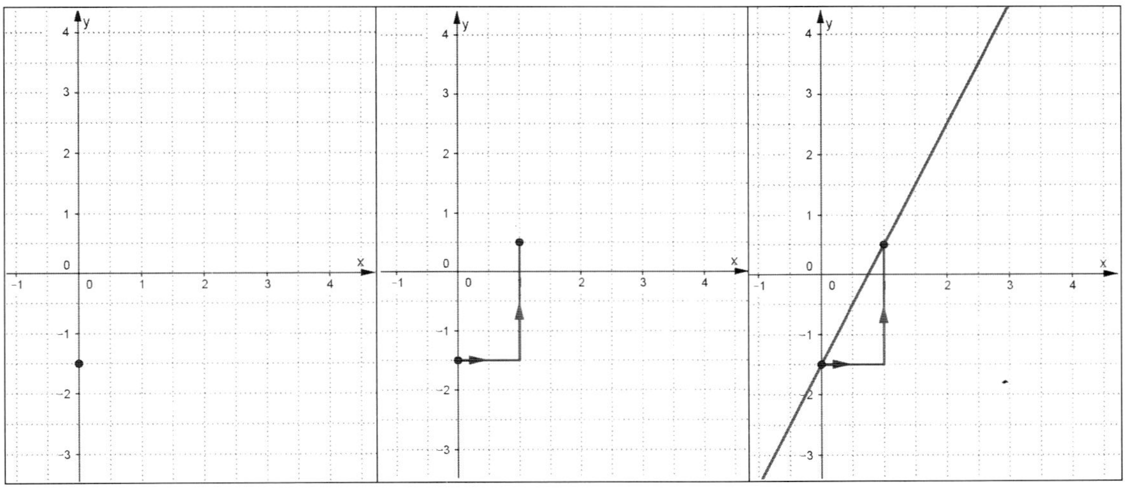

Beschreibe Silvesters Vorgehensweise.

b) Gegeben sind lineare Funktionen. Zeichne ihre Graphen mit Hilfe des ***y*-Achsenabschnitts** und der **Steigung** in ein gemeinsames Koordinatensystem.

- $f: x \mapsto 1{,}5x - 3$
- $g: x \mapsto -x + 2{,}5$
- $h: x \mapsto -\frac{1}{2}x + 4$

c) Zeichne die Graphen in ein gemeinsames Koordinatensystem.

- $f(x) = \frac{2}{3}x + 1$
- $g(x) = \frac{2}{7}x + 3$
- $h(x) = -\frac{3}{5}x + 3$
- $k(x) = -\frac{5}{6}x + 1$
- $\ell(x) = \frac{6}{5}x - \frac{5}{2}$

$f(x) = \frac{2}{3}x + 1$: Statt von $(0|1)$ um 1 nach rechts und um $\frac{2}{3}$ nach oben gehe ich um 3 nach rechts und um ...

48. Welche Steigung hat die Gerade?

a)

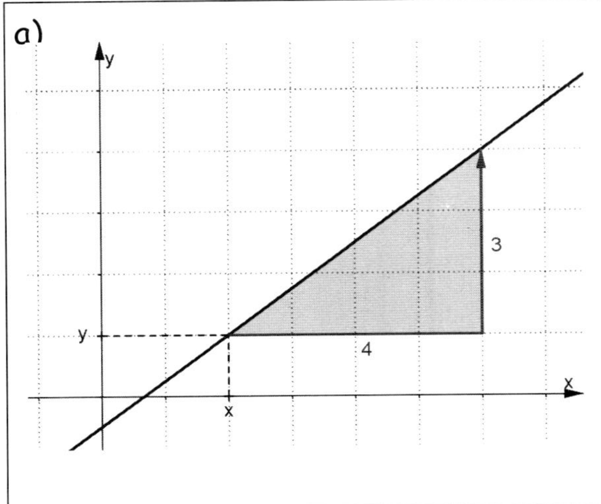

Wächst x um , so ändert sich y um .

Steigung: m =

b)

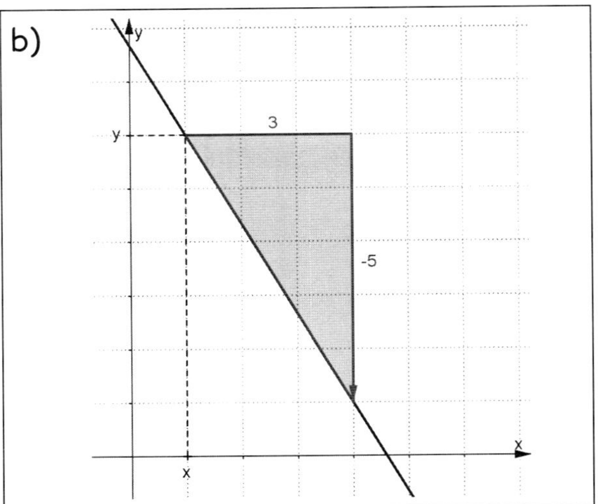

Wächst x um , so ändert sich y um .

Steigung: m =

Das schaffst du auch ohne Zeichnung.

c) Wächst x um 2, so ändert sich y um 3,4.	m =
d) Wächst x um 6, so ändert sich y um 3.	
e) Wächst x um 5, so ändert sich y um -15.	
f) Wächst x um 7, so ändert sich y um -4,2.	

$$m = \frac{y\text{-Änderung}}{x\text{-Änderung}}$$

49. Steigungsformel

Von einer Geraden sind zwei Punkte bekannt: $P(x_1 \mid y_1)$ und $Q(x_2 \mid y_2)$.

Leite eine Formel her, mit der du die Steigung der Geraden berechnen kannst.

Der erste Schritt ist schon gemacht.

$$m = \frac{y\text{-Änderung}}{x\text{-Änderung}} =$$

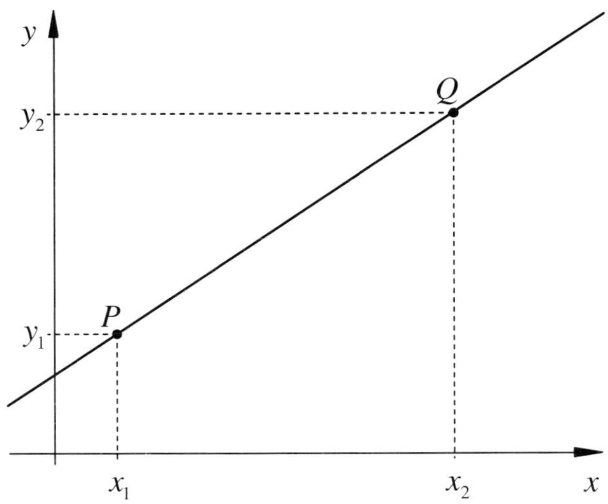

Ergänze.

Die Gerade durch die Punkte $P(x_1 | y_1)$ und $Q(x_2 | y_2)$, $x_1 \neq x_2$, hat die Steigung

m =

50. Berechne die Steigung der Geraden, die durch P und Q geht.

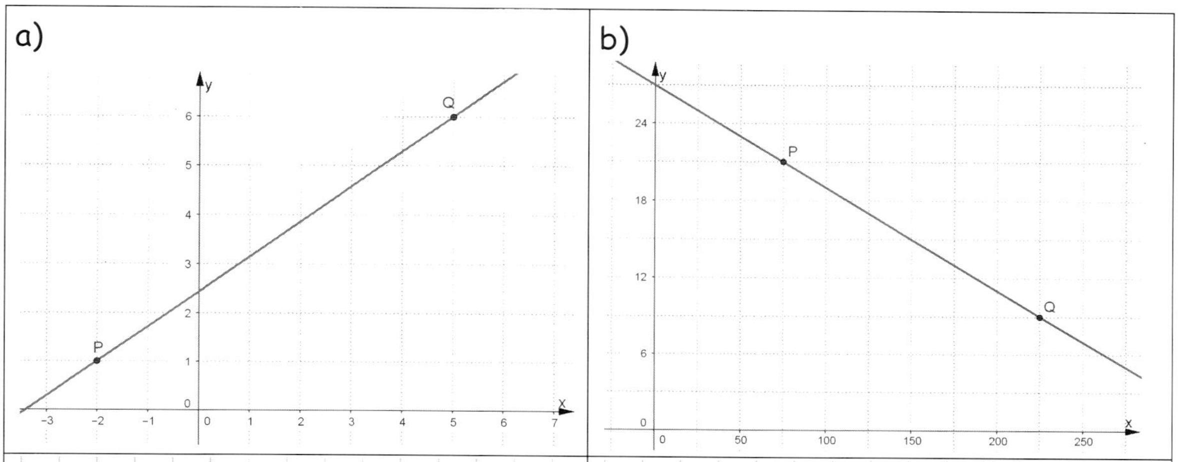

Weiter im Heft.

c) $P(1|3)$, $Q(4|5)$

d) $P(4|8)$, $Q(7|5)$

e) $P(-5|-8)$, $Q(0|-1)$

f) $P(1|-2)$, $Q(1{,}6|2{,}8)$

g) $P\left(-\frac{1}{2}\middle|\frac{5}{4}\right)$, $Q\left(\frac{2}{3}\middle|-\frac{1}{2}\right)$

h) $P\left(\frac{5}{7}\middle|\frac{4}{3}\right)$, $Q\left(-6\middle|\frac{4}{3}\right)$

51. Silvester hat zwei Probleme.

① Er hat die Steigung einer Geraden mit der Formel $m = \frac{y_1 - y_2}{x_1 - x_2}$ berechnet und weiß nicht, ob das Ergebnis richtig ist.

② Er will die Steigung der Geraden durch die Punkte $P(4|5)$ und $Q(4|-3)$ berechnen.

Kannst du ihm helfen?

52. Begründe, dass das Verkehrsschild die Steigung der Straße korrekt beschreibt.

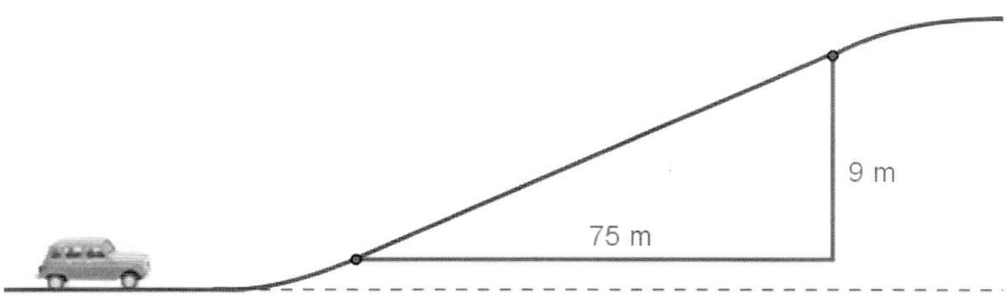

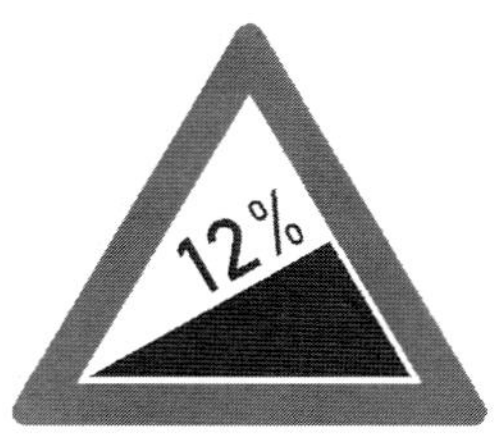

53. Wachstumsverhalten

a) Gegeben sind die Graphen dreier linearer Funktionen.

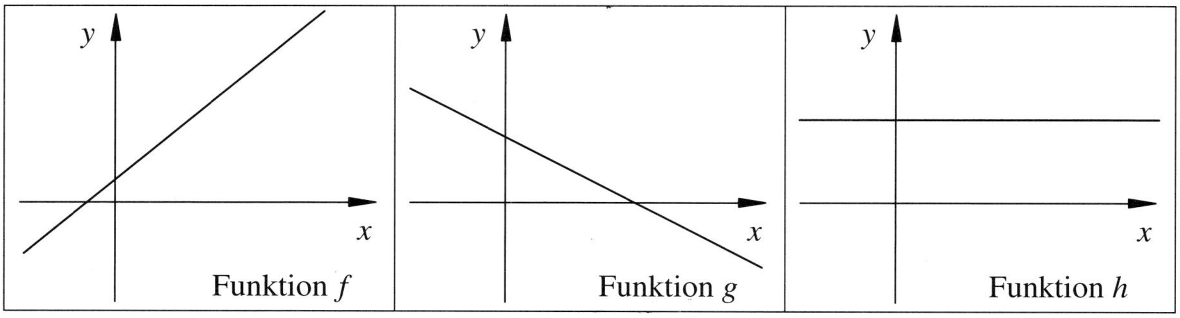

Wie verhalten sich die Funktionswerte mit wachsendem x?

- Funktion f:
- Funktion g:
- Funktion h:

b) Bei linearen Funktionen kannst du das **Wachstumsverhalten** am Funktionsterm ablesen. Ergänze.

Die lineare Funktion $f: x \mapsto mx + n$ ist

- wachsend, wenn
- fallend, wenn
- konstant, wenn

Drei gleich große Vierecke im Quadrat

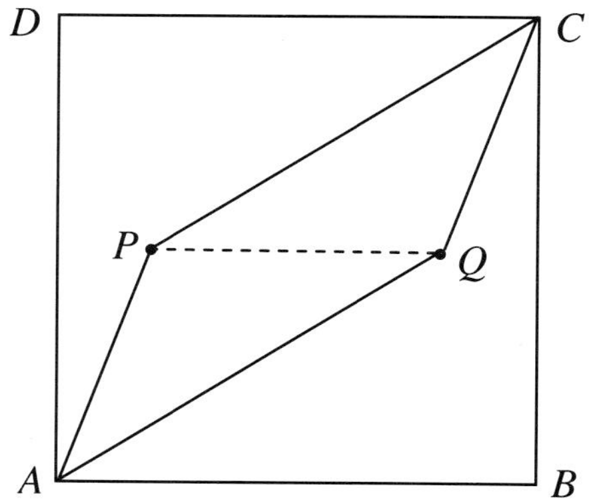

In ein Quadrat *ABCD* der Seitenlänge 6 cm ist parallel zu $\overline{AB}$ eine Strecke $\overline{PQ}$ derart gelegt, dass ihr Mittelpunkt mit dem Mittelpunkt des Quadrates zusammenfällt. *P* und *Q* werden mit *A* und *C* verbunden.

Wie lang muss $\overline{PQ}$ sein, damit die Flächeninhalte der Vierecke *ABCQ*, *AQCP* und *APCD* übereinstimmen?

Aufstellen von Funktionsgleichungen

54. y-Achsenabschnitt und Steigung

Gegeben sind die Graphen linearer Funktionen f und g.
Lies jeweils den y-Achsenabschnitt und die Steigung ab und stelle eine Funktionsgleichung auf.

a)

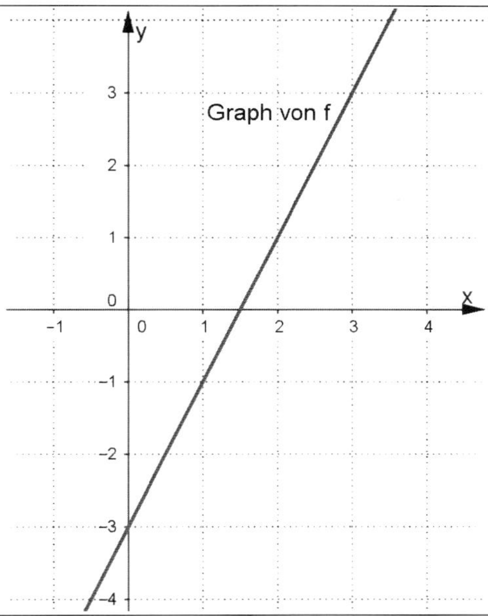

Funktionsgleichung:

b)

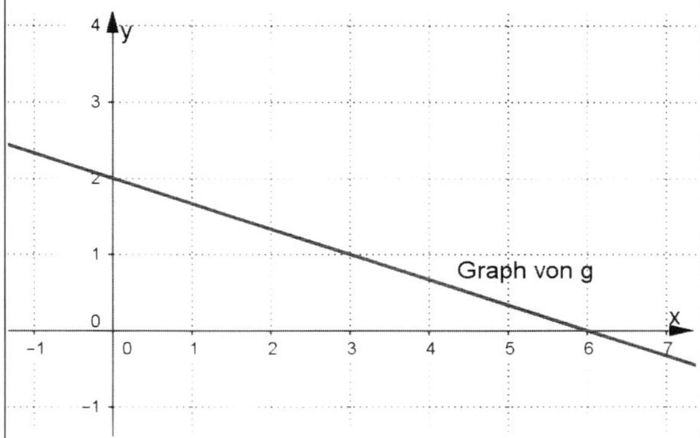

Funktionsgleichung:

55. Punkt und Steigung

Der Graph einer linearen Funktion geht durch den Punkt $P(2|1)$ und hat die Steigung $\frac{3}{2}$.
Zeichne den Graphen und berechne eine Funktionsgleichung.

Zeichnung

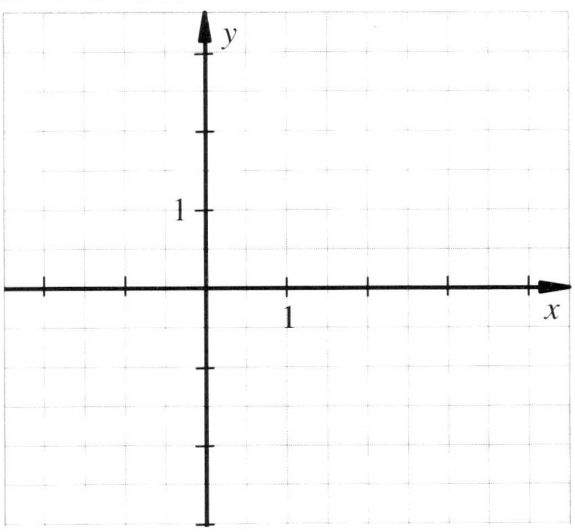

Rechnung

Ansatz: $y = m \cdot x + n$

Wegen $m = \frac{3}{2}$:

Da (2|1) auf der Geraden liegt, gilt:

Funktionsgleichung:

56. Der Graph einer linearen Funktion hat die Steigung m und geht durch P. Zeichne den Graphen (je drei in ein Koordinatensystem) und ermittle eine Funktionsgleichung.

a) $m = 2$; $P(3|1)$

b) $m = -1$; $P(-1|4)$

c) $m = 0{,}6$; $P(-3|-1)$

d) $m = -\frac{9}{2}$; $P(-2|0)$

e) $m = -\frac{3}{7}$; $P(4|1)$

f) $m = \frac{4}{3}$; $P(-3|-4)$

57. Zwei Punkte

Der Graph einer linearen Funktion geht durch die beiden Punkte $P(2|1)$ und $Q(-4|4)$. Zeichne den Graphen und ermittle eine Funktionsgleichung.

Zeichnung	Rechnung
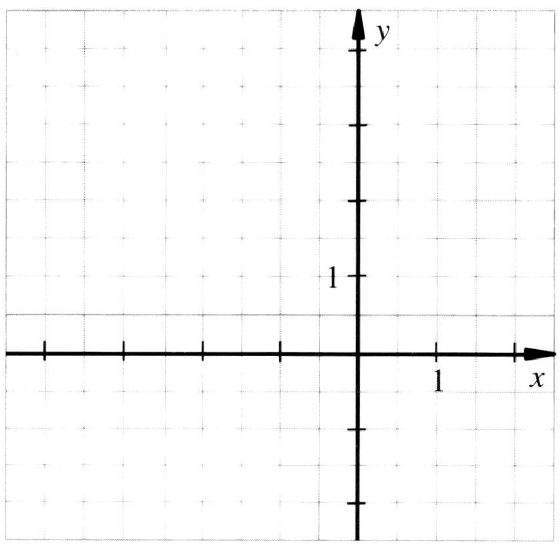	Ansatz: y = m·x + n Steigung:

58. Der Graph einer linearen Funktion geht durch die beiden Punkte P und Q. Zeichne den Graphen und ermittle eine Funktionsgleichung.

a) $P(-2|-1)$; $Q(2|2)$

b) $P(5|3)$; $Q(0|-4)$

c) $P\left(-\frac{3}{2}\middle|7\right)$; $Q\left(1\middle|-\frac{1}{2}\right)$

d) $P(1{,}5|1{,}2)$; $Q(2{,}5|2)$

e) $P(-0{,}3|1{,}2)$; $Q(0{,}6|0{,}3)$

f) $P(-0{,}8|-1{,}5)$; $Q(1{,}4|-1{,}5)$

Zusatzfrage: Gibt es eine lineare Funktion, deren Graph durch die Punkte $P(2|0{,}4)$ und $Q(2|3{,}5)$ geht?

59. Ermittle zu den Graphen Funktionsgleichungen

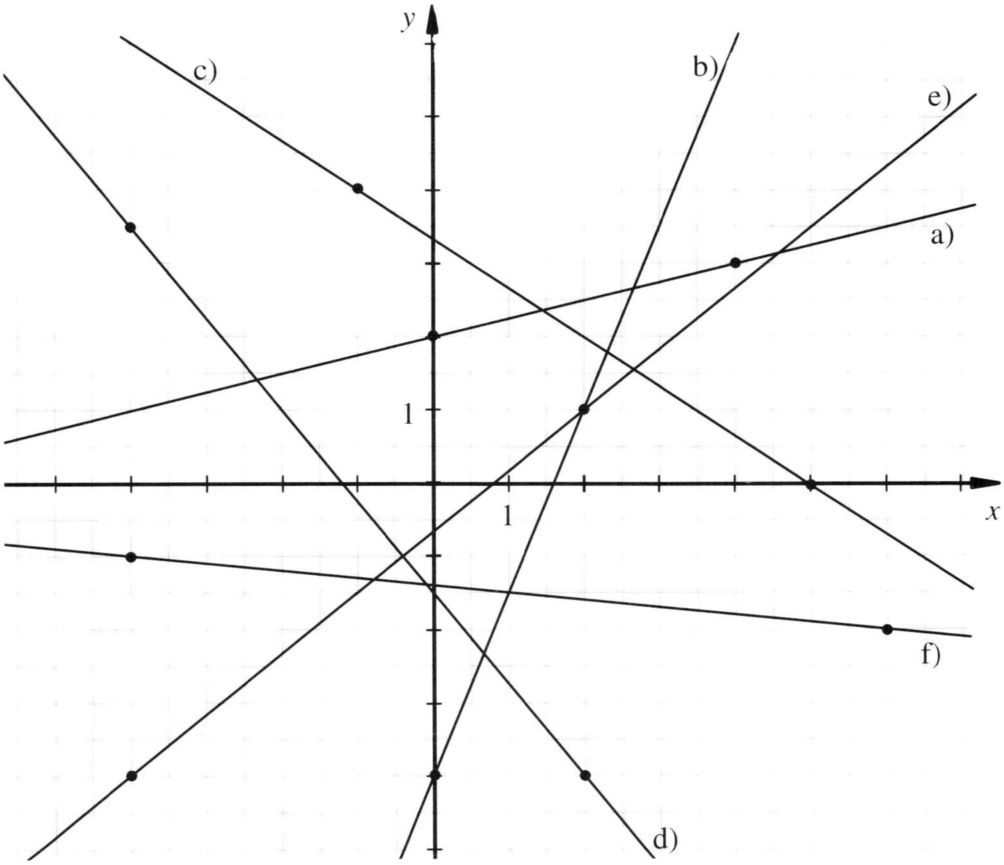

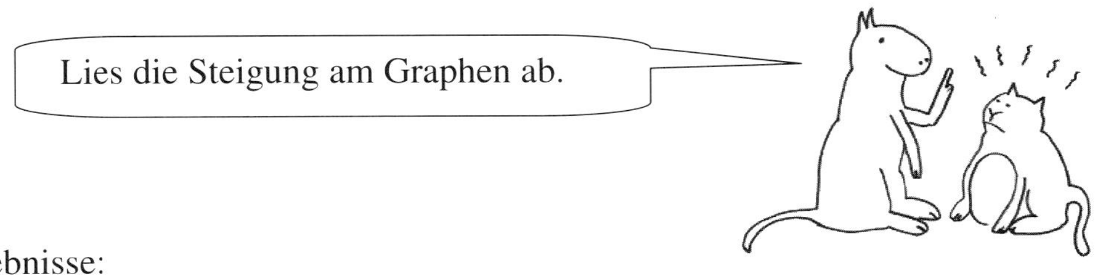

Die Ergebnisse:

a)	d)
b)	e)
c)	f)

Differenz

Subtrahiere von der Summe der ersten 100 geraden positiven ganzen Zahlen die Summe der ersten 100 ungeraden positiven ganzen Zahlen. Welches Ergebnis erhältst du?

60. Ermittle zu den Graphen Funktionsgleichungen.

a)

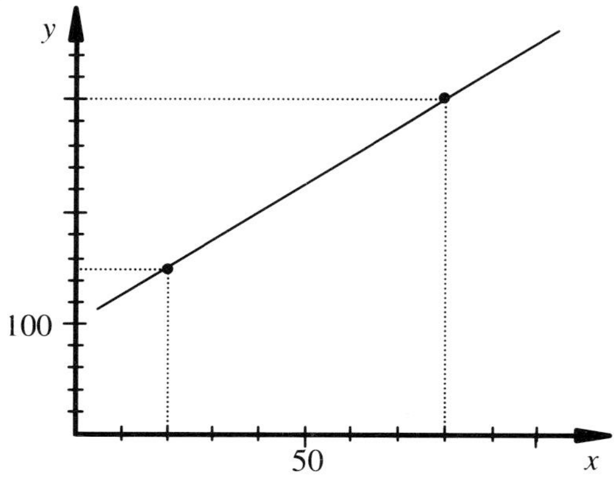

b)

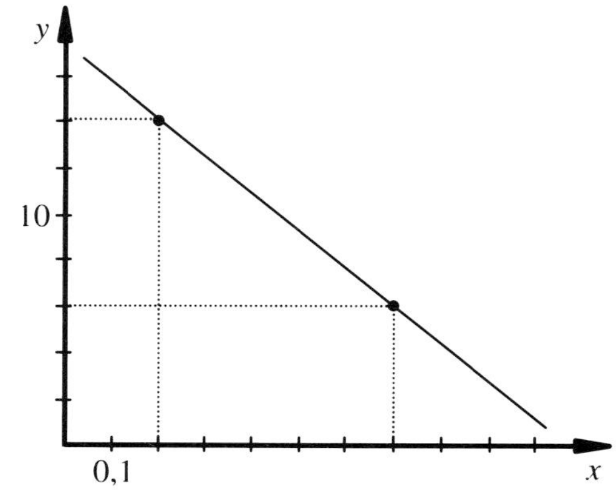

c)

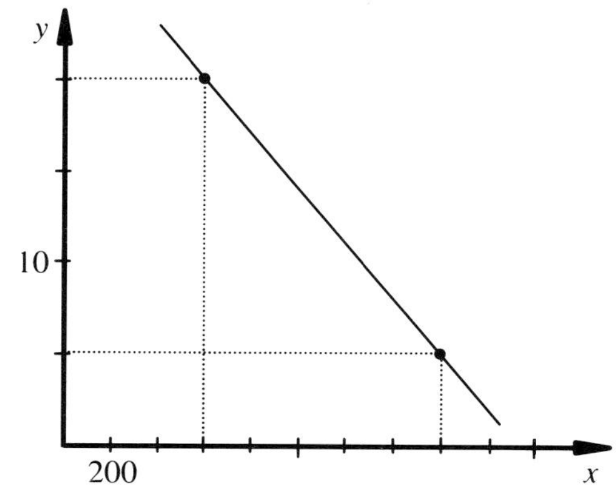

d)

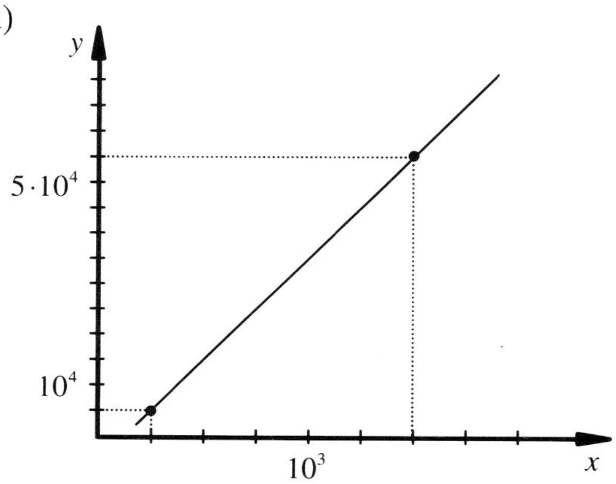

61. Eine lineare Funktion hat folgende Eigenschaften:

1. $f(0) = 2$,
2. der Funktionswert ändert sich um 2, wenn x um 3 wächst.

a) Zeichne den Graphen und ermittle eine Funktionsgleichung.

b) Bestimme eine Gleichung der proportionalen Funktion, deren Graph dieselbe Steigung hat wie der Graph von f.

c) Spiegele den Graphen von f an der x-Achse. Ermittle zu dem neuen Graphen eine Funktionsgleichung.

d) Spiegele den Graphen von f an der y-Achse. Ermittle zu dem neuen Graphen eine Funktionsgleichung.

e) Spiegele den Graphen von f am Koordinatenursprung. Ermittle zu dem neuen Graphen eine Funktionsgleichung.

Lagebeziehungen

62. Parallel

a) Zeichne zwei Geraden g_1 und g_2, die beide die Steigung 1,2 haben.
Welche Lagebeziehung besteht zwischen den Geraden?

b) Begründe anhand der Abbildung die Schritte ① – ③ in Wurzels Gedankengang.

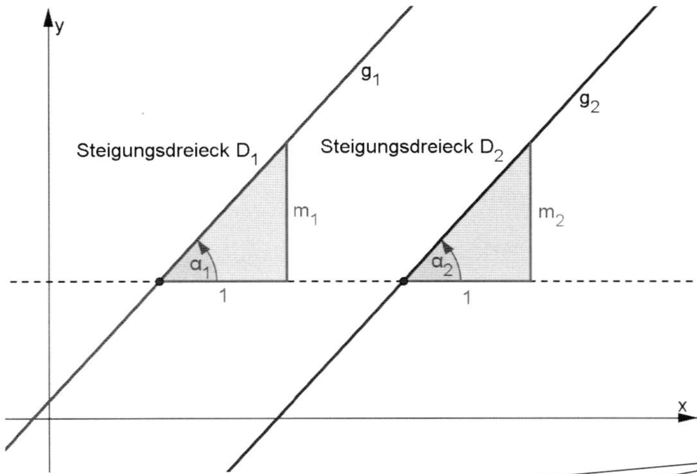

$m_1 = m_2 \underset{①}{\Rightarrow} D_1 \cong D_2 \underset{②}{\Rightarrow} \alpha_1 = \alpha_2 \underset{③}{\Rightarrow} g_1 \parallel g_2$

c) Nun umgekehrt!
Zeige, dass auch Silvesters Beweisführung richtig ist.

$g_1 \parallel g_2 \underset{①}{\Rightarrow} \alpha_1 = \alpha_2 \underset{②}{\Rightarrow} D_1 \cong D_2 \underset{③}{\Rightarrow} m_1 = m_2$

d) Fasse die Ergebnisse von b) und c) in einem **Genau-dann-wenn-Satz** zusammen.

Satz über parallele Geraden

63. a) Prüfe, ob die Geraden AB und CD in nebenstehender Abbildung parallel sind.

b) Gegeben sind die Punkte $A(4|-3)$, $B(12|11)$, $C(1|-2)$ und $D(-3|-9)$.
Prüfe, ob die Geraden AB und CD parallel sind.

c) Gegeben:
$P(1|3)$, $Q(3|9)$, $R(0|1)$, $S(x|7)$.
Bestimme x so, dass $PQ \parallel RS$.

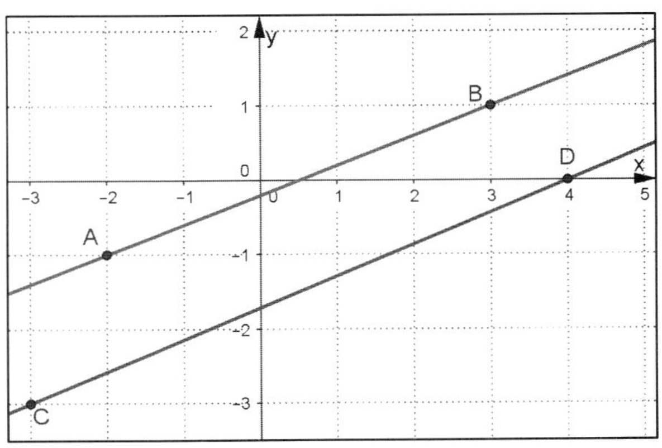

64. Drei Punkte auf einer Geraden?

a) Zeichne die Punkte $A(-2|2)$, $B(7|4{,}5)$ und $C(9|5)$. Stelle eine Vermutung auf, ob die drei Punkte auf einer Geraden liegen. Überprüfe deine Vermutung rechnerisch.

b) Prüfe rechnerisch, ob die Punkte $A(2|5)$, $B(-13|-40)$ und $C(7|20)$ auf einer Geraden liegen.

65. a) Zeige: Es gibt eine lineare Funktion f mit $f(0) = 3$ und $f(5) = 0$. Zeichne den Graphen von f und gib eine Funktionsgleichung an.

b) Bestimme eine Gleichung der linearen Funktion g, deren Graph parallel zum Graphen von f ist und durch den Punkt $P(-1|0)$ geht.

c) Gibt es eine proportionale Funktion $p: \mathbb{Q} \to \mathbb{Q}$, deren Graph parallel zum Graphen von f ist.

66. Verschiebungen

Gegeben ist der Graph einer proportionalen Funktion f mit $f(x) = mx$.

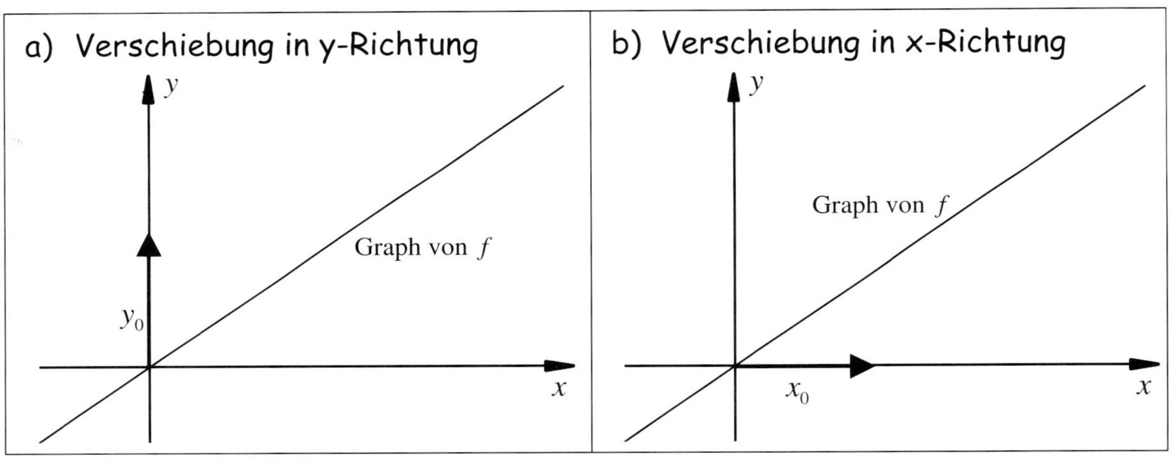

a) Verschiebe den Graphen von f um y_0 in y-Richtung. Es entsteht der Graph einer neuen Funktion g. Bestimme eine Funktionsgleichung von g.

b) Verschiebe den Graphen von f um x_0 in x-Richtung. Es entsteht der Graph einer neuen Funktion h. Bestimme eine Funktionsgleichung von h.

Für Spezialisten: Der Graph von f wird um y_0 in y-Richtung verschoben, der verschobene Graph anschließend um x_0 in x-Richtung. Gib zu dem neuen Graphen eine Funktionsgleichung an.

67. a) Zeichne die Geraden g_1 und g_2 in ein gemeinsames Koordinatensystem.

b) Lies die Koordinaten des Schnittpunktes ab.
Wie kannst du das Ergebnis rechnerisch überprüfen?

c) Miss den **Schnittwinkel** der Geraden (siehe Kapitel 3, Seite 79). Fällt dir ein Zusammenhang zwischen den Steigungen der Geraden auf?

$g_1: \ y = \frac{2}{3}x - 1$

$g_1: \ y = -\frac{3}{2}x + \frac{11}{2}$

68. Rechtwinklig (orthogonal)

a) Gegeben ist in nebenstehender Abbildung ein Gerade g_1 mit der Steigung $m_1 \neq 0$.

① Drehe g_1 mitsamt dem Steigungsdreieck um den Punkt P um 90°.
Bezeichne die gedrehte Gerade mit g_2.

② Bestimme die Steigung m_2 der gedrehten Geraden.

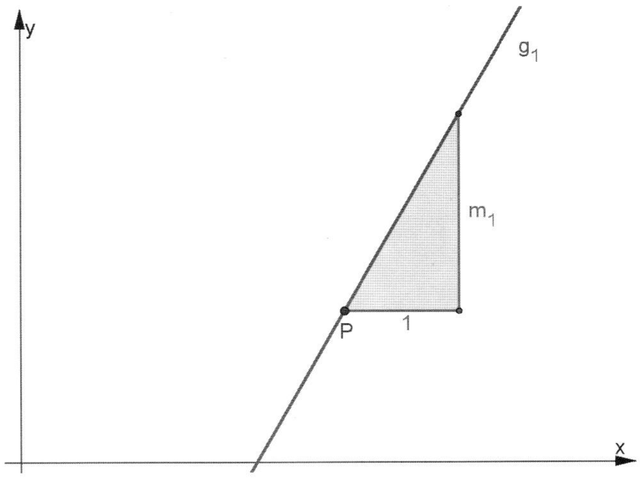

$m_2 = \dfrac{\text{y-Änderung}}{\text{x-Änderung}} =$

Also: $m_1 \cdot m_2 =$

Ergebnis: Wenn $g_1 \perp g_2$, dann

b) Wurzel macht sich Gedanken über das Produkt $m_1 \cdot m_2$ der Steigungen, wenn sich g_1 und g_2 nicht rechtwinklig schneiden. Lies den Text aufmerksam.

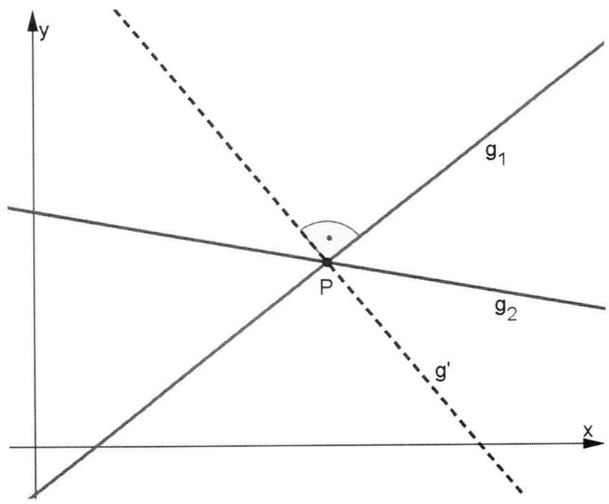

Ergänze: Wenn $g_1 \not\perp g_2$, dann

c) Fasse a) und b) in einem **Genau-dann-wenn-Satz** zusammen (nächste Seite).

Satz über orthogonale Geraden

69. a) Prüfe rechnerisch, ob sich die Geraden g und h (g und k) rechtwinklig schneiden.

b) Zeichne die Gerade ℓ, die den y-Achsenabschnitt 3 hat und g rechtwinklig schneidet.

Gib eine Gleichung von ℓ an.

c) Gib eine Gleichung der Ursprungsgeraden an, die senkrecht zu k verläuft.

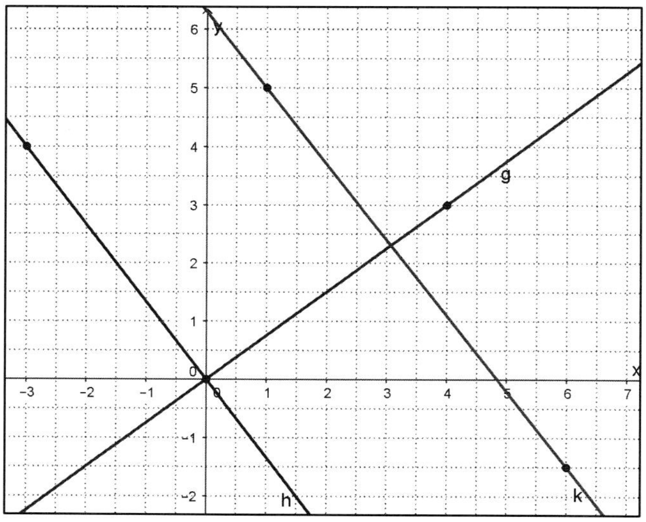

70. Kreistangente

a) Zeichne den Kreis um O durch den Punkt $P(2|3)$ und die Tangente in diesem Punkt.

b) Bestimme eine Gleichung der in a) gezeichneten Tangente.

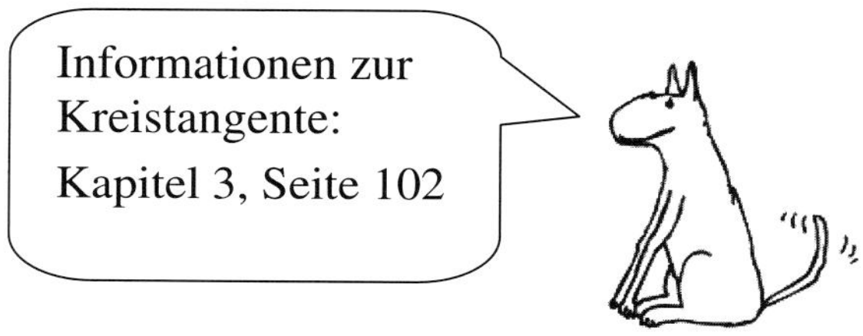

c) Zeige: Die in b) bestimmte Gleichung kann auf die Form $2x+3y=13$ gebracht werden.

d) Zeichne die Gerade mit der Gleichung $2x-3y=13$ in das Koordinatensystem von a) und begründe, warum diese Gerade auch Tangente des Kreises ist.

71. Schnittpunkt

a) In der linken Abbildung auf der nächsten Seite sind die Graphen der linearen Funktionen k und ℓ mit $k(x)=x+1$ und $\ell(x)=-\frac{1}{2}x+4$ gezeichnet. Die Graphen schneiden sich in einem Punkt.

① Lies aus der Zeichnung die Koordinaten des Schnittpunktes ab.

② Bestätige das Ergebnis, indem du die Funktionswerte von f und g an der abgelesenen **Schnittstelle** berechnest.

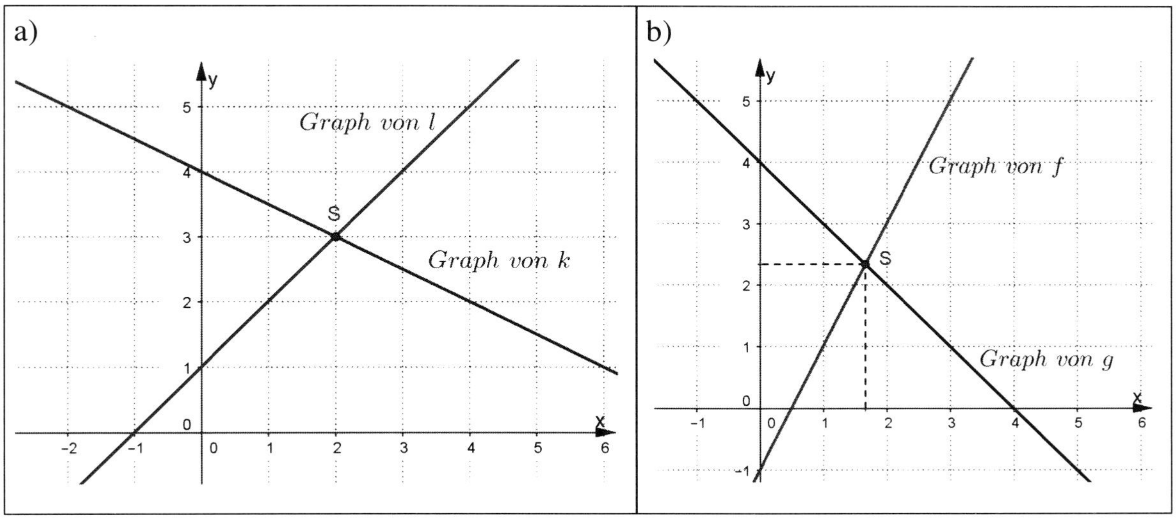

b) Die Abbildung rechts zeigt die Graphen zweier anderer linearer Funktionen f und g mit $f(x) = 2x - 1$ und $g(x) = -x + 4$.

Hier kannst du die Koordinaten des Schnittpunktes S nicht einfach ablesen. Wurzel zeigt dir den Weg, wie man die Koordinaten von S berechnet.

Führe die Rechnung zu Ende.

- Gesucht ist $x \in \mathbb{Q}$ mit $f(x) = g(x)$:

$$2x - 1 = -x + 4$$

- y-Koordinaten von S:
- Ergebnis:

Silvester hat bei der Berechnung der y-Koordinate des Schnittpunktes noch ein Problem.

Kannst du ihm helfen?

In welche Gleichung muss ich die Schnittstelle einsetzten: in die von f, in die von g oder in beide?

c) Berechne den Schnittpunkt der Graphen von $p\colon x \mapsto 2x - 7$ und $q\colon x \mapsto -x + 2$.

72. a) Zeichne das Dreieck ABC mit $A(0|2)$, $B(6|0)$ und $C(3|7)$ und die Höhe von C auf $\overline{AB}$.

b) Bestimme Gleichungen der Geraden AB und der Höhengeraden durch C.

c) Berechne die Koordinaten des Fußpunktes der in a) gezeichneten Höhe.

Anwendungsaufgaben

73. Umsatzbeteiligung

Ein Vertreter erhält ein festes Gehalt von 1400 € im Monat und zusätzlich 7,5% des erzielten Monatsumsatzes.

a) Gib eine Gleichung der Funktion an, die die Abhängigkeit des monatlichen Einkommens vom erzielten Umsatz beschreibt.

b) Welches Monatseinkommen hat der Vertreter bei einem Umsatz von 28 000 € ?

c) Welchen Umsatz muss der Vertreter haben, um ein monatliches Einkommen von 5000 € zu erzielen?

74. Abschreibung

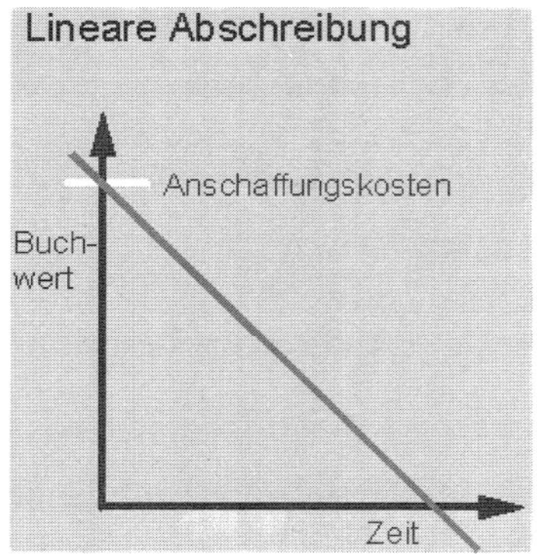

Die **Abschreibung** ist eine rechnerische Erfassung von Wertminderungen betrieblicher Vermögensgegenstände (z. B. Maschinen) u. a. für die Steuerbilanz des Unternehmens. Bei der **linearen Abschreibung** nimmt man an, dass der Wert jedes Jahr um den gleichen Betrag abnimmt. Firma Alpha schreibt eine Maschine, die 90 000 € gekostet hat, mit $7\,500\ ^{€}/_{\text{Jahr}}$ ab. Der Buchwert der Maschine nimmt also mit zunehmendem Alter ab. Gib die Funktion ***Alter*** → ***Buchwert*** an und zeichne den Graphen.

a) Gib eine Gleichung der Funktion ***Alter*** → ***Buchwert*** an.

b) Zeichne den Graphen der Funktion. Achte auf eine zweckmäßige Skalierung.

c) Welchen Buchwert hat die Maschine nach $3\frac{1}{4}$ Jahren?

75. Fahrenheitskala

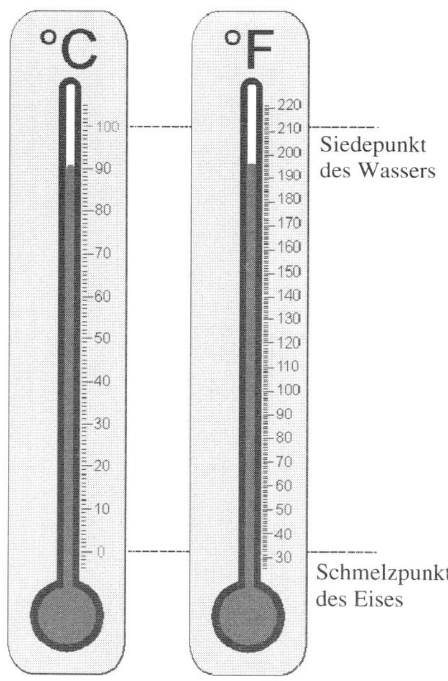

In Amerika ist zur Temperaturmessung die **Fahrenheitskala** in Gebrauch. Es gilt: 30°C entsprechen 86°F und 50°C entsprechen 122°F. Die Fahrenheitskala ist wie die Celsiusskala linear eingeteilt.[1]

a) Gib eine Gleichung für die Funktion **Temperatur in °C → Temperatur in °F** an.

b) Fülle folgende Wertetafel aus.

Temperatur in °C	0	20	40	60	80	100
Temperatur in °F						

c) Wie groß ist die Differenz der Siedetemperatur des Wassers und der Schmelztemperatur des Eises in °F?

d) Leite eine Formel für die Umrechnung von Fahrenheit-Temperaturen in Celsius-Temperaturen her.

[1] Daniel Gabriel Fahrenheit, deutscher Physiker (1686 - 1736)
Anders Celsius, schwedischer Physiker und Astronom (1701 - 1744)

76. Tankleerung

Wegen einer Reparatur muss ein Öltank leer gepumpt werden. Nach 10 Minuten befinden sich noch 4800 ℓ, nach weiteren 5 Minuten noch 4200 ℓ im Tank. Die Pumpe arbeitet gleichmäßig.

a) Zu welcher **Funktionenklasse** gehört die Funktion **Pumpzeit** → **Tankinhalt**?

b) Bestimme eine Gleichung der Funktion und ihre Definitionsmenge.

c) Welche Bedeutung haben die im Funktionsterm auftretenden Größen?

77. Gleichförmige Bewegung

Ein Körper bewegt sich auf einer Geraden.

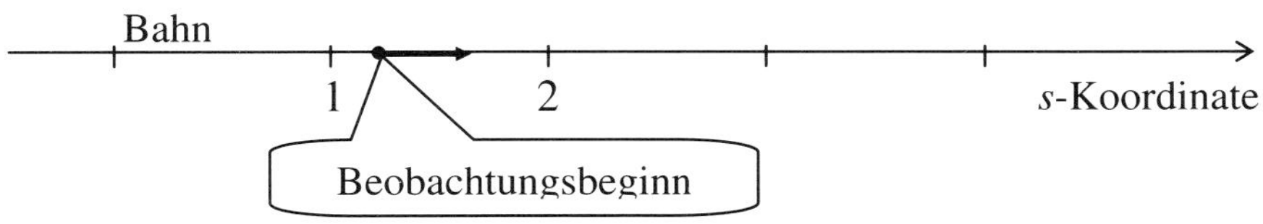

Messungen von Zeit und Ort ergeben folgende Messreihe:

Zeit t (in s)	0	2	4	6	8	10	...
Ort s (in m)	1,2	2,0	2,8	3,6	4,4	5,2	...

Betrachte die Funktion **Zeit** → **Ort**.
In der Physik heißt diese Funktion **Weg-Zeit-Funktion**.

a) Zeichne den Graphen der Funktion und begründe, warum die Funktion linear ist.

b) Gib eine Gleichung der Funktion an.

c) Welche physikalische Bedeutung haben die im Funktionsterm auftretenden Konstanten?

d) Wo befindet sich der Körper nach 17s?

e) Wann hat der Körper den Ort 10 m erreicht?

f) Wie lange braucht der Körper, um eine Strecke von 1 m zurückzulegen?

78. Erhitzen einer Flüssigkeit

Eine Alkoholmenge wird mit einem Tauchsieder erhitzt. Jede Minute wird die Temperatur gemessen und in einer Tabelle festgehalten.

Zeit (in min)	0	1	2	3	4	5	6	7	8
Temperatur (in °C)	20	35	50	62	70	75	77	78	78

a) Zeichne mit Hilfe der Tabelle den Graphen der Funktion **Zeit** → **Temperatur**.

b) Ist die Funktion linear? Begründe deine Antwort.

c) Was geschieht ab der 8. Minute?

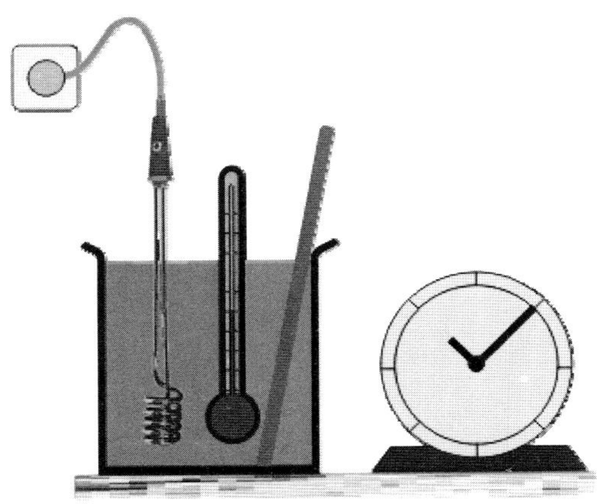

79. Züge begegnen sich

Die Bahnstrecke zwischen den Städten A und B ist 300 km lang. Ein Güterzug fährt in A um 8.oo Uhr ab und kommt in B um 11.45 Uhr an. Ein InterCity (IC) fährt in B um 8.30 Uhr ab und kommt $2\frac{1}{2}$ h später in A an. Nimm an, dass die beiden Züge jeweils mit gleichbleibender Geschwindigkeit fahren.

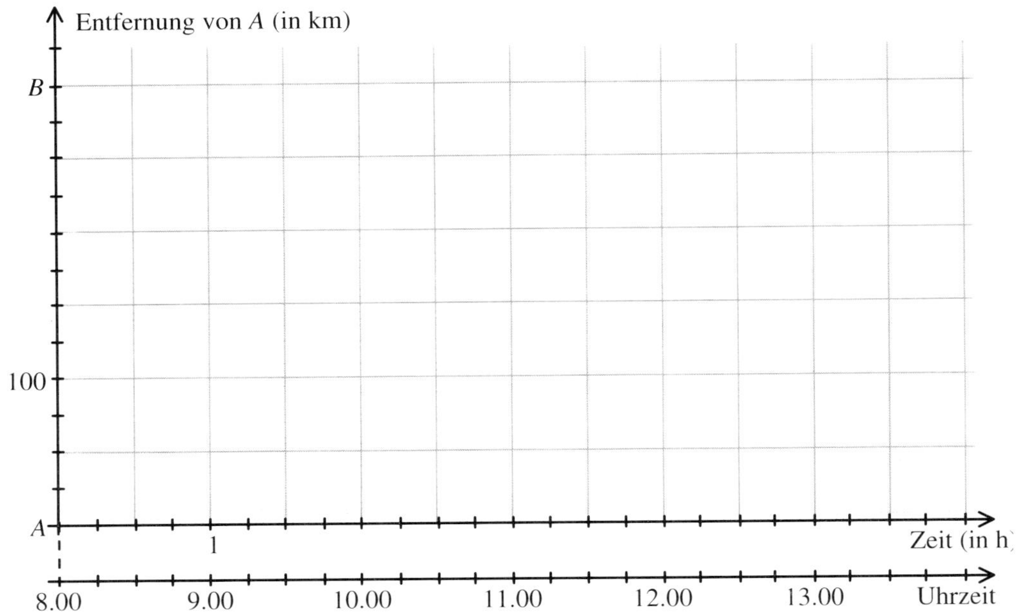

a) Zeichne im vorbereiteten Diagramm die Graphen der **Weg-Zeit-Funktion** der beiden Züge auf.

b) Lies aus dem Diagramm ab, zu welcher Uhrzeit sich die beiden Züge kreuzen. Wie viel km ist der Kreuzungspunkt von A entfernt?

c) Stelle die Gleichungen der Weg-Zeit-Funktionen der beiden Züge auf.

d) Bestimme durch Rechnung, wann und wo sich die Züge treffen.

80. Stromtarife

Der Stromanbieter Weststrom wirbt mit der folgenden Anzeige.

Weststrom – wir sind günstiger!
Vergleichen Sie die Preise!

Jahresverbrauch	1200 kWh	2000 kWh
Stadtwerke	426 €	638 €
Weststrom	402 €	626 €

a) Bestimme Gleichungen für die Funktionen ***Jahresverbrauch* → *Stadtwerke-Preis*** und ***Jahresverbrauch* → *Weststrom-Preis***. In beiden Fällen hängt der Strompreis **linear** vom Jahresverbrauch ab.

b) Überprüfe, inwieweit die Behauptung der Anzeige richtig ist.

81. Break-even-Punkt

Der Förderverein des LiFu-Gymnasiums betreibt auf dem Stadtfest einen Sektstand. Eine Flasche Sekt kostet im Einkauf 4,50 €. Aus einer Flasche werden sieben Gläser zu einem Verkaufspreis von 2 € ausgeschenkt. Für die Dekoration und sonstige Kosten werden 76 € aufgewandt.

a) Gib die Kosten und die Einnahmen an.

x = Anzahl der Flaschen, die geöffnet worden sind und deren Inhalt ausgeschenkt worden ist

Kosten: K(x) =

Einnahmen: E(x) =

b) Zeichne den Graphen der Kostenfunktion und der Einnahmenfunktion händisch in das vorbereitete Koordinatensystem oder verwende GeoGebra.

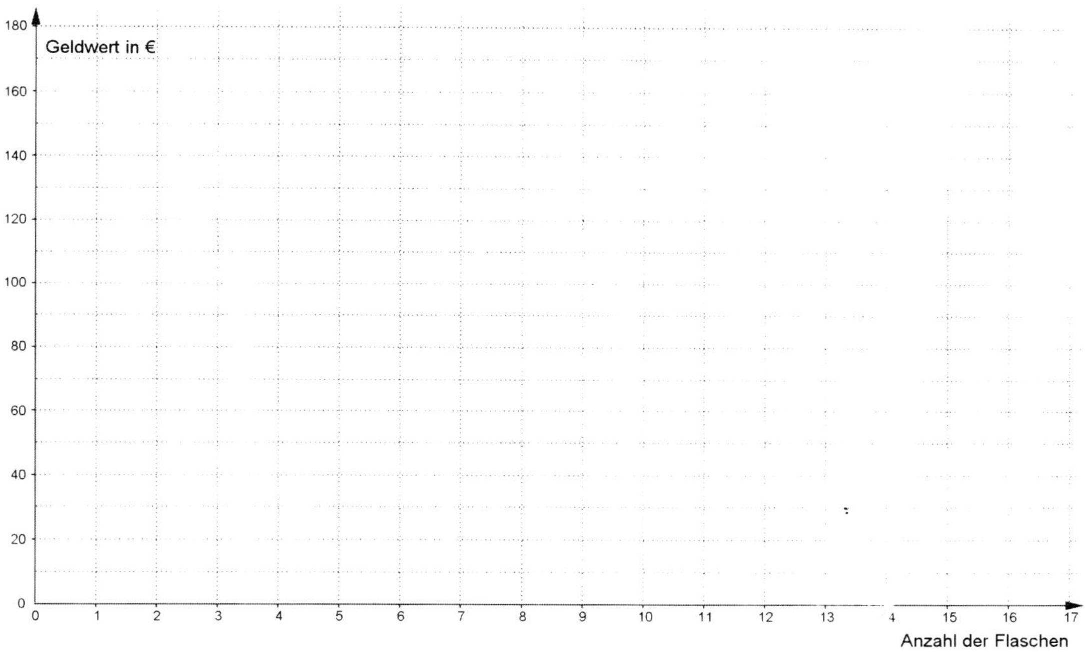

c) Solange die Kosten die Einnahmen übersteigen, ist der Förderverein in der **Verlustzone**. Sobald die Kosten unter den Einnahmen liegen, ist er in der **Gewinnzone**. Wenn die Kosten und die Einnahmen gleich sind, befindet er sich im **Break-even-Punkt** (an der Gewinnschwelle).

Markiere in b) auf der x-Achse die Verlustzone rot, die Gewinnzone grün und lies den Break-even-Punkt ab.

d) Bestimme den Break-even-Punkt rechnerisch.

e) Der Förderverein hat insgesamt 48 Flaschen Sekt glasweise verkauft. Welchen Gewinn hat er gemacht?

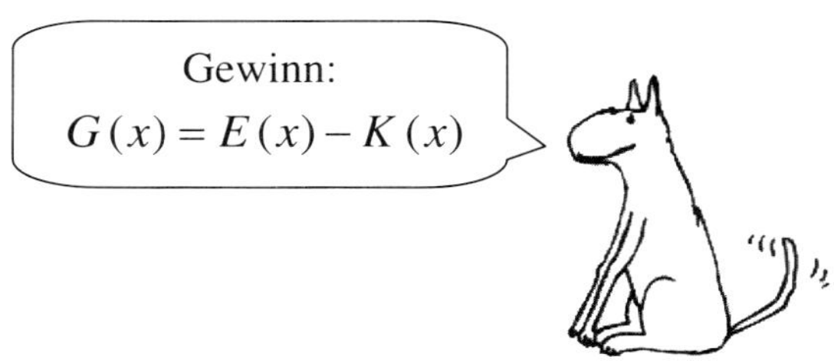

82. Mischungsproblem

a) Silvester gießt in ein 150 ℓ-Gefäß zunächst 60 ℓ Wasser und füllt es dann mit 90prozentigem Alkohol voll.

Welchen Alkoholgehalt hat die Mischung?

Wurzel hilft dir.

90prozentiger Alkohol:
90% reiner Alkohol
10% Wasser

So viel 90%-iger Alkohol ist in dem Gefäß: 90 ℓ

So viel davon ist reiner Alkohol:

Alkoholgehalt der Mischung:

b) Silvester gießt zur Wassermenge x in dem 150 ℓ-Gefäß 90prozentigen Alkohol, bis das Gefäß ganz gefüllt ist. Gib eine Gleichung der Funktion ***x*** $\rightarrow$ ***Alkoholgehalt der Mischung*** sowie ihre Definitionsmenge an.

c) Zeichne den Graphen der Funktion (händisch oder mit GeoGebra).

d) Wie viel Liter Wasser und wie viel Liter 90prozentiger Alkohol muss Silvester mischen, wenn er 150 ℓ 33prozentigen Alkohol erhalten will?

83. Wachstumsvorgänge

a) Robert hat mit seinen Eltern einen Taschengeldvertrag geschlossen: Er bekommt 6 € als Grundbetrag. Für jeden Tag eines Monats, an dem er keinen Unfug treibt, bekommt er 50c dazu. Das Taschengeld wird am ersten Tag des folgenden Monats ausbezahlt.

Die Höhe des Taschengeldes hängt von der Anzahl der „unfugfreien“ Tage ab. Beschreibe den Sachverhalt durch eine Funktion.

Wie viel Taschengeld bekommt Robert mindestens / höchstens?

b) Eines Tages macht Robert den Eltern folgenden Vorschlag: „Der Taschengeldgrundbetrag ist 1c. An jedem Tag, an dem ich keinen Unfug mache, wird der bereits erreichte Betrag verdoppelt.“

Sollen sich die Eltern auf diesen Vorschlag einlassen?

84. Stückweise linear

Ein Wassertank von 1000 ℓ Fassungsvermögen ist zu Beobachtungsbeginn (Zeitpunkt 0) zur Hälfte gefüllt. Durch den Abfluss fließen ständig 10 ℓ pro Minute ab. Nach 20 Minuten wird für eine halbe Stunde ein Zulauf geöffnet, der pro Minute 15 ℓ Wasser liefert.

Die Wassermenge in dem Tank ist eine Funktion der Zeit. Zeichne das Schaubild dieser Funktion und gib eine Funktionsgleichung an.

Skalierung: 1. Achse: $1\,\text{cm} \mathrel{\hat{=}} 10\,\text{min}$; 2. Achse: $1\,\text{cm} \mathrel{\hat{=}} 100\,\ell$.

Proportionale Funktionen

85. Betrachte die Wertetabelle.

x	-2,5	0	2	3,5	5
y	-2,1	0	1,68	2,94	4,2
Steigung					

Berechne die Steigungen $m_{OA}, m_{OB}, \dots$.

a) Zeige:
Die Punkte $A(-2{,}5|-2{,}1)$, $B(2|1{,}68)$, $C(3{,}5|2{,}94)$ und $D(5|4{,}2)$ liegen auf einer Ursprungsgeraden.
Trage die Ergebnisse in die Tabelle ein.

b) Zeichne die Gerade, auf der die Punkte liegen.

c) Es gibt eine proportionale Funktion f auf $\mathbb{Q}$, zu der die Wertetabelle gehört. Ermittle eine Funktionsgleichung.

d) Gibt es andere Funktionen, zu denen die Wertetabelle gehören kann?

86. Wir ordnen unser Wissen über proportionale Funktionen.
Beweise die im Diagramm dargestellten **Wenn-dann-Aussagen**.

f ist proportional, d. h. $f(x) = m \cdot x$. $\Leftarrow$ Für alle $k, x \in \mathbb{Q}$ gilt: $f(k \cdot x) = k \cdot f(x)$.

$\Downarrow$ (Bereits erledigt!) $\Uparrow$

Der Graph von f ist eine Ursprungsgerade mit der Steigung m. $\Rightarrow$
- $f(0) = 0$.
- Für alle $x \in \mathbb{Q}^*$ gilt: $\frac{f(x)}{x} = m$.

Für eine Funktion f auf $\mathbb{Q}$ sind folgende Aussagen **äquivalent**:

1. f ist proportional, d. h. $f(x) = m \cdot x$.
2. Der Graph von f ist eine Ursprungsgerade mit der Steigung m.
3. Die Quotienten einander zugeordneter Zahlen haben alle denselben Wert (**Quotientengleichheit**).
4. Dem k-fachen einer Zahl ist das k-fache ihres Funktionswertes zugeordnet (**Vielfacheneigenschaft**).

Äquivalent heißt: Aus jeder Aussage folgt jede andere.

Mündlich

Der voranstehende Satz umfasst zwölf **Wenn-dann-Aussagen**. Formuliere alle diese Aussagen.

87. a) Gegeben sind Funktionsgraphen. Gesucht sind Gleichungen der Funktionen.

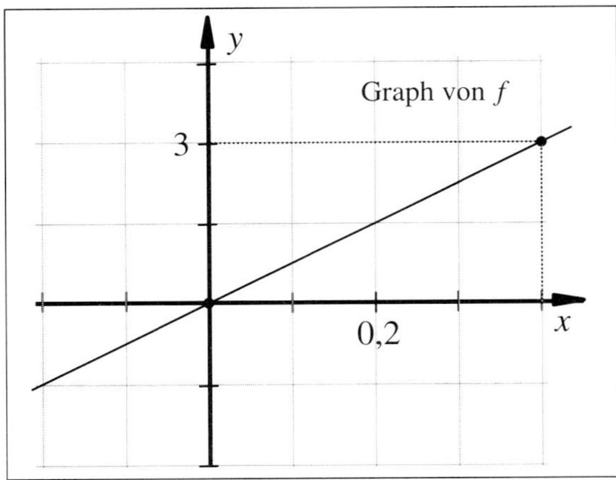

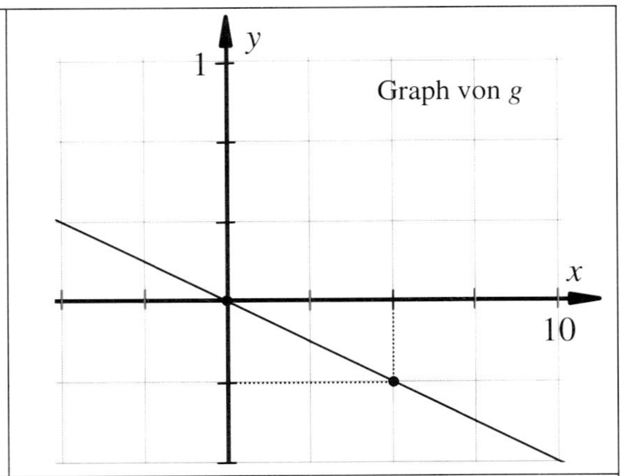

b) Bei einer proportionalen Funktion f ist der Funktionswert an einer Stelle ($\neq 0$) bekannt. Bestimme eine Gleichung der Funktion.

① $f\left(\frac{2}{3}\right)=\frac{5}{6}$

② $f\left(\frac{1}{7}\right)=-0{,}1$

③ $f(-4)=5{,}6$

④ $f(x_0)=y_0,\ x_0\neq 0$

88. Dreisatzaufgaben

Schau dir das Dreisatzschema nochmals in Kapitel 1 auf Seite 14 an. Es ist dir freigestellt, ob du die folgenden Aufgaben mit der **Vielfacheneigenschaft** oder der **Quotientengleichheit** löst.

a) Im Mini-Markt kosten 800g Salami 11,20 €. Frau Klein kauft $\frac{1}{8}$ kg Salami.
Wie viel muss sie bezahlen?

b) Eine Kugel aus Glas hat das Volumen 75 cm^3 und wiegt 180 g.
Welche Masse hat ein Glaswürfel mit der Kantenlänge 3 cm?

c) Ein Direktflug von Luxemburg nach Teneriffa dauert 4,5 Stunden, die Entfernung beträgt 3070 km. Das Flugzeug überfliegt dabei die spanische Stadt Salamanca nach 1 h 58 min. Welche Strecke hat das Flugzeug bis dahin zurückgelegt ? Nimm an, dass die Geschwindigkeit des Flugzeugs konstant ist.

d) Ein Eisenstab von 2,5 m Länge dehnt sich bei Erwärmung um 10 K (Kelvin) um 3 mm aus. Um wie viel dehnt sich eine Eisenbrücke von 360 m Länge bei der gleichen Erwärmung aus?

89. Proportionale Funktionen erkennen

Untersuche, ob es eine proportionale Funktion gibt, zu der die gegebene Wertetabelle gehört. Wenn ja, gib eine Funktionsgleichung an.

a)

x	0,3	0,6	0,9	1,2	1,5	1,8	2,1	2,4
y	21	42	63	84	105	126	147	168

Ergebnis:

b)

x	1,1	1,2	1,3	1,4	1,5	1,6	1,7	1,8
y	3,52	3,84	4,16	4,48	4,80	5,28	5,78	6,30

Ergebnis:

90. Autobahnfahrt

Auf der Fahrt in die Stadt fährt Herr Schnell ein Stück Autobahn. An der Einfahrt stellt sein Sohn Matthias den Tageskilometerzähler auf Null und liest danach jede Minute ab, wie viele Kilometer sie bis dahin zurückgelegt haben. Mit t ist die Fahrzeit, mit s die Fahrstrecke bezeichnet.

t (in min)	1	2	3	4	5	6	7	8
s (in km)	1,8	3,6	5,4	7,2	9,0	10,8	12,6	14,4
$\frac{s}{t}$ (in $\frac{\text{km}}{\text{min}}$)								

a) Fülle die Tabelle aus. Begründe, dass die Funktion $t \mapsto s$ proportional ist.

b) Gib eine Funktionsgleichung an:

c) Welche Bedeutung hat der Quotient $\frac{s}{t}$? Gib die Größe in der Maßeinheit $\frac{\text{km}}{\text{h}}$ an.

91. Der Umfang U eines Kreises hängt vom Durchmesser d ab: Je größer d, desto größer U. Die Klasse 7a möchte herausfinden, ob U proportional zu d ist. Zu diesem Zweck hat sie eine Messreihe aufgestellt.

d (in m)	1,00	1,50	2,00	2,50	3,00	3,50
U (in m)	3,15	4,70	6,30	7,85	9,40	11,00

Wie ist nun weiter zu verfahren?

Vermischte Aufgaben

92. Lineare Funktion?

Untersuche, ob es eine lineare Funktion gibt, zu der die gegebene Wertetabelle gehört.

a)

x	0,3	0,8	1,2	2,1	2,5	3,3
y	32	27	23	14	10	2

b)

x	1	2	4	8	16
y	0,9	1	1,2	1,7	2,6

93. Allerlei Lineares

a) Eine lineare Funktion f auf $\mathbb{Q}$ hat folgende Eigenschaften:

- Wächst x um 12, so ändert sich y um 9.
- 4 ist Nullstelle von f.

Bestimme eine Gleichung der Funktion.

(Zur Kontrolle: $f(x) = \frac{3}{4}x - 3$)

b) Zeichne den Graphen von f.

c) Es gibt eine proportionale Funktion p, deren Graph parallel zu G_f ist. Füge im Koordinatensystem von b) den Graphen von p hinzu und gib eine Gleichung von p an.

d) Bestimm eine Gleichung der linearen Funktion g, deren Graph den Graphen von f im Punkt $P(4|0)$ rechtwinklig schneidet.

e) Berechne den Schnittpunkt von G_g und G_p.

94. Treffpunkt

Fabian und Lisa wohnen 39 km voneinander entfernt.

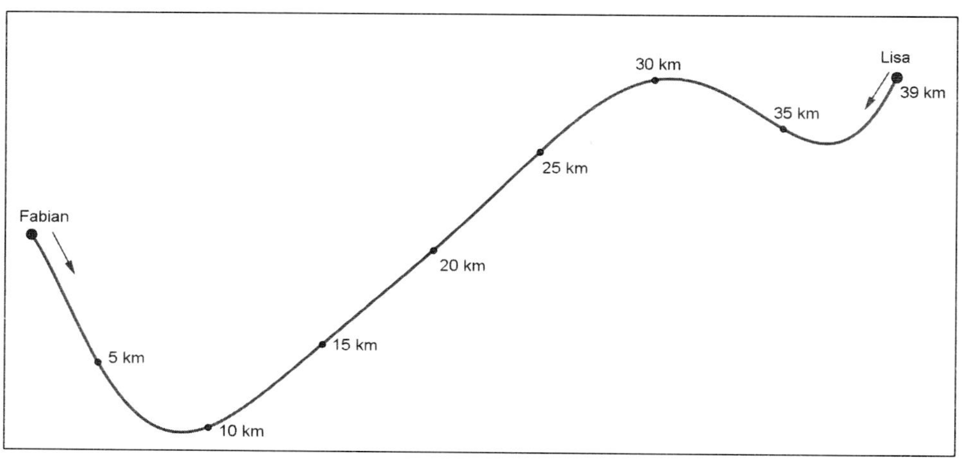

Um sich zu treffen, brechen sie morgens um 8.00 Uhr auf. Fabian schafft in der Stunde 3,5 km, Lisa 3 km. Ihre jeweiligen Aufenthaltsorte geben wir mit Hilfe der Entfernung dieser Orte von Fabians Startpunkt an.

a) Wo befinden sich Fabian und Lisa nach 2h?

b) Gib für Fabian und Lisa eine Gleichung der Funktion ***Gehzeit*** $\rightarrow$ ***Aufenthaltsort*** an.

c) Zeichne die Graphen beider Funktionen in ein gemeinsames Koordinatensystem.

d) Stelle fest, zu welchem Zeitpunkt und an welchem Ort sich Fabian und Lisa treffen?

95. Schnittpunkte von Geraden

a) Zeichne das Dreieck ABC mit den Eckpunkten $A(1|-2)$, $B(3|1)$ und $C(-1|3)$.

b) Zeichne durch jeden Eckpunkt des Dreiecks die Gerade, die zur gegenüberliegenden Dreiecksseite parallel ist, und stelle Gleichungen für diese Geraden auf.

c) Berechne die Schnittpunkte der drei Geraden.

96. Steigungswinkel und Steigung

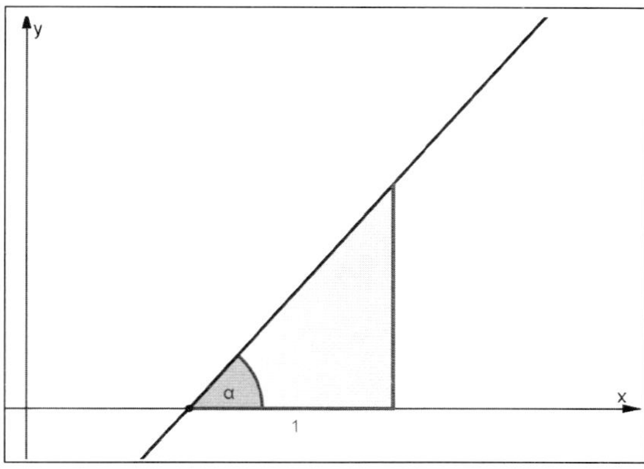

Die Steigung wird auch in Prozent angegeben:
$m = 25\% = 0{,}25$.

Der Schnittwinkel einer Geraden mit der x-Achse heißt **Steigungswinkel der Geraden**. Je größer der Steigungswinkel, desto größer ist die Steigung.

a) Miss zu den in der Tabelle vorgegebenen Steigungswinkeln die Steigung. Fertige dazu eine Zeichnung an und wähle $1\,\text{LE} \mathrel{\hat{=}} 3\,\text{cm}$.

α	0°	15°	30°	45°	60°	75°	90°
m							
m in %							

b) Skizziere den Graphen der Funktion $\alpha \mapsto m$ in dem vorbereiteten Koordinatensystem. Begründe, dass die Funktion nicht proportional ist.

c) Miss den Steigungswinkel einer Geraden, die eine Steigung von 25% hat.

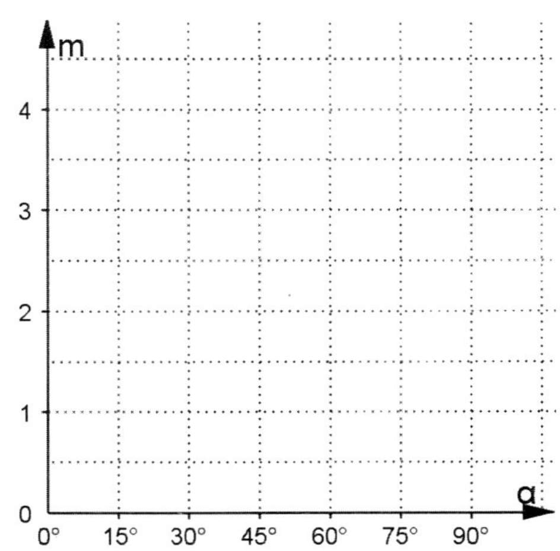

97. Umgekehrt proportionale Funktionen

Eine Funktion f auf $\mathbb{Q}^*$ mit $f(x)=\frac{a}{x}$ $(a \neq 0)$ heißt **umgekehrt proportionale Funktion**.

a) Zeichne in das vorbereitete Koordinatensystem in verschiedenen Farben die Graphen von $x \mapsto \frac{1}{x}$ und $x \mapsto -\frac{1}{x}$.

b) Zeichne mit Hilfe von GeoGebra den Graphen der Funktionen $x \mapsto \frac{a}{x}$.

Verwende für a einen Schieberegler, den du zwischen -5 und 5 variieren kannst.

c) Beschreibe den Graphen (Symmetrie, Funktionswert an der Stelle 1, Steigen / Fallen, Verhalten für x gegen 0, Verhalten für x gegen ∞)

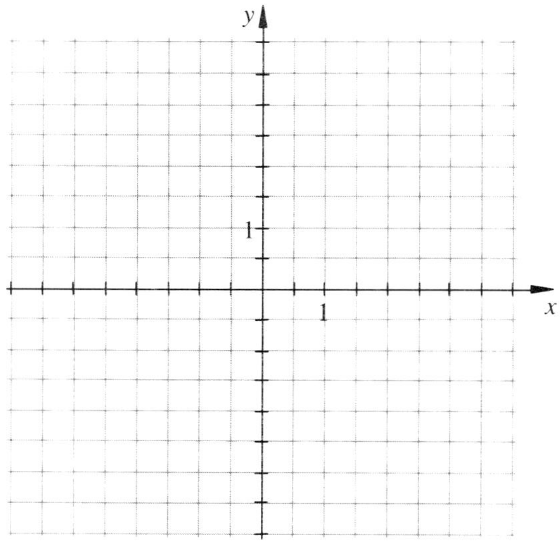

Die Graphen der umgekehrt proportionalen Funktionen heißen **Hyperbeln**.

98. Wir ordnen unser Wissen über umgekehrt proportionale Funktionen.

Beweise die im Diagramm dargestellten **Wenn-dann-Aussagen**.

Vergleiche umgekehrt proportionale Zuordnungen: §1, Seite 17f.

f ist umgekehrt proportional, d. h. $f(x)=\frac{a}{x}$.

$\Downarrow$ $\Uparrow$

Für alle $x \in \mathbb{Q}^*$ gilt: $x \cdot f(x) = a$.

$\Longrightarrow$

Für alle $k, x \in \mathbb{Q}^*$ gilt: $f(k \cdot x)=\frac{1}{k} \cdot f(x)$.

Für eine Funktion f auf $\mathbb{Q}^*$ sind folgende Aussagen **äquivalent**:

1. f ist umgekehrt proportional, d. h. $f(x)=\frac{a}{x}$.
2. Die Produkte einander zugeordneter Zahlen haben alle denselben Wert (**Produktgleichheit**).
3. Dem k-fachen einer Zahl ist der k-te Teil ihres Funktionswertes zugeordnet (**Vielfacheneigenschaft**).

99. Erkennen umgekehrt proportionaler Funktionen

Untersuche, ob es eine umgekehrt proportionale Funktion gibt, zu der die gegebene Wertetabelle gehört. Wenn ja, gib eine Funktionsgleichung an.

a)

x	0,4	0,8	1,2	1,6	2,0	2,4	3	10
y	30	15	10	7,5	6	5	4	1,2

b) Begründe, dass nebenstehender Graph nicht zu einer umgekehrt proportionalen Funktion gehört.

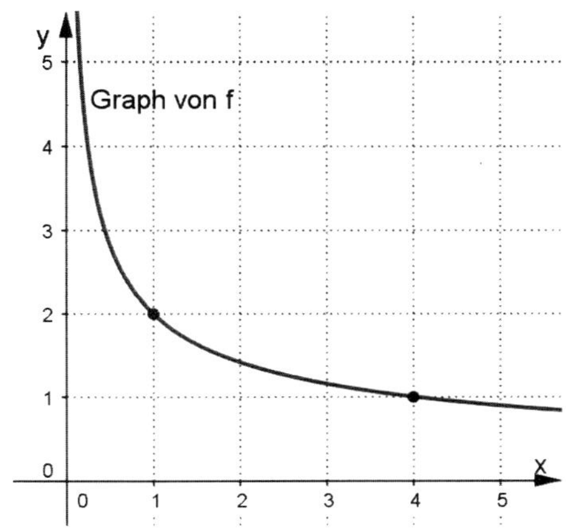

100. Kosten - Einnahmen - Gewinn

Bills Shop verkauft Computer. Der Shop hat feste Kosten von 1800 € pro Woche. Die Computer kosten im Einkauf 374 €/Stück, der Verkaufspreis beträgt 599 €/Stück.

a) Wie hoch sind Bills Einnahmen und Kosten in einer Woche, in der er x Computer ein- und verkauft.

b) In einer heißen Juliwoche hat Bill nur fünf Computer verkauft. Berechne seinen Gewinn bzw. Verlust.

c) Beim Verkauf wie vieler Computer sind die Einnahmen und Kosten gleich hoch (Gewinnschwelle)?

d) In der 47. Kalenderwoche hat Bill einen Gewinn von 3600 € gemacht. Wie viele Computer hat er in dieser Woche verkauft?

101. Mehrwertsteuer

Beim Verkauf einer Ware erhebt der Staat die sogenannte Mehrwertsteuer:

MwSt = 19% des Nettoverkaufspreises,

Verkaufspreis = 119% des Nettoverkaufspreises.

a) Begründe, warum die Funktion **Verkaufspreis → Mehrwertsteuer** proportional ist.

b) Zeige, dass die Mehrwertsteuer-Funktion durch die Gleichung $M(x) = \frac{19}{199}x$ (x = Verkaufspreis) beschrieben wird.

c) Ein Tablet-PC kostet brutto 595 €. Berechne die Mehrwertsteuer.

d) Auf der Rechnung für einen Drucker sind 33,53 € Mehrwertsteuer ausgewiesen. Wie viel hat der Drucker gekostet?

102. Im Krankenhaus

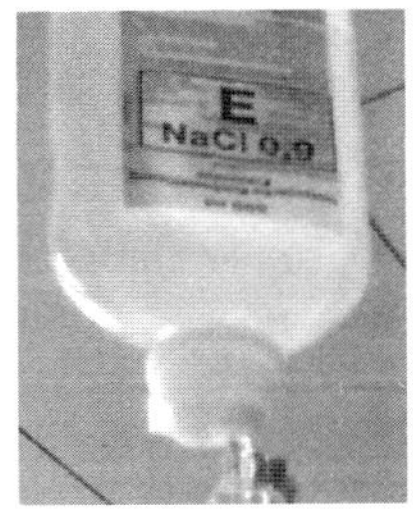

In einer Klinik erhält ein Patient nach einer Operation eine Infusion, d. h. ihm wird aus einer Infusionsflasche eine Kochsalzlösung sehr langsam in die Blutbahn geträufelt. Der Inhalt der Flasche nimmt während der Infusion gemäß folgender Tabelle ab.

Zeit (in min)	30	60	90	120	150
Flascheninhalt (in ml)	850	700	550	400	250

a) Trage die Messpunkte $(30|850), \ldots$ in ein geeignetes Koordinatensystem ein.

b) Begründe, dass die Zuordnung ***Zeit → Flascheninhalt*** eine lineare Funktion ist, und bestimme eine Funktionsgleichung.

c) Erkläre die Bedeutung der Größen m und n in der in b) aufgestellten Funktionsgleichung im Sachzusammenhang.

d) Berechne die Nullstelle der Funktion und erkläre ihre Bedeutung im Sachzusammenhang.

e) Berechne den Flascheninhalt nach 72 Minuten.

f) Nach welcher Zeit beträgt der Flascheninhalt 280 ml?

103. Rund ums Auto

a) Herr Neu fährt mit vollem Tank ($50\,\ell$) los. Bei einer Geschwindigkeit von $120\frac{\text{km}}{\text{h}}$ verbraucht sein Auto $8\,\ell$ auf 100 km. Je länger die gefahrene Strecke ist, desto kleiner ist der verbleibende Benzinvorrat.
Bestimme eine Gleichung der Funktion ***Fahrstrecke → Benzinvorrat***.

b) Die Streckenlänge, die Herr Neu mit einer Tankfüllung zurücklegen kann, hängt von der Fahrweise ab. Je mehr Benzin auf 100 km verbraucht wird, desto geringer ist die Reichweite des Autos. Bestimme eine Gleichung der Funktion ***Benzinverbrauch auf 100 km → Reichweite***.

104. Wechselkurs

Ein saarländisches Unternehmen hat in New York Büroräume gemietet. Die Miete beträgt 7500 $ im Monat. Der Gegenwert in Euro hängt vom jeweiligen Wechselkurs zwischen Euro und Dollar ab.

a) Wie hoch ist die Miete in Euro beim Wechselkurs $0{,}92\frac{€}{\$}$ (d. h. 1 $ = 0,92 €)?

b) Gib eine Gleichung der Funktion ***Wechselkurs von $ in € → Büromiete in €*** an.

c) Fülle aus.

Wechselkurs in $\frac{€}{\$}$	0,70	0,80	0,90	1,00	1,10
Büromiete in €					

d) Berechne die Miete in € beim Wechselkurs $1{,}20\frac{\$}{€}$ (d. h. 1 € = 1,20 $).

e) Gib eine Gleichung der Funktion ***Wechselkurs von € in $ → Büromiete in €*** an.

105. Handwerkerrechnung

Die Firma **Schmidt Haustechnik** wird zu Reparaturarbeiten gerufen. Sie berechnet für die Anfahrt 30 € pauschal. Für jede angefangene Viertelstunde muss der Kunde 15 € bezahlen.

a) Fülle folgende Tabelle aus.

Arbeitszeit	25 min	35 min	$\frac{2}{3}$ h	0,9 h	$1\frac{1}{2}$ h	2h 10min
Rechnungsbetrag in €						

b) Zeichne in das vorbereitete Koordinatensystem den Graphen der Funktion ***Arbeitszeit* → *Rechnungsbetrag***.

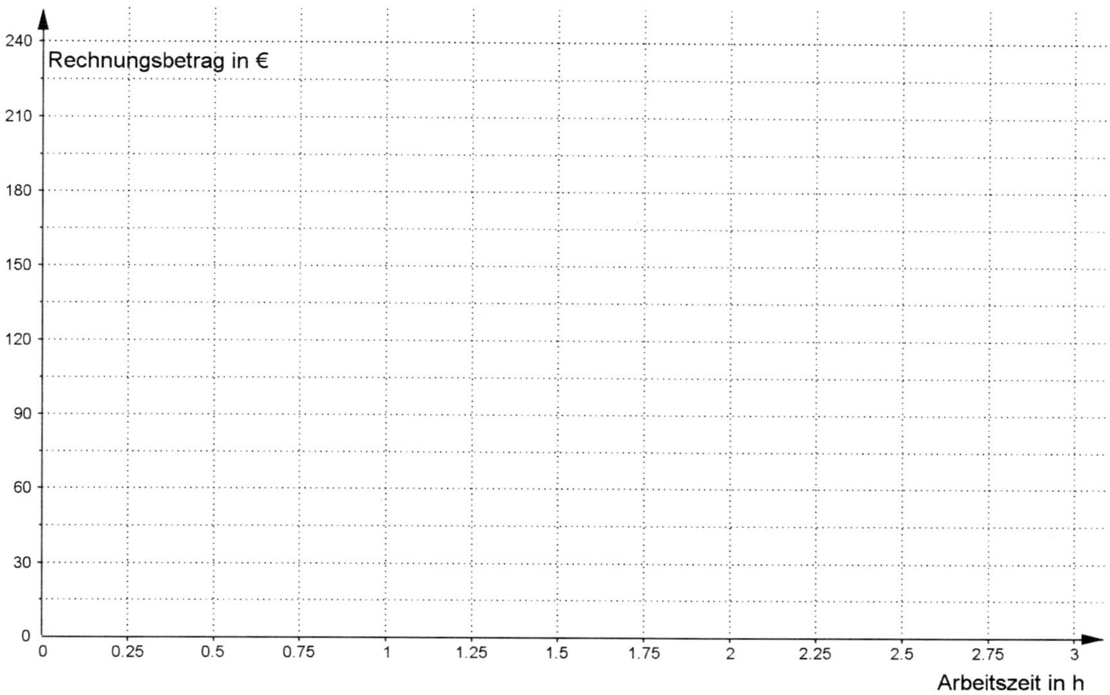

c) Silvester hat zur Funktion ***Arbeitszeit* → *Rechnungsbetrag*** diesen Graph gezeichnet.

Warum beschreibt dieses Schaubild den Sachverhalt nicht zutreffend?

Welche Bedeutung hat die Steigung der Geraden im Sachzusammenhang?

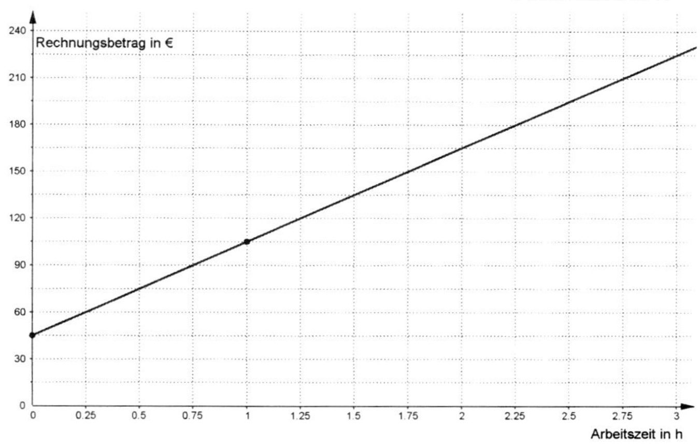

AUF EINEN BLICK

Eine Zuordnung f, die jedem Element x einer Menge D genau eine Zahl y zuordnet, heißt **Funktion auf *D***. D heißt **Definitionsmenge** der Funktion. y heißt **Funktionswert von f an der Stelle *x*** und wird mit $f(x)$ bezeichnet.

Beispiel: Die Zuordnung $x \mapsto \frac{3}{x-1}$ ist eine Funktion auf $\mathbb{Q}\setminus\{1\}$. Wir geben ihr einen Namen, z.B. f und schreiben: $f: \mathbb{Q}\setminus\{1\} \to \mathbb{Q},\ x \mapsto y$ mit $y = \frac{3}{x-1}$ oder $f: \mathbb{Q}\setminus\{1\} \to \mathbb{Q},\ x \mapsto \frac{3}{x-1}$.
Oder kurz: Funktion f auf $\mathbb{Q}\setminus\{1\}$ mit $f(x) = \frac{3}{x-1}$.

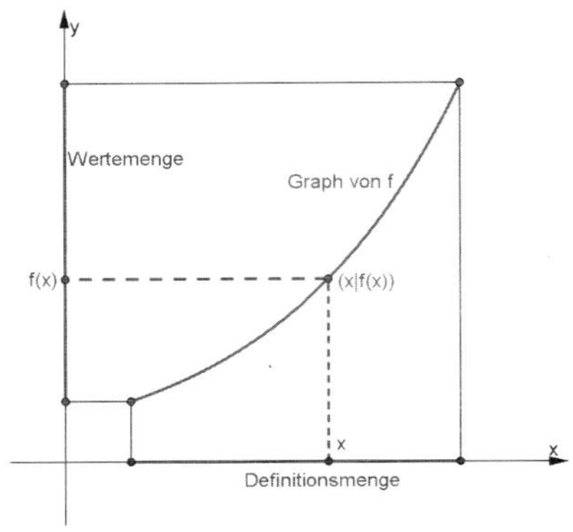

$f(x)$ heißt **Funktionsterm**, $x \mapsto f(x)$ **Funktions- oder Zuordnungsvorschrift** und $y = f(x)$ **Funktionsgleichung**.

Sei $f: D \to \mathbb{Q}$ eine Funktion. Die Menge aller Punkte $(x|f(x))$ mit $x \in D$ heißt **Graph** (Schaubild) der Funktion f, in Zeichen G_f. Die Menge aller Funktionswerte von f heißt **Wertemenge** der Funktion.

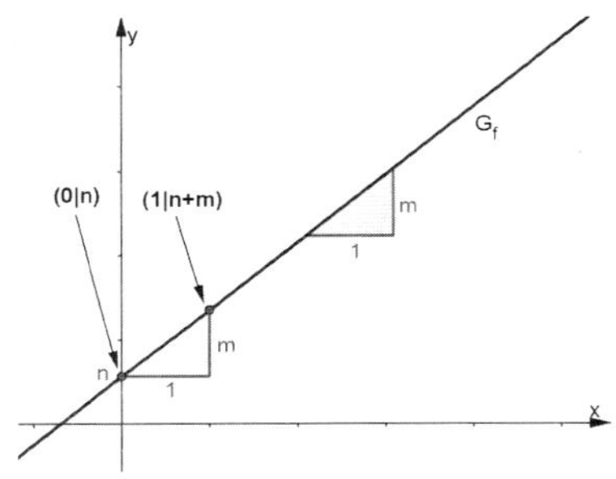

Eine Funktion $f: x \mapsto y$ mit $y = mx + n$ $(m, n \in \mathbb{Q})$ heißt **lineare Funktion**. Der Graph einer linearen Funktion auf $\mathbb{Q}$ ist eine **Gerade**. m ist die **Steigung** der Geraden, das heißt: Der y-Wert ändert sich um m, wenn der x-Wert um 1 wächst. n ist der **y-Achsenabschnitt** der Geraden.

Man zeichnet den Graphen einer linearen Funktion mit Hilfe zweier Punkte, z.B. der Punkte $(0|n)$ und $(1|m+n)$.

Steigungsformel: Die Gerade durch die Punkte $P(x_1|y_1)$ und $Q(x_2|y_2)$ hat die Steigung

$$m = \frac{y_2 - y_1}{x_2 - x_1} = \frac{y\text{-Änderung}}{x\text{-Änderung}} \quad (x_1 \neq x_2).$$

Eine lineare Funktion ist durch zwei Punkte ihres Graphen bestimmt. Wie man bei Vorgabe zweier Punkte eine Funktionsgleichung bestimmt, siehst du in nebenstehender Box.

> Gegeben: $A(2|1)$, $B(-3|3{,}5)$
> Ansatz: $y = mx + n$
> m bestimmen: $m = \frac{3{,}5-1}{-3-2} = \frac{2{,}5}{-5} = -\frac{1}{2}$
> n bestimmen: $(2|1) \in$ Graph, also
> $$1 = -\tfrac{1}{2}\cdot 2 + n \Rightarrow n = 2$$
> Funktionsgleichung: $y = -\frac{1}{2}\cdot x + 2$

Sonderfälle linearer Funktionen: Eine Funktion f mit $f(x) = n$ heißt **konstante Funktion**. Ihr Graph ist eine Parallele zur x-Achse. Eine Funktion f mit $f(x) = mx$ heißt **proportionale Funktion**. Ihr Graph ist eine Ursprungsgerade. Eine Funktion ist genau dann proportional, wenn die Quotienten einander zugeordneter Zahlen alle denselben Wert haben (Quotientengleichheit).

Lagebeziehungen: Zwei Geraden sind genau dann **parallel**, wenn sie dieselbe Steigung haben. Zwei (nicht achsenparallele) Geraden **schneiden sich** genau dann **rechtwinklig**, wenn für das Produkt ihrer Steigungen gilt: $m_1 \cdot m_2 = -1$.

Besondere Linien und Punkte im Dreieck

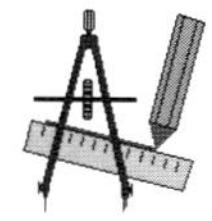

Mittelsenkrechten

1. Nebenstehende Abbildung zeigt eine Strecke $\overline{AB}$ mit ihrer Mittelsenkrechten m.

a) Miss die Entfernungen der Streckenendpunkte A und B von Punkten, die …

- … auf der Mittelsenkrechten liegen,
- … nicht auf der Mittelsenkrechten liegen.

Schreibe deine Beobachtungen in Wenn-dann-Form auf.

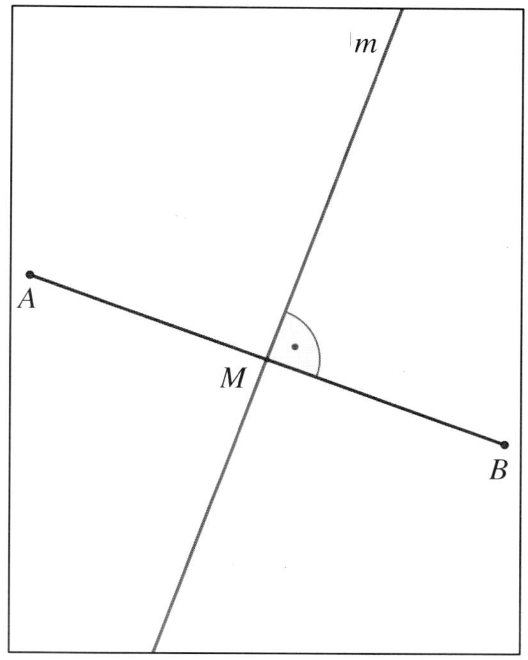

b) Du hast sicher festgestellt, dass die Punkte auf der Mittelsenkrechten - und eben nur diese - eine ganz besondere Eigenschaft haben. Im Arbeitsbuch 6 (Seite 121) hast du dafür zwei Formulierungen kennen gelernt.

Ergänze.

Die Mittelsenkrechte einer Strecke ist die **Menge aller Punkte**, die

Ein Punkt liegt **genau dann** auf der Mittelsenkrechten, **wenn**

2. Beweise den Satz in Aufgabe 1.
Teil ① kannst du mit Hilfe eines Kongruenzsatzes erledigen.

①	②
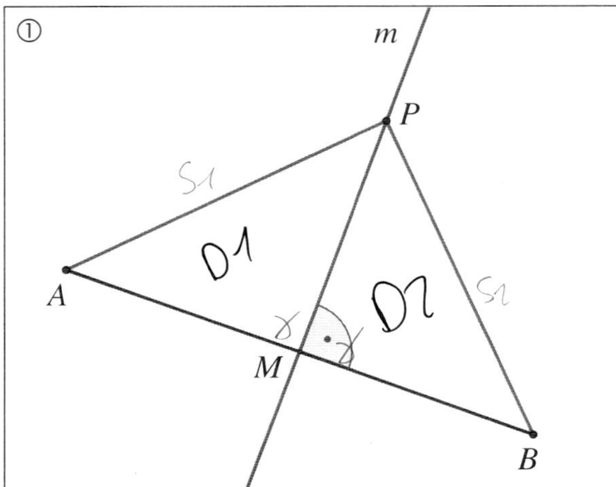	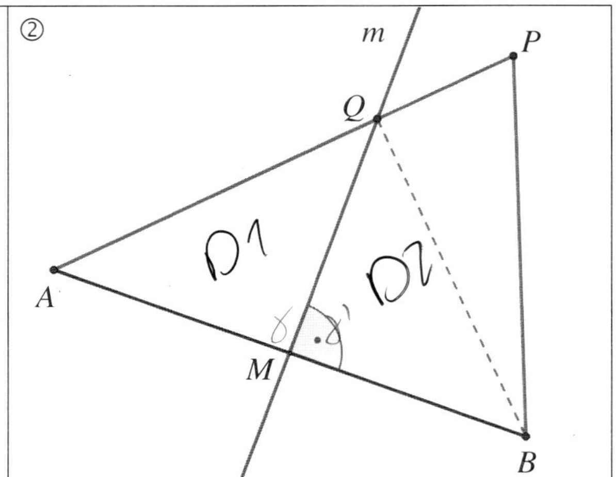
Voraussetzung: $P \in m$ Behauptung: Beweis:	Voraussetzung: $P \notin m$ Behauptung: Beweis: Wir betrachten den Fall, dass B und P auf derselben Seite von m liegen. $\overline{AP}$ schneidet dann m in einem Punkt Q.

Wie geht der Beweis von ②, wenn A und P auf derselben Seiten von m liegen?
Schreibe den Beweis in dein Heft.

3. Gegeben sind die Punkte $A(0|3)$, $B(4|0)$ und $C(3|4)$.
Fertige für jeden Aufgabenteil eine eigene Zeichnung an.

a) Konstruiere den Punkt, der auf der Geraden AC liegt und von A und B gleich weit entfernt ist.

b) Markiere die Punkte, die von A und B gleich weit und von C 2 cm entfernt sind.

c) Markiere alle Punkte farbig, die von A und B gleich weit und von C höchstens 4 cm entfernt sind.

d) Zeichne farbig: $\left\{ P \;\middle|\; |\overline{PA}| = |\overline{PB}| \text{ und } |\overline{PA}| \geq 3\,\text{cm} \right\}$.

4. Zeichne in den folgenden Kästen in Farbe:

a) Menge aller Punkte, die von B weiter entfernt sind als von A;

b) Menge aller Punkte, die von A mindestens so weit entfernt sind wie von B;

c) Menge aller Punkte, die von A höchstens so weit wie von B und von B höchstens 25 mm entfernt sind.

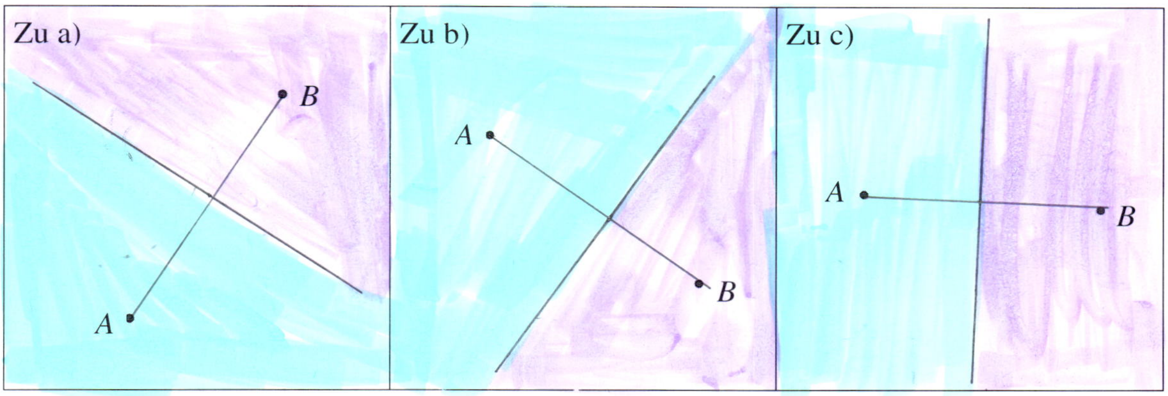

5. Im Saarland gibt es zwei größere Stauseen für den Wassersport, den Losheimer Stausee und den Bostalsee.

Bei einem Tagesausflug wird man sich eher für den See entscheiden, der weniger weit vom Wohnort entfernt ist.

Aus welchen Städten kommen also vornehmlich die Tagesgäste an beiden Seen?

Blau = Stausee
Lila = Bostalsee

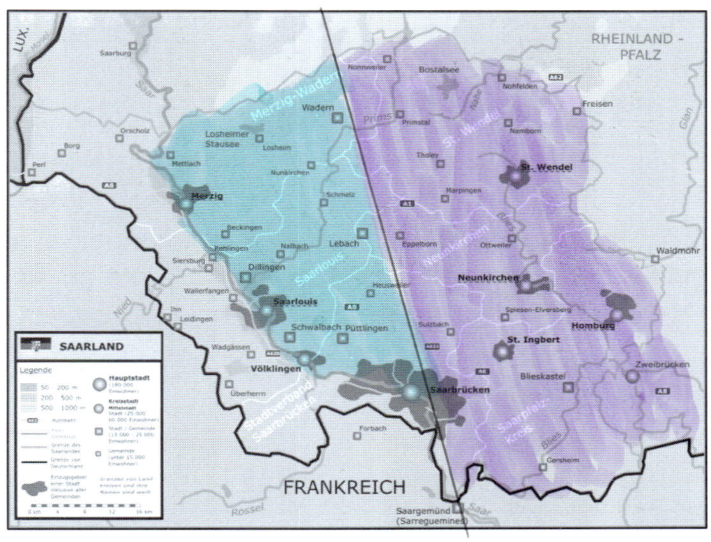

6. Die Mittelsenkrechte von Kreissehnen

Die Abbildung zeigt einen Kreis mit Mittelpunkt M und zwei beliebige Punkte P und Q auf dem Kreis.

a) Zeichne die **Sehne** $\overline{PQ}$ und die Mittelsenkrechte der Sehne.

b) Begründe: Die Mittelsenkrechte einer Kreissehne geht durch den Mittelpunkt des Kreises.

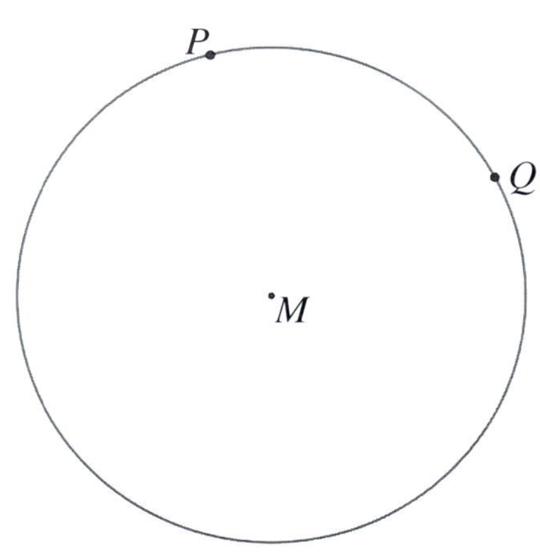

7. Konstruktion der Mittelsenkrechten mit Zirkel und Lineal

Die Bildfolge zeigt, wie man nur mit Zirkel und Lineal (ohne Maßeinteilung) die Mittelsenkrechte einer Strecke konstruieren kann (vergleiche Arbeitsbuch 6, Seite 128).

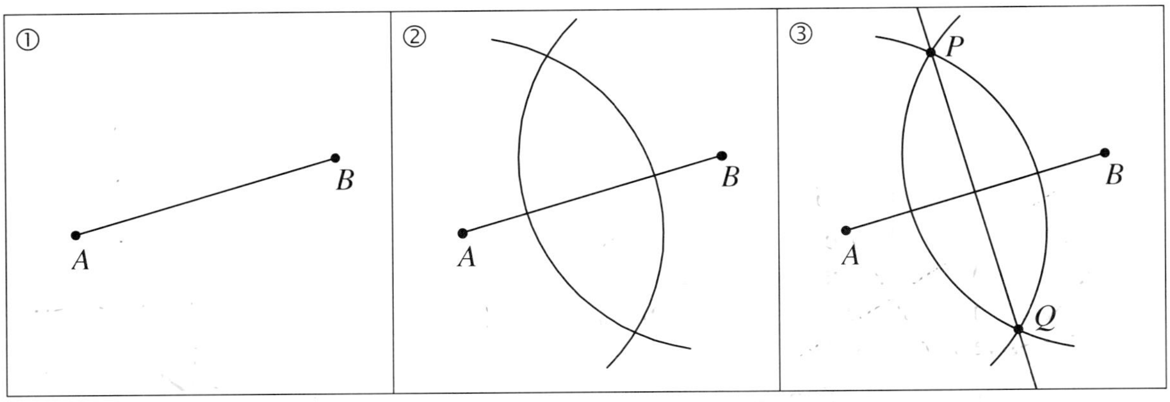

- Beschreibe die Konstruktion.
- Begründe, warum die Gerade PQ die Mittelsenkrechte von $\overline{AB}$ ist.

8. a) Zeichne die Punkte $A(2|1)$ und $B(8|5)$. Konstruiere mit Zirkel und Lineal die Mittelsenkrechte der Strecke $\overline{AB}$.

b) Zeichne die Punkte $P(1|5)$ und $Q(7|1)$. Konstruiere mit Zirkel und Lineal die Mitte der Strecke $\overline{PQ}$ und beschreibe deine Konstruktion.

Die Autoren des Buches haben Aufgabenteil a) mit GeoGebra gelöst. Kannst du das auch?

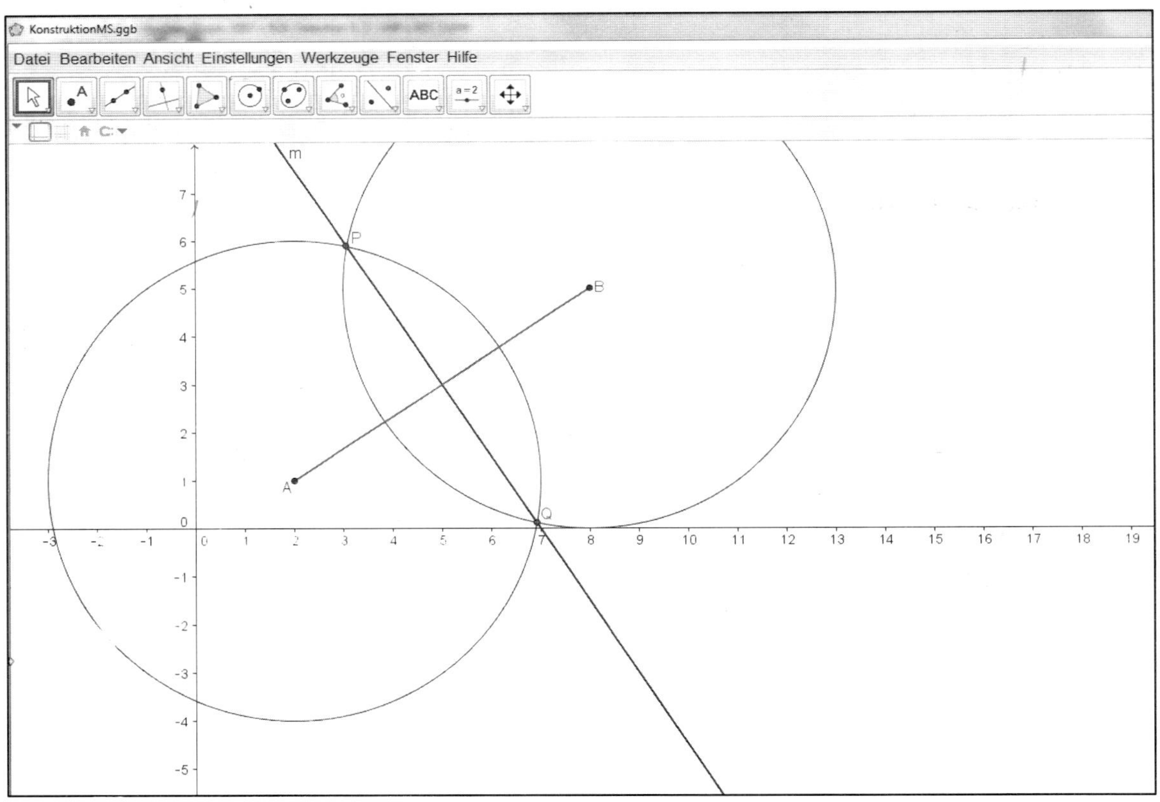

9. Die Mittelsenkrechten eines Dreiecks

Im Dreieck bezeichnen wir die Mittelsenkrechten mit m_a, m_b, m_c.

Silvester hat aus $c = 5\text{cm}$, $b = 4\text{cm}$ und $\alpha = 70°$ ein Dreieck konstruiert und dann die Mittelsenkrechten des Dreiecks eingezeichnet. Nebenstehende Abbildung zeigt Silvesters Lösung.

Führe die Konstruktion selbst aus und stelle eine Vermutung bezüglich der Mittelsenkrechten eines Dreiecks auf.

Silvesters Lösung:

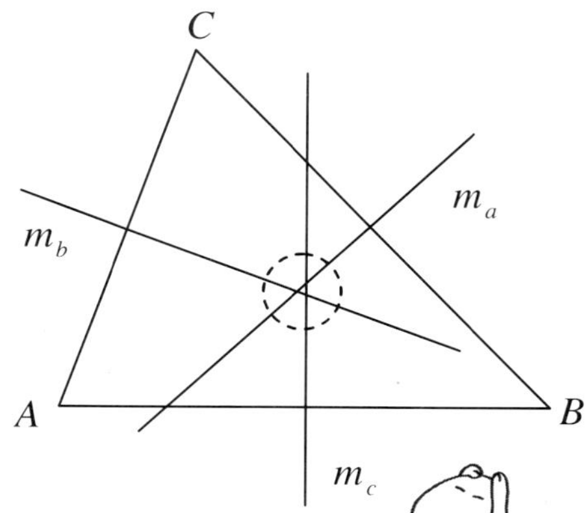

10. a) Beweise: Die Mittelsenkrechten eines Dreiecks schneiden sich in einem Punkt.

m_c und m_b schneiden sich in einem Punkt U.

Wegen $U \in m_c$ gilt:

Wegen $U \in m_b$ gilt:

Also:

Wegen

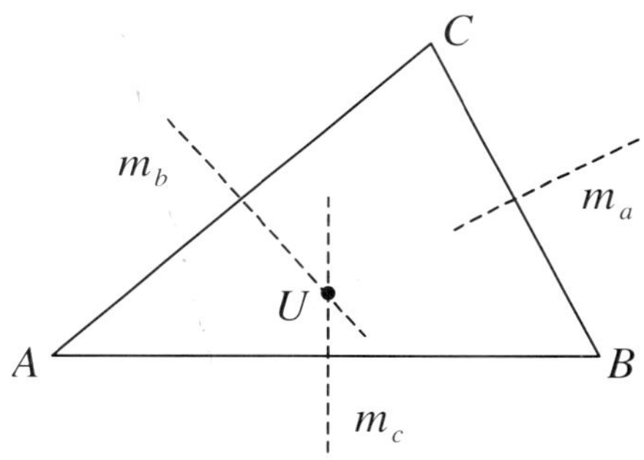

b) Beschreibe die besondere Lage des Punktes U in Bezug auf die Eckpunkte.

Die Mittelsenkrechten im Dreieck

- Im Dreieck schneiden sich die Mittelsenkrechten in einem Punkt U.
- Der Punkt U ist von allen Eckpunkten des Dreiecks gleich weit entfernt.
- Die Eckpunkte des Dreiecks liegen also auf einem Kreis um U, dem **Umkreis** des Dreiecks. U heißt **Umkreismittelpunkt**.

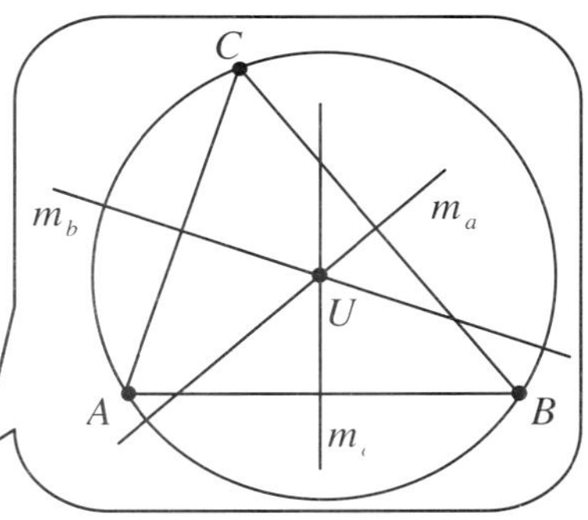

11. Konstruiere zu folgenden Dreiecken den Umkreis und miss jeweils seinen Radius.

a) $a = 5{,}8\,\text{cm}$, $c = 5{,}4\,\text{cm}$, $\beta = 48°$

b) $a = 5{,}8\,\text{cm}$, $b = 3{,}5\,\text{cm}$, $c = 7{,}5\,\text{cm}$

c) $b = 7{,}6\,\text{cm}$, $\alpha = 34°$, $\gamma = 56°$

d) $a = 8{,}0\,\text{cm}$, $c = 5{,}1\,\text{cm}$, $\alpha = 120°$

12. Lage des Umkreismittelpunktes

Konstruiere zu folgenden Dreiecken den Umkreismittelpunkt. Mache Aussagen über die Lage des Umkreismittelpunktes in Abhängigkeit von der Gestalt des Dreiecks.

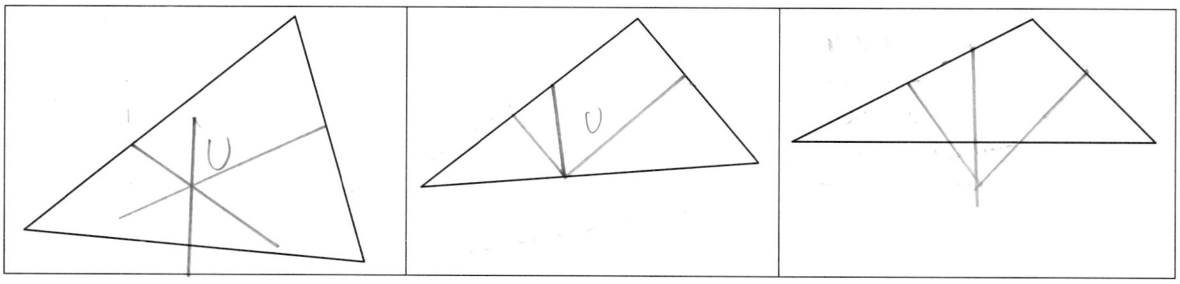

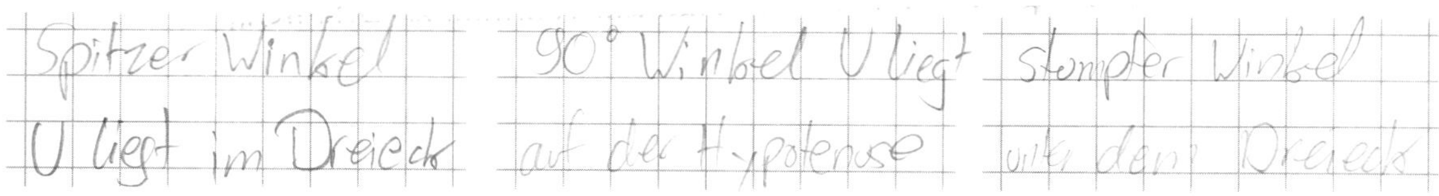

Welcher dir bekannte Satz taucht hier als Spezialfall auf ?

13. a) In der Abbildung unten sind drei Punkte A, B und C gegeben. Konstruiere einen Kreis, der durch alle drei Punkte geht.

b) Können drei Punkte so liegen, dass es keinen Kreis gibt, der durch alle drei Punkte geht? Fertige eine Zeichnung an.

c) Konstruiere den Mittelpunkt des Kreises k (Probieren ist nicht Konstruieren!).

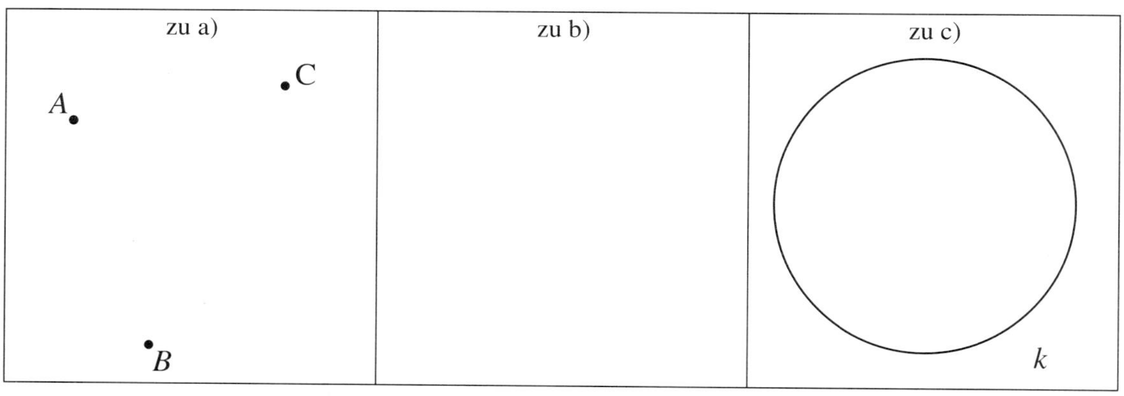

14. a) Zeichne die Punkte $A(-2|0)$, $B(4|2)$ und $C(-1|6)$.
Konstruiere den Kreis, der durch die drei Punkte geht.

b) Zeichne die Punkte $P(2|1)$, $Q(7|2)$ und $R(-2|5)$.
Konstruiere den Punkt, der von P, Q und R gleich weit entfernt ist.

15. a) Die Orte A, B und C liegen in einem ebenen Gelände. A ist 7 km von B und 8,7 km von C entfernt, jeweils von der Ortsmitte gemessen. Der Winkel $\sphericalangle BAC$ ist 75° groß. Fertige eine Zeichnung im Maßstab 1:100000 an.

b) Ein Supermarkt soll an einer Stelle errichtet werden, der von den drei Ortsmitten gleich weit entfernt ist. Gibt es eine solche Stelle? Wenn ja, konstruiere in der Zeichnung von a) die Lage des Supermarktes.

c) Wie weit ist der Supermarkt von den Ortsmitten entfernt?

16. Vierecke und Umkreis

a) Begründe: Jedes Rechteck hat einen Umkreis (vergleiche Arbeitsbuch 5, Seite 172).

b) Zeige: Es gibt Vierecke, die einen Umkreis haben und keine Rechtecke sind.

Tipp: Zeichne zuerst einen Kreis …

c) Beweise oder widerlege: Jedes Viereck hat einen Umkreis.

Quadratgitter

Silvester legt mit Hilfe von Zündhölzern immer größere Quadratgitter. Die Abbildung zeigt die ersten drei Gitter.

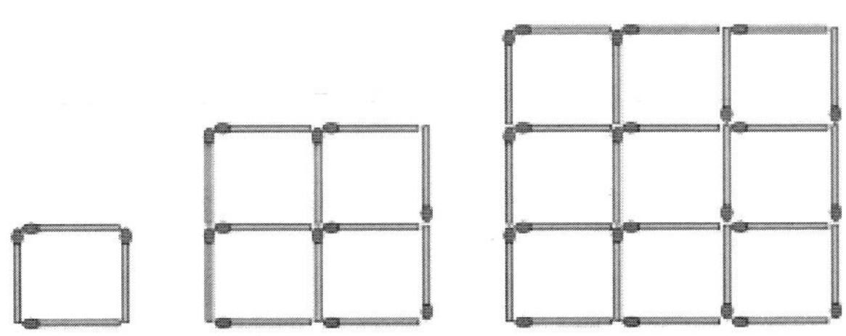

Wie viele Zündhölzer braucht Silvester für …

① … die ersten drei Gitter? ② … das 30. Gitter? ③ … das n-te Gitter?

Winkelhalbierende

17. Zur Erinnerung

a) Was versteht man unter dem Abstand eines Punktes von einer Geraden?

b) Miss in nebenstehender Abbildung die Abstände der Punkte P, Q und R von der Geraden g.

d(P,g) ≈

d(Q,g) ≈

d(R,g) ≈

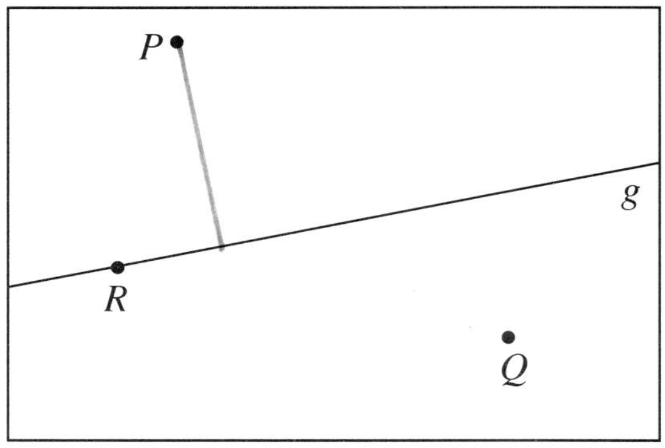

18. Nebenstehende Abbildung zeigt einen Winkel $\sphericalangle gh$ und die Winkelhalbierende w (Strahl).

a) Wähle Punkte auf w und miss ihre Abstände von den Schenkeln g und h.

Was beobachtest du?

Notiere das Ergebnis als Wenn-dann-Satz in dein Heft.

b) Wähle nun Winkelpunkte, die nicht auf w liegen, und miss ihre Abstände zu den Schenkeln. Formuliere einen Wenn-dann-Satz.

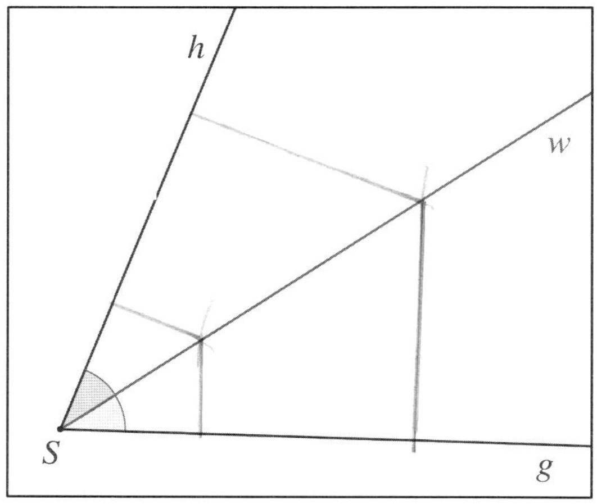

c) Fasse die Wenn-dann-Sätze aus a) und b) in einem Satz zusammen. Wie bei der Mittelsenkrechten gibt es für den Satz zwei Versionen.

19. Verwende für den Beweis einen Kongruenzsatz.

Voraussetzung: $P \in w$

Behauptung: $d(P,g) = d(P,h)$

Beweis:

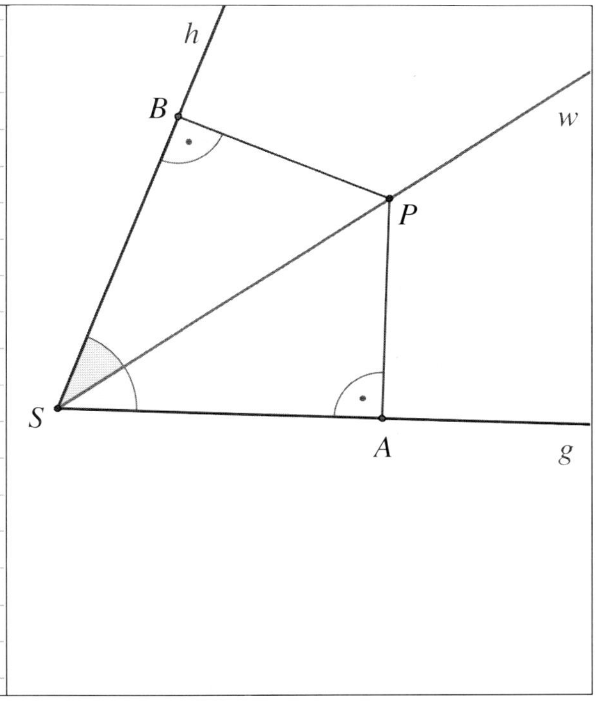

20. Zeichne einen Winkel mit Scheitel S und Maß φ und die Winkelhalbierende w. Wähle den Punkt $P \in w$ mit $|\overline{SP}| = 4\,\text{cm}$. Konstruiere den Kreis um P, der die beiden Schenkel des Winkels berührt.

a) $\varphi = 72°$ b) $\varphi = 90°$ c) $\varphi = 120°$

21. Gegeben ist ein Winkel von 80° mit dem Scheitel S und den Schenkeln g und h.

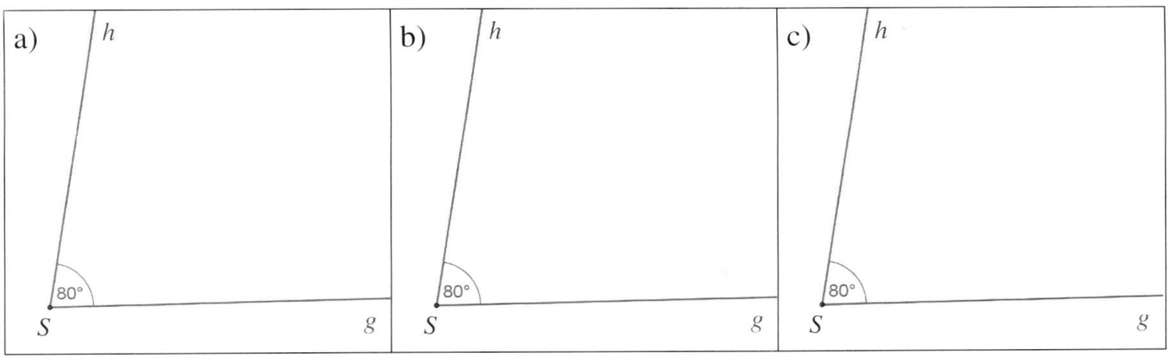

Markiere alle Winkelpunkte farbig, …

a) … die von g und h den gleichen Abstand haben und von S mindestens 2 cm entfernt sind.

b) … deren Abstand von g höchstens so groß ist wie von h und die höchstens 3 cm von S entfernt sind.

c) … für die gilt: $d(P, g) \geq d(P, h)$ und $3\,\text{cm} \leq |\overline{SP}| \leq 4\,\text{cm}$.

22. Eine Erdgasleitung verzweigt sich wie in der Abbildung dargestellt. Die einzelnen Orte A, B, C, D, E sollen durch möglichst kurze Nebenleitungen an das Erdgasnetz angeschlossen werden.

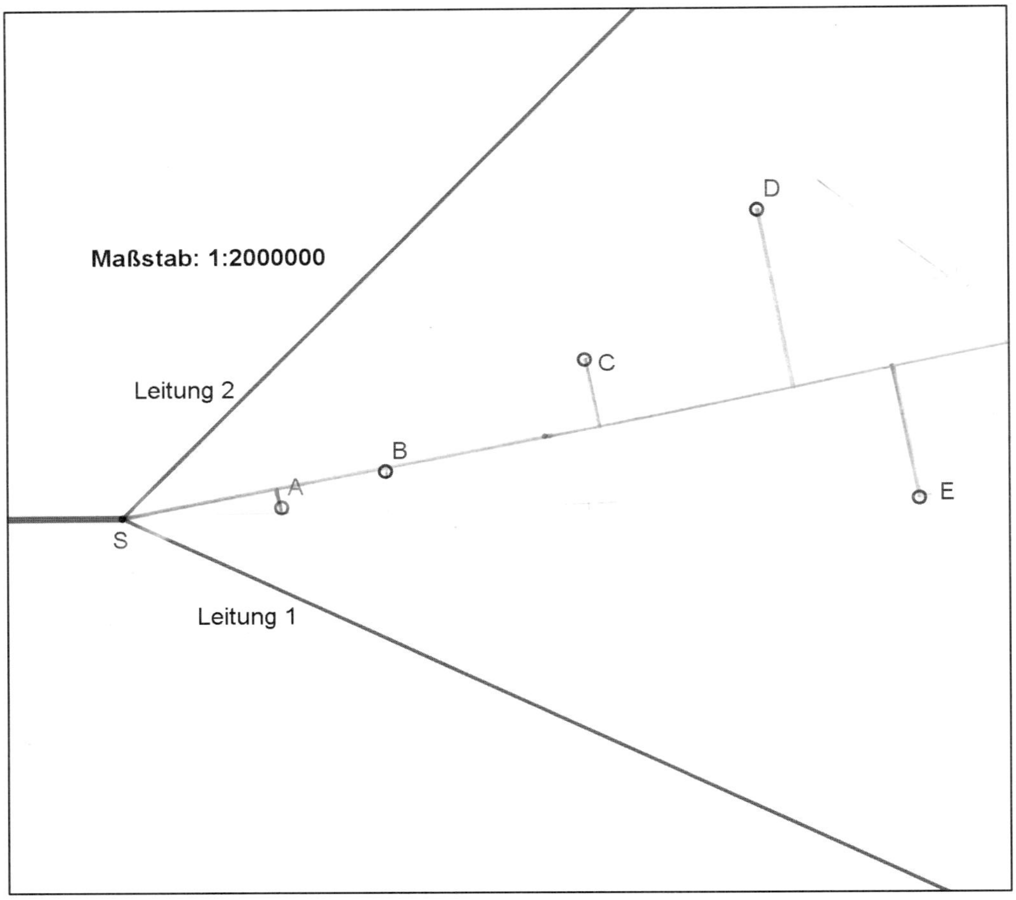

a) Ergänze in der Karte eine Linie, mit deren Hilfe du sofort die richtige Entscheidung ablesen kannst.

b) Bestimme die Länge der Nebenleitungen.

Erkältungswelle

In einer Klasse sind neun Jungen und dreizehn Mädchen. Die Hälfte der Kinder ist erkältet. Mindestens wie viele Mädchen sind erkältet?

23. Konstruktion der Winkelhalbierenden mit Zirkel und Lineal

Die Bildfolge zeigt, wie man nur mit Zirkel und Lineal die Halbierende eines Winkels konstruieren kann (vergleiche Arbeitsbuch 6, Seite 130).

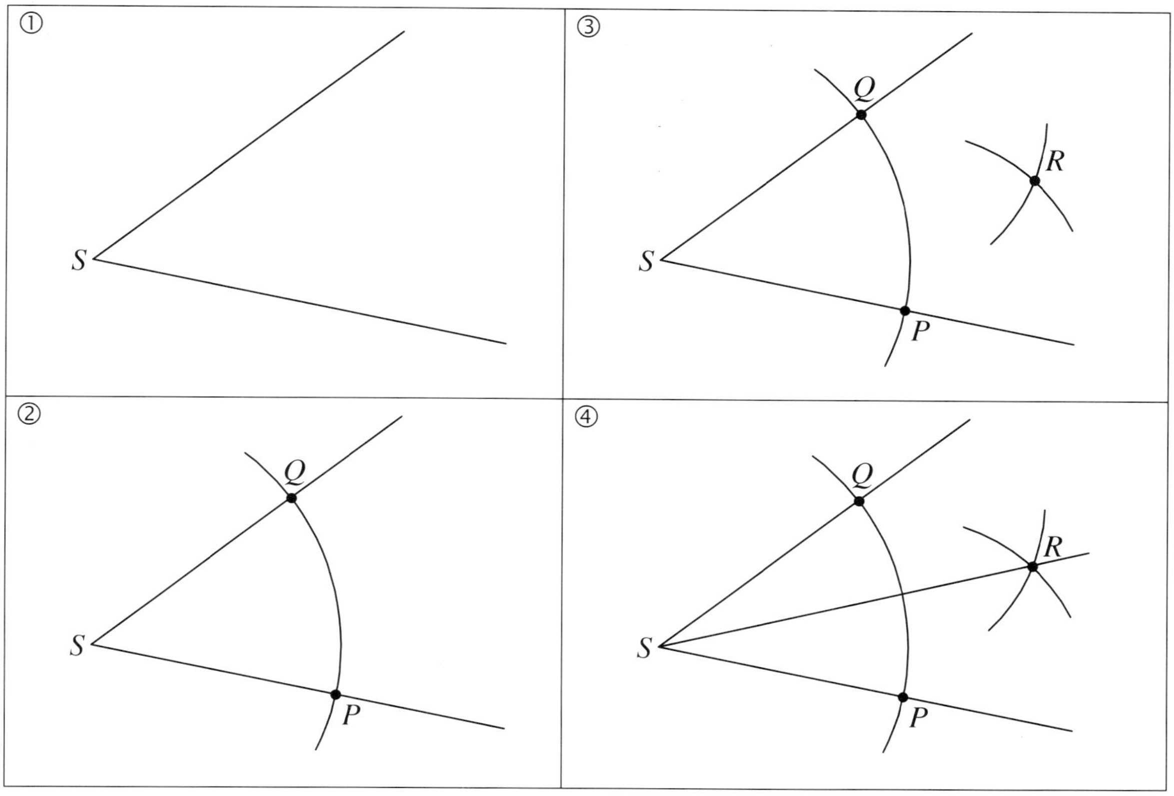

a) Beschreibe die Konstruktion.

b) Begründe, dass der Strahl *SR* den Winkel halbiert.

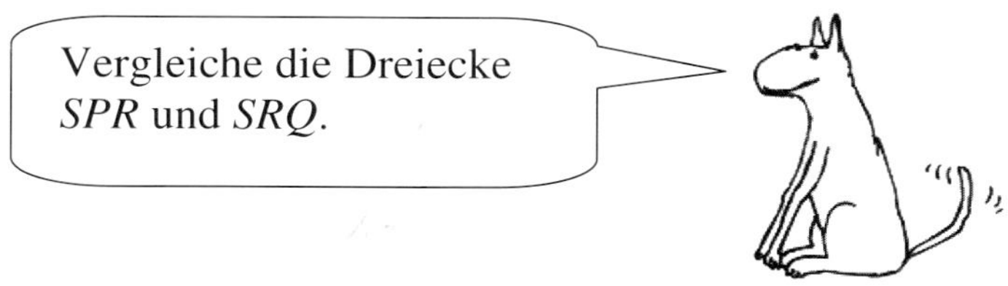

24. a) Zeichne einen stumpfen Winkel. Halbiere den Winkel mit Zirkel und Lineal und beschreibe deine Konstruktion.

b) Zeichne den Winkel $\sphericalangle BAC$ mit $A(-2|1)$, $B(1|2)$ und $C(0|5)$. Konstruiere mit Zirkel und Lineal die Winkelhalbierende des Winkels $\sphericalangle BAC$.

c) Zeichne zwei sich senkrecht schneidende Geraden und konstruiere mit Zirkel und Lineal einen Winkel von 45° und einen Winkel von 22,5°.

25. Die Winkelhalbierenden im Dreieck

Konstruiere ein Dreieck aus $c = 8\,\text{cm}$, $\alpha = 60°$ und $\beta = 50°$.

Zeichne die Winkelhalbierenden w_α, w_β, w_γ der Dreieckswinkel. Was beobachtest du?

Du kannst die Aufgabe mit GeoGebra lösen.
Beachte, dass bei GeoGebra die Winkelhalbierenden Geraden sind.

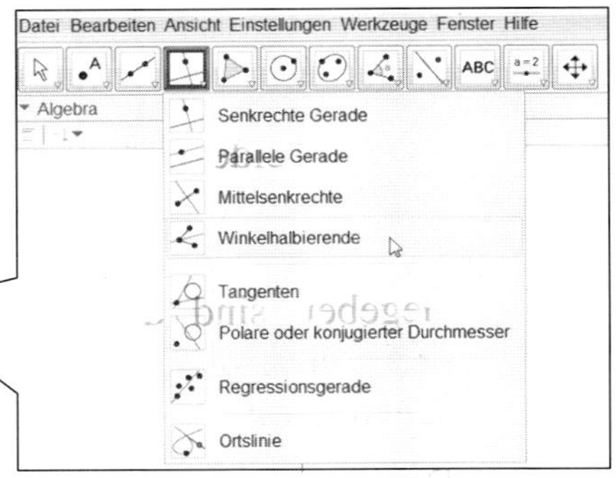

26. a) Beweise: Die Winkelhalbierenden eines Dreiecks schneiden sich in einem Punkt.

w_α und w_β schneiden sich in einem Punkt I.

Wegen $I \in w_\alpha$ gilt:

Wegen $I \in w_\beta$ gilt:

Also:

Wegen

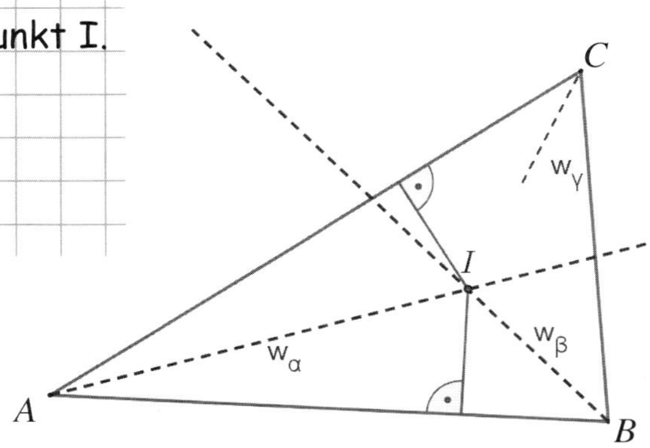

b) Beschreibe die besondere Lage des Punktes I in Bezug auf die Dreiecksseiten.

c) Füge in der Abbildung zu a) den Kreis hinzu, der alle Dreiecksseiten berührt.

Die Winkelhalbierenden im Dreieck

- Im Dreieck schneiden sich die Winkelhalbierenden in einem Punkt I.
- Der Punkt I hat von allen Seiten des Dreiecks den gleichen Abstand.
- Es gibt einen Kreis um I, der alle Dreiecksseiten berührt. Der Kreis heißt **Inkreis**, I **Inkreismittelpunkt** und sein Radius ρ (rho) **Inkreisradius**.

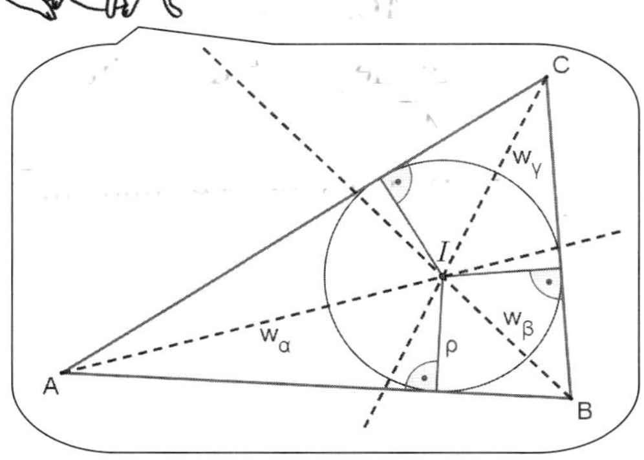

27. Konstruiere zu folgenden Dreiecken den Inkreis. Miss jeweils den Radius ρ des Inkreises.

a) $a = 7{,}4\,\text{cm}$, $b = 8{,}3\,\text{cm}$, $c = 6{,}1\,\text{cm}$ b) $b = 8{,}5\,\text{cm}$, $c = 5{,}1\,\text{cm}$, $\beta = 102°$

28. Zeichne das Dreieck mit den Eckpunkten $A(0|0)$, $B(9|0)$ und $C(2|7)$ und konstruiere den Umkreis und den Inkreis des Dreiecks. Gib die Koordinaten der Mittelpunkte und die Radien der beiden Kreise an.

29. a) Gegeben sind der Inkreis und die drei Berührpunkte mit den Dreiecksseiten. Konstruiere das Dreieck.

b) Der Inkreis eines Dreiecks berührt die Dreiecksseiten in den Punkten $B_1(2|0)$, $B_2(3|3)$ und $B_3(0|3)$.

Konstruiere das Dreieck.

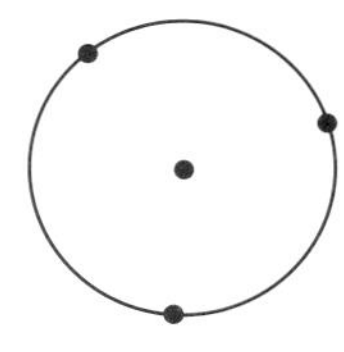

30. Aus einem Sperrholzrest soll eine möglichst große Kreisscheibe ausgesägt werden. Die in der nebenstehenden Abbildung eingezeichnete Scheibe lässt sich noch vergrößern.

Wie erhältst du die größte Kreisscheibe?

Welchen Radius hat sie ungefähr?

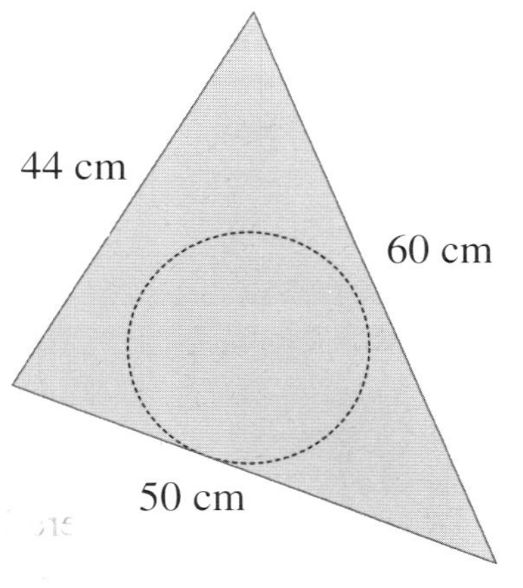

31. In der nebenstehenden Abbildung ist I der Mittelpunkt des Inkreises und U der Mittelpunkt des Umkreises des Dreiecks ABC.

Welcher Punkt erfüllt jeweils die folgende Bedingung?

a) Er ist gleich weit von B und C entfernt.

b) Er liegt auf der Winkelhalbierenden von $\sphericalangle ACB$.

c) Er liegt auf der Mittelsenkrechten von $\overline{AC}$.

d) Er hat von $\overline{AB}$ und $\overline{BC}$ den gleichen Abstand.

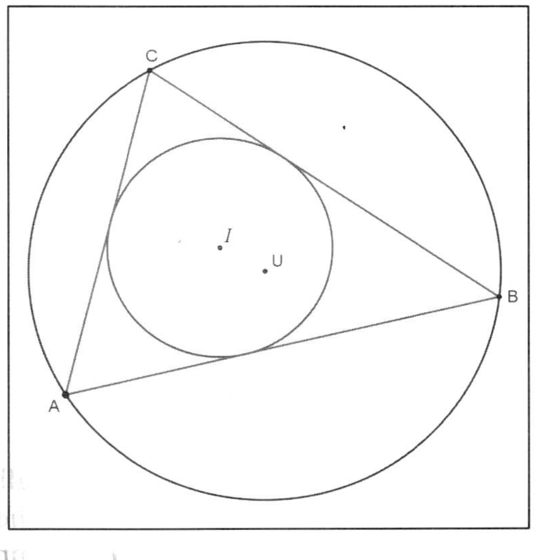

32. a) Zeichne ein gleichseitiges Dreieck mit der Seitenlänge 6 cm. Konstruiere den Umkreis und den Inkreis.

b) Beweise:

Wenn bei einem Dreieck Umkreismittelpunkt und Inkreismittelpunkt zusammenfallen, dann ist das Dreieck gleichseitig.

c) Beweise:

Im gleichseitigen Dreieck ist der Inkreisradius halb so groß wie der Umkreisradius.

33. Vierecke und Inkreis

Zeige:

Es gibt Vierecke, die einen Inkreis haben, und Vierecke, die keinen Inkreis haben.

Höhen

34. a) Zeichne das Dreieck ABC mit $A(0|2)$, $B(7|0)$ und $C(3|7)$ und miss jeweils den Abstand der drei Eckpunkte von der gegenüberliegenden Seitengeraden.

b) Führe die gleichen Messungen an dem unten abgebildeten Dreieck durch.

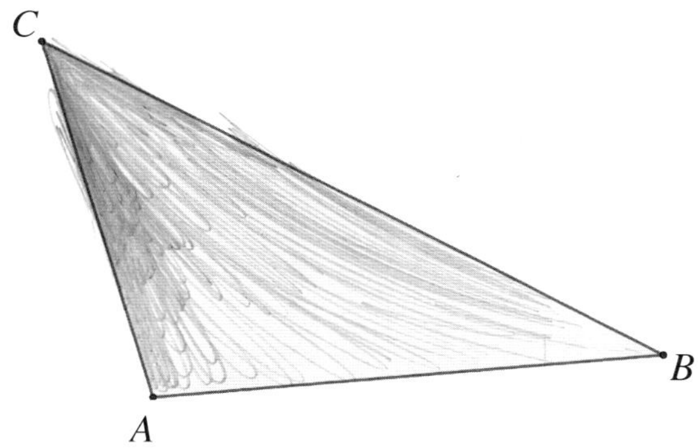

35. a) Zeichne in nachstehenden Dreiecken die Höhengeraden ein. Was fällt auf?

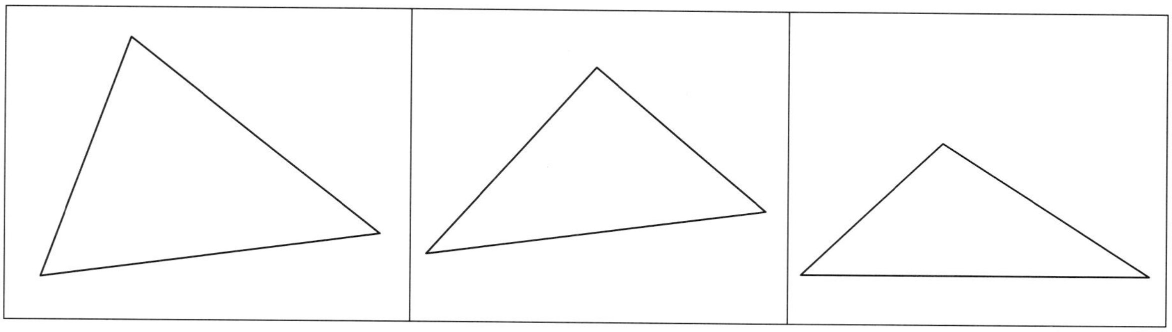

Alternative:
Zeichne mit GeoGebra ein Dreieck mit seinen Höhengeraden. Verändere das Dreieck durch Ziehen des Eckpunkts C mit der Maus. Erzeuge spitzwinklige, stumpfwinklige und rechtwinklige Dreiecke.

b) Formuliere den

Höhenschnittpunktsatz

c) Mache Aussagen über die Lage des Höhenschnittpunkts H in Abhängigkeit von der Gestalt des Dreiecks.

-
-
-

36. Zeichne das Dreieck ABC.

Konstruiere den Höhenschnittpunkt und miss die Längen der drei Höhen.

Die Längen der Höhen werden wie in nebenstehender Abbildung dargestellt mit h_a, h_b, h_c bezeichnet.

a) $A(1|1)$, $B(7|2)$, $C(3|6)$

b) $A(0|2)$, $B(5|3)$, $C(6|7)$

c) $A(0|1)$, $B(7|0)$, $C(3|4)$

d) $A(1|1)$, $B(6|3)$, $C(1|5)$

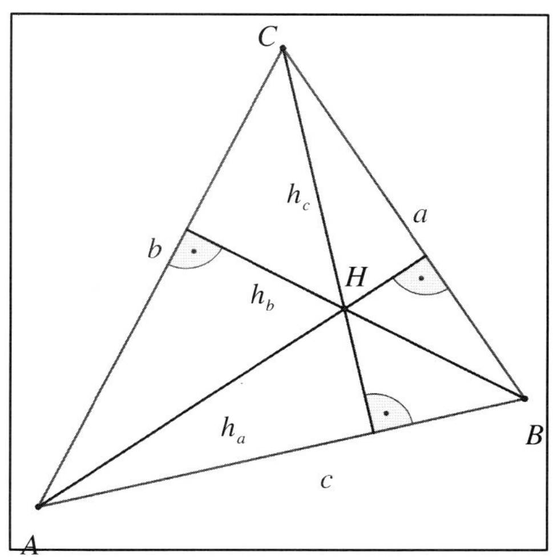

37. Beweis des Höhenschnittpunktsatzes

- Zeichne durch die Eckpunkte des Dreiecks ABC die Parallelen zu den gegenüberliegenden Seiten. Markiere die Schnittpunkte der Parallelen und bezeichne sie mit A', B' und C'.

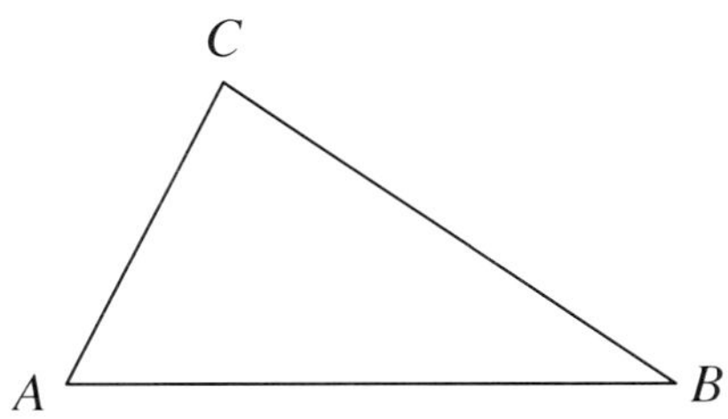

- Beschreibe den Zusammenhang zwischen den Dreiecken ABC und $A'B'C'$.

- Zeichne die Höhengeraden von Dreieck ABC. Welche Rolle spielen diese Höhengeraden im Dreieck $A'B'C'$?

- Begründe, dass sich die Höhengeraden in einem Punkt schneiden.

38. a) In der Abbildung rechts sind zwei Eckpunkte eines Dreiecks und der Höhenschnittpunkt H gegeben.
Konstruiere den dritten Dreieckspunkt.

b) Von einem Dreieck sind die Eckpunkte $B(5|-5)$, $C(2|4)$ und der Höhenschnittpunkt $H(0|0)$ bekannt.
Konstruiere den dritten Eckpunkt A und die Höhenfußpunkte D, E, F.
Lies die Koordinaten dieser Punkte ab.

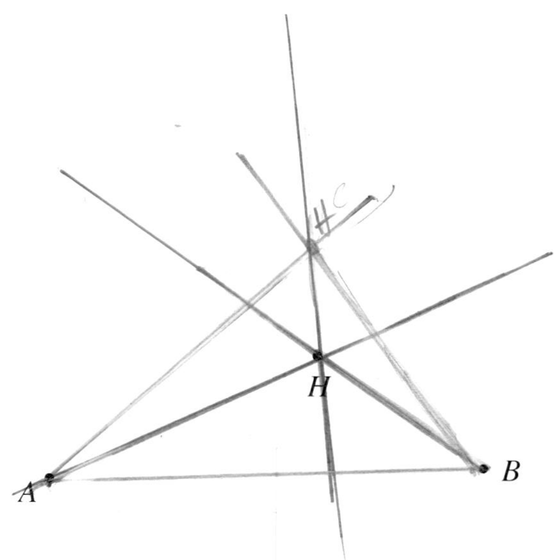

39. Konstruktion von Senkrechten mit Zirkel und Lineal

Die Bildfolge zeigt, wie man nur mit Zirkel und Lineal die Senkrechte zu einer Geraden g durch einen Punkt P konstruieren kann (vergleiche Arbeitsbuch 6, Seite 129).

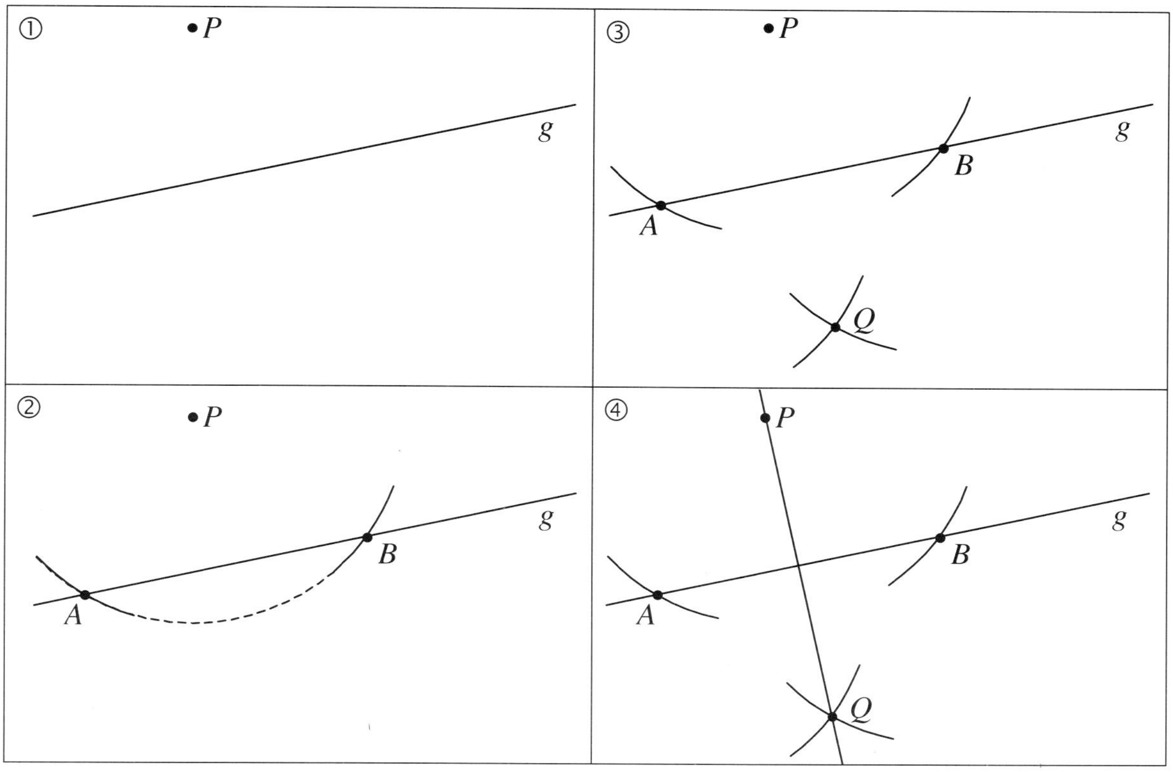

a) Beschreibe die Konstruktion.

b) Begründe, dass $PQ \perp g$ ist.

> Vergleiche $d(P, A)$ und $d(P, B)$ sowie $d(Q, A)$ und $d(Q, B)$.

c) Ist die Konstruktion auch durchführbar, wenn P auf g liegt? Probiere es im Heft aus.

40. a) Zeichne die Gerade g durch $(0|3)$ und $(5|0)$ und die Punkte $P(3|4)$ und $Q(4|-1)$. Konstruiere mit Zirkel und Lineal die Senkrechten zu g durch P und Q.

b) Zeichne die Gerade g durch $A(-3|0)$ und $B(2|4)$. Konstruiere mit Zirkel und Lineal die Senkrechte zu g durch B.

c) Zeichne die Gerade g durch $(0|6)$ und $(5|0)$. Konstruiere mit Zirkel und Lineal das Lot von $O(0|0)$ auf g. Miss den Abstand des Koordinatenursprungs von g.

d) Zeichne ein Dreieck aus $a = 9{,}5\,\text{cm}$, $c = 5\,\text{cm}$ und $\beta = 35°$ und konstruiere die Höhengeraden mit Zirkel und Lineal.

41. a) Zeichne ein Dreieck ABC mit $h_a = h_b$. Welche Eigenschaft hat das Dreieck?

b) Beweise: Wenn in einem Dreieck zwei Höhen gleich lang sind, dann ist das Dreieck gleichschenklig.

c) Formuliere und beweise den Kehrsatz.

Seitenhalbierende

Im Dreieck heißen die Strecken zwischen den Seitenmitten und den gegenüberliegenden Ecken die **Seitenhalbierenden des Dreiecks**.

Die Längen der Seitenhalbierenden werden mit s_a, s_b, s_c bezeichnet.

42. a) Zeichne in dem Dreieck im linken Kasten die Seitenhalbierenden ein.
Was fällt dir auf? Wie lang sind die Seitenhalbierenden?

Zu a)

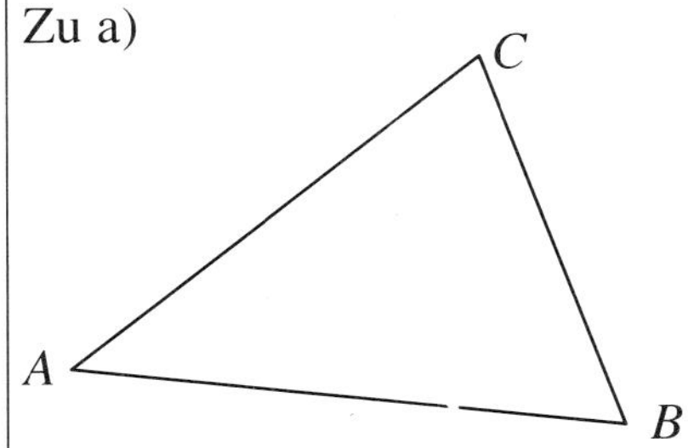

$s_a \approx$ 3,9 cm

$s_b \approx$ 3,6 cm

$s_c \approx$ 3 cm

Zu b)

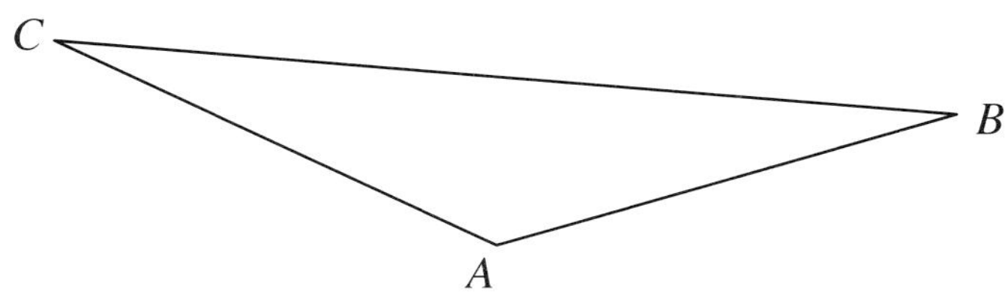

s_a = 1,5 cm

s_b = 5,7 cm

s_c = 6 cm

b) Verfahre ebenso mit dem stumpfwinkligen Dreieck.

c) Schreibe deine Beobachtung aus a) und b) auf.

Die Seitenhalbierenden schneiden sich in einem Punkt S innerhalb des Dreiecks

43. **Dreieck balancieren**

Schneide aus Pappe ein nicht zu kleines Dreieck aus und zeichne die Seitenhalbierenden und ihren Schnittpunkt *S*.

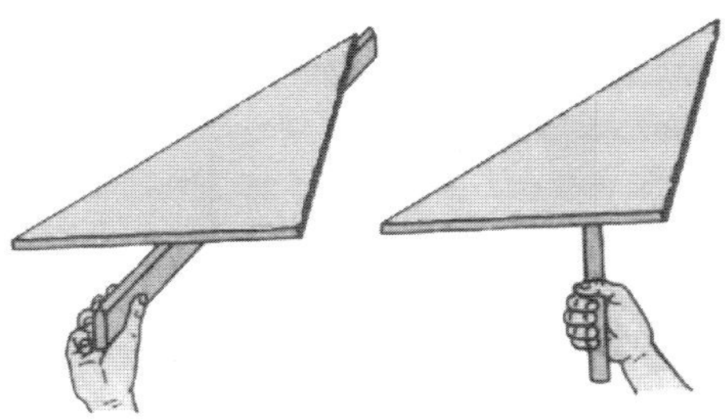

a) Versuche, das Dreieck zu balancieren …
- … auf der Kante eines Lineals,
- … auf der Spitze eines Bleistifts.

b) Befestige in *S* einen Faden und hänge das Dreieck daran auf.

c) Hänge das Dreieck jeweils an einer Ecke frei drehbar auf. Das Dreieck kommt jeweils in einer stabilen Lage zur Ruhe. Beschreibe diese Lage.

44. a) Zeichne das Dreieck *ABC* mit $A(0|4)$, $B(6|0)$ und $C(3|8)$ und die zugehörigen Seitenhalbierenden.

b) Die Seitenhalbierenden werden durch ihren Schnittpunkt *S* in Teilstrecken zerlegt.
Miss jeweils die Längen der Teilstrecken und vergleiche.

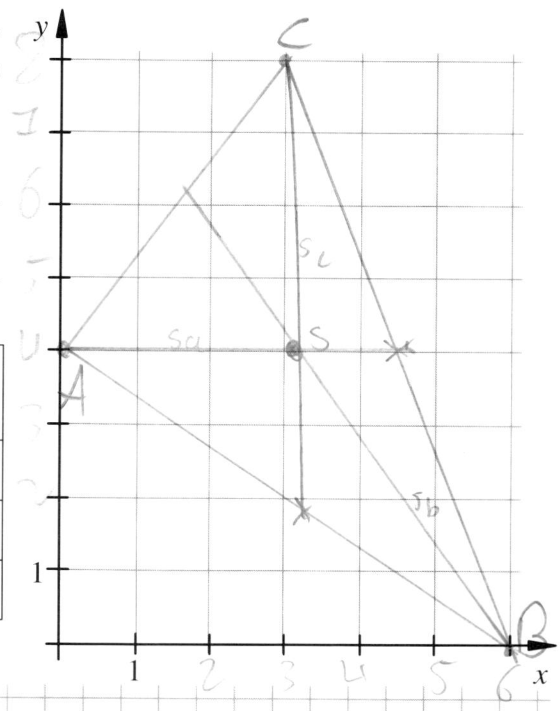

	Längen der Teilstrecken	
	Von einer Ecke zu S ...	... von S zur Seitenmitte
s_a	3 cm	1,5 cm
s_b	5 cm	2,5 cm
s_c	4 cm	2 cm

Beobachtung:

Der Schnittpunkt S teilt die Seitenhalbierenden im Verhältnis 2 zu 1.

Schwerpunktsatz
Die Seitenhalbierenden schneiden sich in einem Punkt, dem **Schwerpunkt** des Dreiecks. Der Schwerpunkt teilt jede Seitenhalbierende im Verhältnis 2 : 1.

Eine Strecke im Verhältnis 2:1 teilen bedeutet: Teile die Strecke in 3 gleich lange Teile und nimm den 2. Teilpunkt.

45. Beweis des Schwerpunktsatzes (Teil 1)

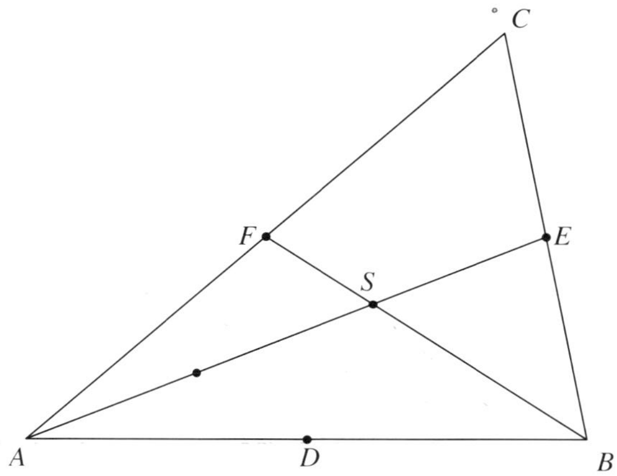

Voraussetzung:

D, E, F = Mitten der Dreiecksseiten

S = Schnittpunkt von $\overline{AE}$ und $\overline{AE}$

Behauptung: $|\overline{AS}| = 2 \cdot |\overline{SE}|$

Beweis:

Markiere die Mitte P von $\overline{AS}$.

Zu zeigen: P und S teilen $\overline{AE}$ in drei gleich lange Teile.

- Begründe: $\overline{AD}$ und $\overline{EF}$ sind parallel und gleich lang.

- Begründe: $\overline{DP}$ ist parallel zu $\overline{BS}$.

- Vergleiche $\triangle ADP$ und $\triangle EFS$:

- Vergleiche $\overline{AP}$, $\overline{PS}$ und $\overline{SE}$:

46. Beweis des Schwerpunktsatzes (Teil 2)

Je zwei Seitenhalbierenden schneiden sich in einem Punkt.

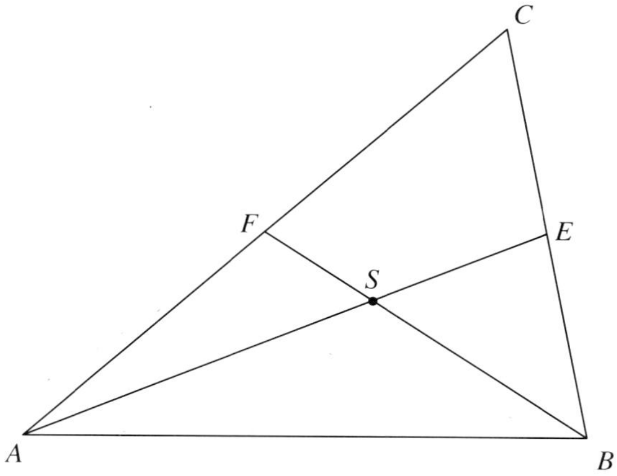

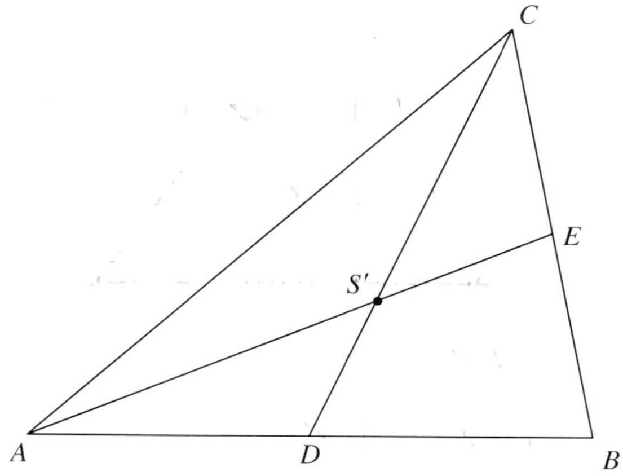

Voraussetzung: D, E, F = Mitten der Dreiecksseiten

S ist der Schnittpunkt von $\overline{AE}$ und $\overline{BF}$.

S' ist der Schnittpunkt von $\overline{AE}$ und $\overline{CD}$.

Behauptung:

Beweis:

Aus Aufgabe 45 folgt: S teilt $\overline{AE}$ im Verhältnis 2 : 1.

Der Satz in Aufgabe 45 kann aber auch auf $\overline{AE}$ und $\overline{CD}$ angewandt werden:

S' teilt

47. a) In der Abbildung rechts sind zwei Eckpunkte eines Dreiecks und der Schwerpunkt S gegeben.

Konstruiere den dritten Dreieckspunkt.

b) Von einem Dreieck sind die Eckpunkte $A(0|-3)$, $B(4|0)$ und der Schwerpunkt $S(0|0)$ bekannt.

Konstruiere den dritten Dreieckspunkt C und gib die Koordinaten von C an.

48. Eulersche Gerade

a) Zeichne ein Dreieck aus $a = 9\,\text{cm}$, $b = 5{,}8\,\text{cm}$ und $c = 10\,\text{cm}$. Markiere den Umkreismittelpunkt, den Höhenschnittpunkt und den Schwerpunkt des Dreiecks.
Was fällt dir auf?

b) Überprüfe die in a) gemachte Beobachtung an einem Dreieck mit $c = 6{,}6\,\text{cm}$, $b = 8{,}2\,\text{cm}$ und $\alpha = 104°$. Füge den Inkreismittelpunkt hinzu. Was stellst du fest?

c) Untersuche den Sonderfall des gleichschenkligen Dreiecks.

Wir empfehlen den Einsatz einer Geometriesoftware. Verändere das Dreieck durch Ziehen einer Ecke.

Der Umkreismittelpunkt, der Höhenschnittpunkt und der Schwerpunkt eines Dreiecks liegen auf einer Geraden, der sogenannten **Eulerschen Geraden**.
Leonhard Euler, Schweizer Mathematiker (1707 – 1783)

Was schenkst du mir?

Weil Silvester so neugierig auf sein Geburtstagsgeschenk ist, gibt Wurzel ihm vorab ein paar Hinweise (die Aussagen sind alle wahr).

1. Wenn es blau ist, ist es rund.
2. Wenn es quadratisch ist, ist es rot.
3. Es ist entweder blau oder gelb.
4. Wenn es gelb ist, ist es quadratisch.
5. Es ist entweder quadratisch oder rund.

Daraus kann Silvester immerhin schließen, dass das Geburtstagsgeschenk …

- o … rot ist.
- o … gelb und rund ist.
- o … blau und quadratisch ist.
- o … rot und rund ist.
- o … blau und rund ist.
- o … gelb und quadratisch ist.

Kreuze die richtige Antwort an.

Flächeninhalt des Dreiecks

49. Wiederholung

a) Ergänze.

- 1 cm^2 ist der Flächeninhalt eines Quadrats mit der Seitenlänge 1cm
- Einen Flächeninhalt messen heißt zählen, wie oft das Quadrat in der Fläche enthalten ist.
- Ein Rechteck mit den Seitenlängen a und b hat den Flächeninhalt $A = \frac{1}{2} \cdot a \cdot b$

b) Berechne den Flächeninhalt von Dreieck 1.

$A_1 = \frac{1}{2} \cdot a \cdot b$

$A_1 = \frac{1}{2} \cdot A_\square = \frac{1}{2} \cdot (6cm \cdot 4cm) = 12cm^2$

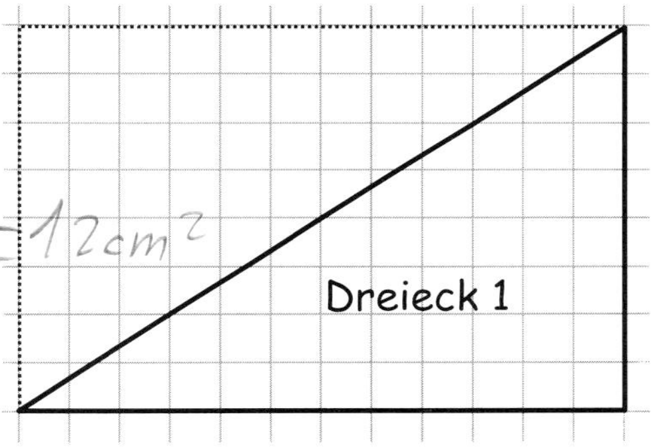

c) Miss die Flächeninhalte von Dreieck 2 und Dreieck 3.

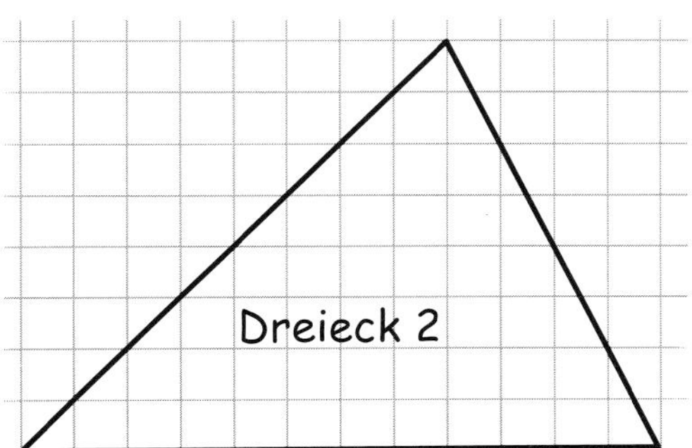

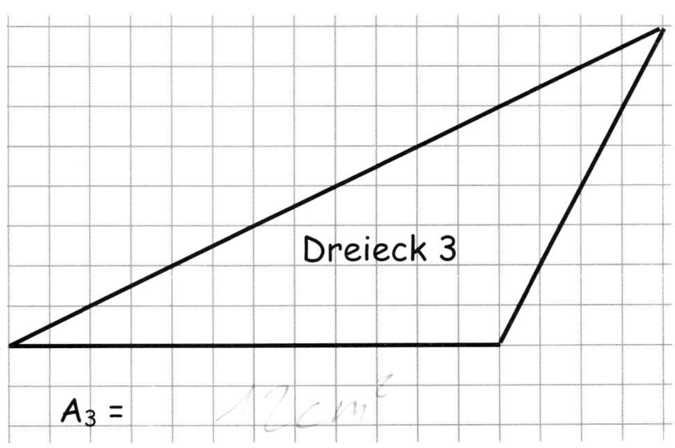

$A_2 = \frac{1}{2} \cdot a \cdot b$

$= \frac{1}{2} \cdot c \cdot h_c$

$12cm^2$

$A_3 = 12cm^2$

50. Herleitung einer Flächenformel

a) Wie lässt sich der Flächeninhalt eines rechtwinkligen Dreiecks berechnen (vgl. linkes Bild unten)?

$A = \frac{1}{2} \cdot c \cdot h_c$

b) Das spitzwinklige Dreieck (mittleres Bild) ist in zwei rechtwinklige Dreiecke zerlegt. Leite eine Formel für den Flächeninhalt her.

$A = \frac{1}{2} d \cdot h_c + \frac{1}{2} \cdot e \cdot h_c = \frac{1}{2} \cdot h_c \cdot \underbrace{(d+e)}_{=c} = \frac{1}{2} \cdot c \cdot h_c$

c) Das stumpfwinklige Dreieck (rechtes Bild) ist zu einem rechtwinkligen Dreieck ergänzt. Leite eine Formel für den Flächeninhalt her.

$A = \frac{1}{2} \cdot h_c \cdot (c+a) - \frac{1}{2} \cdot d \cdot h_c = \frac{1}{2} h_c \cdot c + \frac{1}{2} h_c \cdot d - \frac{1}{2} h_c \cdot a$

$= \frac{1}{2} \cdot c \cdot h_c$

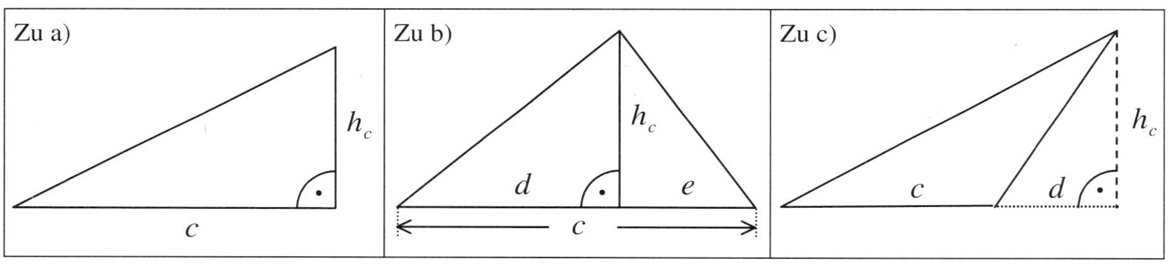

Der **Flächeninhalt eines Dreiecks** ist gleich dem halben Produkt aus der Länge einer Seite und der zugehörigen Höhe:

$$A = \frac{1}{2} a h_a = \frac{1}{2} b h_b = \frac{1}{2} c h_c .$$

Wir schreiben auch kurz:

$$A = \frac{1}{2} g h .$$

51. Berechne die Flächeninhalte der Dreiecke.

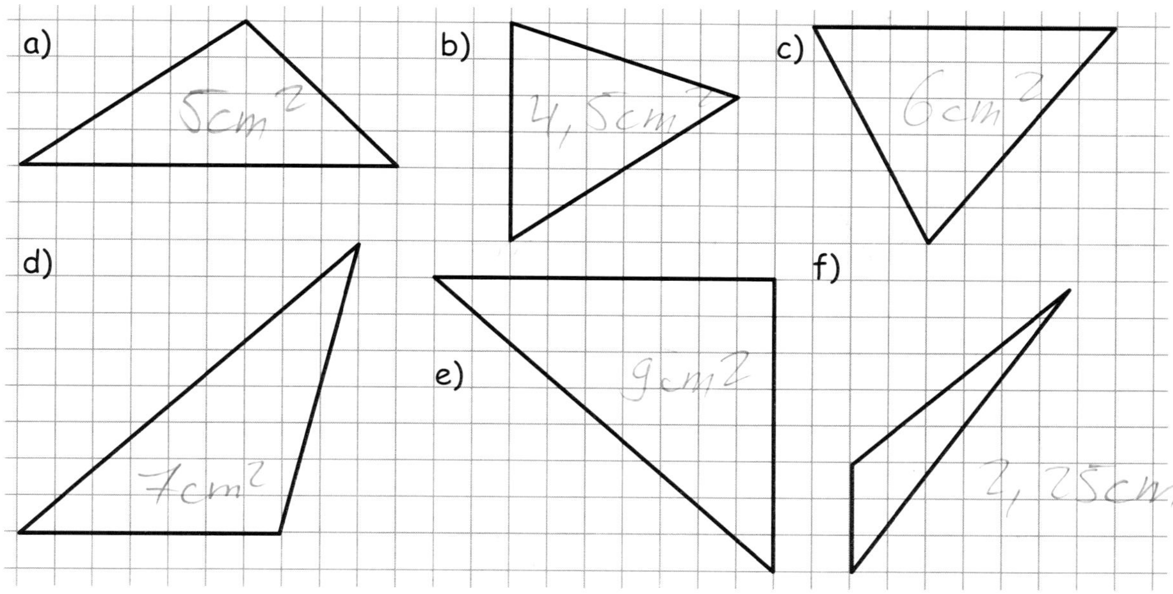

52. Miss eine Seite und die zugehörige Höhe des Dreiecks und berechne den Flächeninhalt. Wiederhole die Berechnung mit einer anderen Seite.

a)

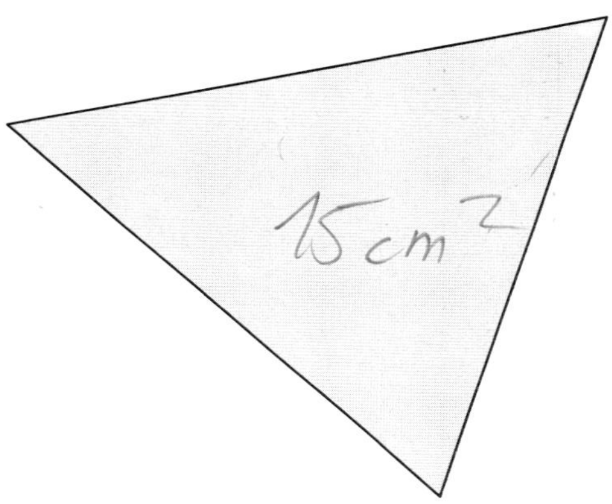

b)

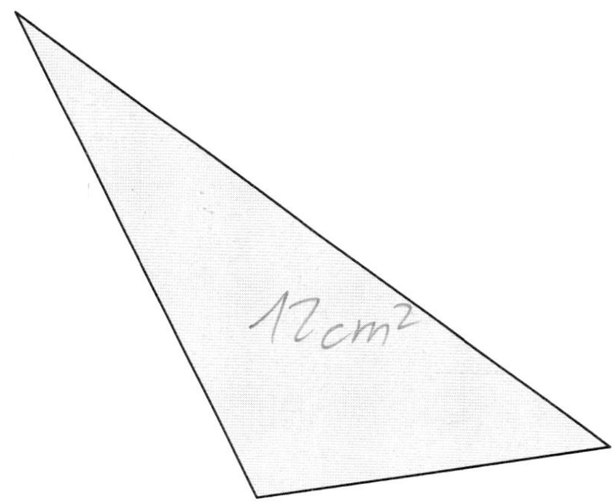

53. Zeichne ein spitzwinkliges, ein rechtwinkliges und ein stumpfwinkliges Dreieck mit dem Flächeninhalt $10\,cm^2$.

54. a) Wurzel löst eine von Silvester gestellte Aufgabe.

Erkläre die Aufgabenstellung und Wurzels Lösung.

b) Sei A der Flächeninhalt eines Dreiecks sowie g und h die Längen einer Seite und der dazugehörigen Höhe. Berechne die jeweils fehlende Größe.

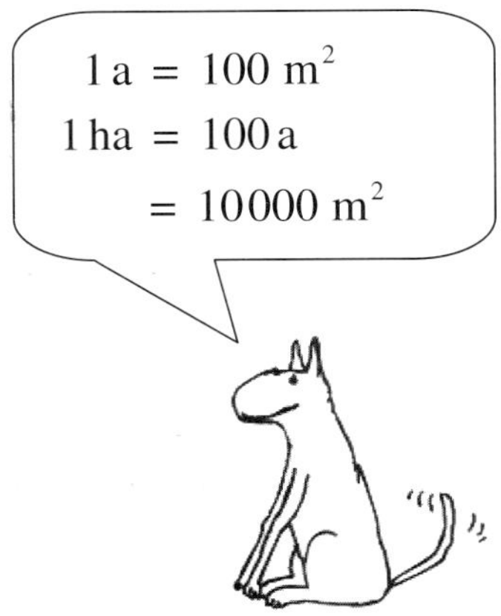

	①	②	③	④	⑤
g	12 m		36 m	250 m	
h		8 cm		160 m	125 m
A	30 m²	28 cm²	7,2 a		$\frac{3}{4}$ ha

55. Silvester hat aus $c = 6{,}3\,\text{cm}$, $b = 4{,}5\,\text{cm}$ und $h_c = 4\,\text{cm}$ nebenstehendes Dreieck konstruiert.

a) Beschreibe die Konstruktion.

b) Berechne den Flächeninhalt des Dreiecks.

c) Berechne die Länge h_b der Höhe auf $\overline{AC}$. Überprüfe das Ergebnis durch Messung.

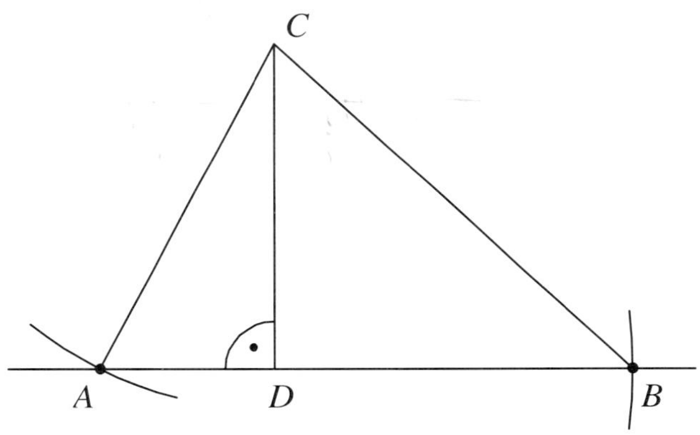

56. Das Grundstück $ABCD$ wird bei einer Baulanderschließung eingebracht. Der Eigentümer erhält dafür ein rechteckiges Stück Land, dessen Flächeninhalt 20% kleiner ist und dessen eine Seite 34 m lang ist.
Wie lang ist die andere Seite?

Zur Bestimmung des Flächeninhaltes des Grundstückes $ABCD$ werden die Diagonale $\overline{BD}$ und die Lote von A und C auf $\overline{BD}$ gemessen: $|\overline{BD}| = 68\,\text{m}$, $d(A, \overline{BD}) = 45\,\text{m}$, $d(C, \overline{BD}) = 40\,\text{m}$.

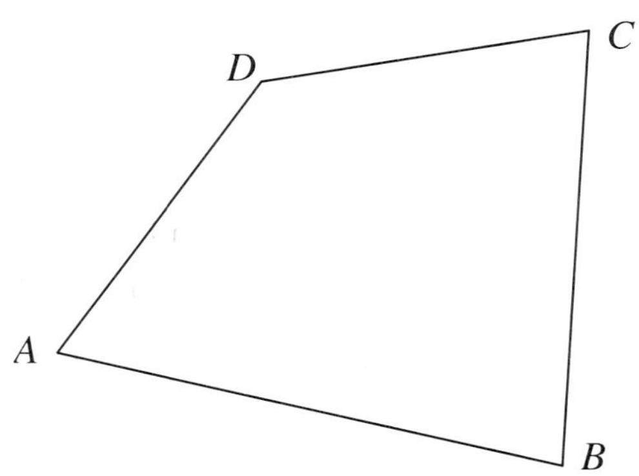

57. Dreiecke im Koordinatensystem

a) Silvester und Wurzel bestimmen den Flächeninhalt des Dreiecks ABC in nebenstehender Abbildung - jeder auf seine Art.

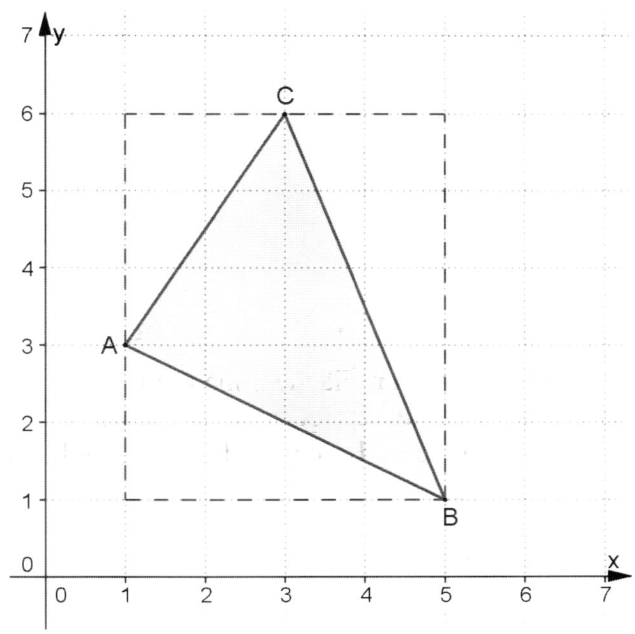

Löse die Aufgabe nach beiden Methoden. Welche Methode ist besser?

b) Berechne den Flächeninhalt des Dreiecks ABC wie Wurzel.

① $A(2|1)$, $B(6|3)$, $C(3|7)$ ② $A(1|4)$, $B(3|2)$, $C(8|5)$

58. a) Vergleiche die Flächeninhalte der Dreiecke D_1, D_2, D_3 und D_4.

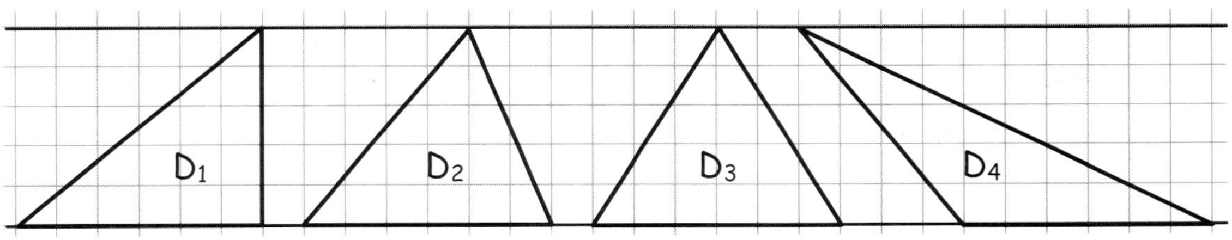

b) Wie ändert sich der Flächeninhalt eines Dreiecks, wenn man …

- … eine Seitenlänge verdoppelt,
- … die Länge einer Höhe verdoppelt,
- … die Länge einer Seite und der zugehörigen Höhe verdoppelt?

59. Satz von Vincenzo Viviani (1622 - 1703)

Zeige: Wählt man im Innern eines gleichseitigen Dreiecks einen Punkt P, dann ist die Summe $d_1 + d_2 + d_3$ seiner Abstände von den Dreiecksseiten gleich der Länge h der Dreieckshöhe.

Anleitung: Berechne den Flächeninhalt des gleichseitigen Dreiecks auf zwei Arten.

Zusatzfrage: Gilt der Satz auch, wenn P auf einer Seite des Dreiecks liegt?

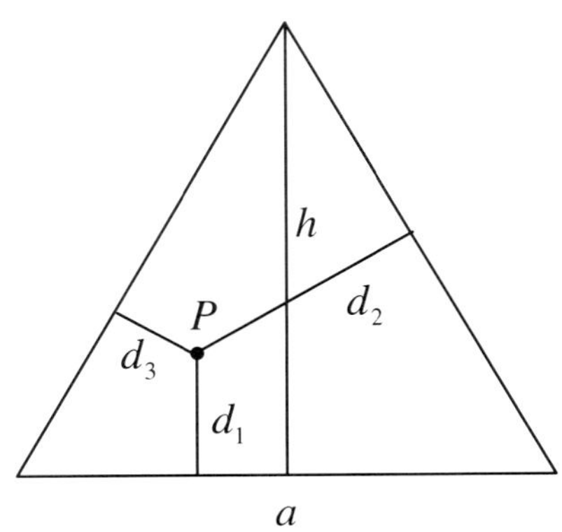

Dreieckskonstruktionen

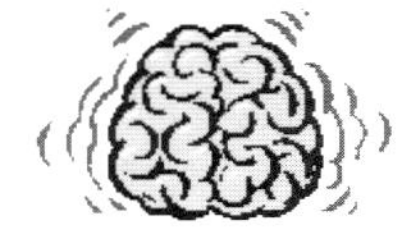

Beispiel: Konstruiere ein Dreieck aus $\alpha = 64°$, $w_\alpha = 4{,}5\,\text{cm}$ und $h_c = 3{,}5\,\text{cm}$.

- Planfigur:

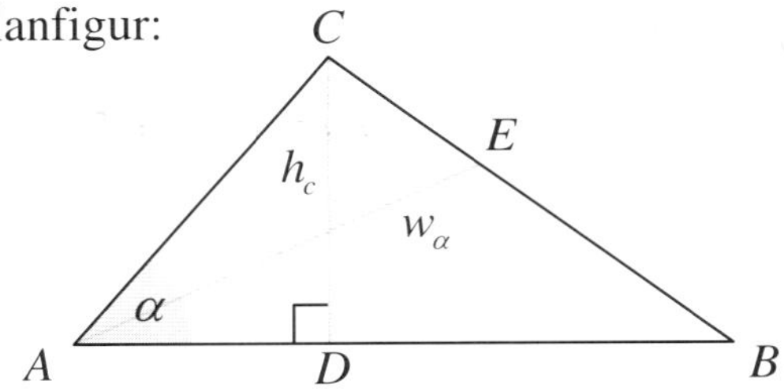

- Konstruktionsplan:
  1. Konstruktion von Dreieck *ADC* nach Grundaufgabe SWW.
  2. Konstruktion von *E*: *E* liegt auf der Halbierenden von $\sphericalangle\alpha$ und auf $k(A, w_\alpha)$.
  3. Konstruktion von *B*: $B \in AD$ und $B \in CE$.
- Konstruktion:

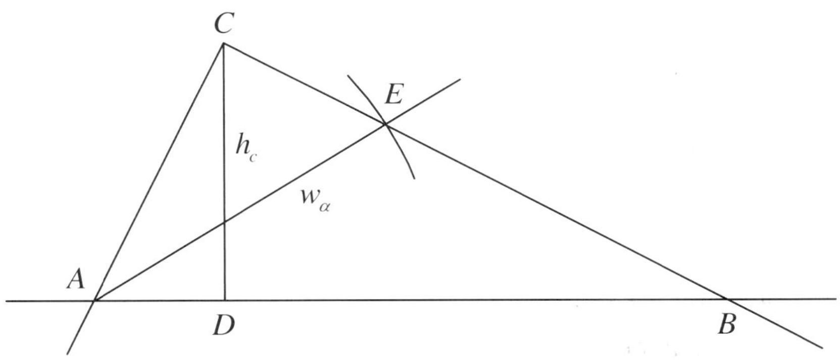

- Konstruktionsbeschreibung:

  Ich konstruiere das Teildreieck *ADC* nach SWW aus $|\overline{DC}| = 3{,}5\,\text{cm}$, $|\sphericalangle CDA| = 90°$ und $\alpha = 64°$.

  Ich zeichne die Winkelhalbierende von $\sphericalangle\alpha$ und den Kreis um *A* mit Radius 4,5 cm. Der Kreis schneidet die Winkelhalbierende in *E*.

  Ich verlängere $\overline{AD}$ über *D* sowie $\overline{CE}$ über *E* hinaus. Die Verlängerungen schneiden sich in *B*.

60. Konstruiere ein Dreieck mit folgenden Größen (*r* = Umkreisradius).

a) $a = 4\,\text{cm}$, $b = 2{,}5\,\text{cm}$, $r = 3\,\text{cm}$
b) $\beta = 40°$, $\gamma = 65°$, $w_\beta = 6{,}2\,\text{cm}$
c) $a = 6\,\text{cm}$, $\beta = 67°$, $h_a = 5\,\text{cm}$
d) $c = 4{,}8\,\text{cm}$, $\beta = 53°$, $h_b = 4{,}3\,\text{cm}$
e) $b = 7\,\text{cm}$, $c = 6{,}4\,\text{cm}$, $s_c = 5\,\text{cm}$
f) $a = 6\,\text{cm}$, $\beta = 52°$, $s_a = 5{,}4\,\text{cm}$

61. Konstruiere ein Dreieck mit den folgenden Größen.

a) $a = 4{,}8\,\text{cm}$, $h_b = 4{,}3\,\text{cm}$, $s_a = 5{,}4\,\text{cm}$
b) $h_a = 3{,}2\,\text{cm}$, $w_\alpha = 4\,\text{cm}$, $\alpha = 42°$
c) $\beta = 52°$, $h_a = 4{,}6\,\text{cm}$, $h_b = 5{,}2\,\text{cm}$
d) $c = 7\,\text{cm}$, $h_c = 3{,}8\,\text{cm}$, $s_c = 4{,}5\,\text{cm}$

62. Verwende bei folgenden Dreieckskonstruktionen die Eigenschaften des Schwerpunktes.

a) $a = 9\,\text{cm}$, $s_a = 8{,}4\,\text{cm}$, $s_b = 6{,}9\,\text{cm}$

b) $h_c = 4{,}2\,\text{cm}$, $s_c = 4{,}5\,\text{cm}$, $s_a = 5{,}1\,\text{cm}$

63. Wieso gibt es kein Dreieck mit folgenden Größen? Versuche zu konstruieren.

a) $a = 4\,\text{cm}$, $h_b = 5\,\text{cm}$, $\beta = 72°$

b) $\alpha = \beta$, $s_a = 4\,\text{cm}$, $s_b = 3\,\text{cm}$

c) $b = 3\,\text{cm}$, $c = 4\,\text{cm}$, $s_c = 7\,\text{cm}$

d) $c = 8\,\text{cm}$, $\gamma = 72°$, $s_c = 4\,\text{cm}$

64. Konstruiere ein Dreieck mit folgenden Größen.

a) $b = 5{,}4\,\text{cm}$, $h_b = 3{,}5\,\text{cm}$, $r = 3{,}7\,\text{cm}$

b) $h_a = 4\,\text{cm}$, $s_a = 4{,}5\,\text{cm}$, $r = 3\,\text{cm}$

65. Konstruiere ein Dreieck mit folgenden Größen (ρ = Inkreisradius).

a) $a = 9{,}8\,\text{cm}$, $\gamma = 39°$, $\rho = 2\,\text{cm}$

b) $\beta = 58°$, $h_a = 4{,}7\,\text{cm}$, $\rho = 1{,}8\,\text{cm}$

66. Konstruiere ein Dreieck mit folgenden Größen.

a) $b = 5{,}4\,\text{cm}$, $c = 6\,\text{cm}$, $s_a = 3{,}4\,\text{cm}$

Anleitung: Zeichne in der Planfigur die Verbindungsstrecken der Seitenmitten von $\overline{a}$ und $\overline{b}$.

b) $s_a = 6{,}6\,\text{cm}$, $s_b = 4{,}5\,\text{cm}$, $h_c = 4{,}2\,\text{cm}$

Anleitung: Zeichne in der Planfigur das Lot von der Mitte von $\overline{a}$ auf $\overline{c}$.

67. Vermischte Konstruktionsübungen

a) $b = 7{,}2\,\text{cm}$, $\gamma = 30°$, $s_b = 2{,}1\,\text{cm}$

b) $h_c = 3{,}4\,\text{cm}$, $s_c = 3{,}7\,\text{cm}$, $a = 5{,}5\,\text{cm}$

c) $a = 6{,}4\,\text{cm}$, $s_a = 6{,}2\,\text{cm}$, $r = 4{,}3\,\text{cm}$

d) $c = 6{,}8\,\text{cm}$, $\beta = 52°$, $w_\beta = 6{,}3\,\text{cm}$

e) $\beta = 112°$, $\gamma = 36°$, $\rho = 1{,}4\,\text{cm}$

f) $a = 5{,}2\,\text{cm}$, $c = 3{,}8\,\text{cm}$, $s_b = 4{,}2\,\text{cm}$

g) $a = 5{,}8\,\text{cm}$, $\gamma = 48°$, $r = 3{,}6\,\text{cm}$

h) $c = 6{,}2\,\text{cm}$, $h_a = 3{,}6\,\text{cm}$, $h_b = 5{,}7\,\text{cm}$

i) $b = 7\,\text{cm}$, $s_b = 4{,}8\,\text{cm}$, $s_c = 5{,}1\,\text{cm}$

j) $\alpha = 65°$, $h_c = 5{,}5\,\text{cm}$, $\rho = 2\,\text{cm}$

k) $c = 5{,}3\,\text{cm}$, $h_c = 4{,}2\,\text{cm}$, $\beta = 125°$

l) $\alpha = 70°$, $h_c = 8{,}3\,\text{cm}$, $r = 4{,}6\,\text{cm}$

m) $s_b = 4{,}2\,\text{cm}$, $s_c = 5{,}1\,\text{cm}$, $h_a = 4{,}8\,\text{cm}$

n) $b = 3{,}8\,\text{cm}$, $h_c = 3\,\text{cm}$, $\beta = 28°$

o) $a = 3\,\text{cm}$, $\gamma = 70°$, $s_b = 3{,}4\,\text{cm}$

p) $c = 8{,}6\,\text{cm}$, $s_a = 7{,}5\,\text{cm}$, $s_b = 6{,}3\,\text{cm}$

Die **Mittelsenkrechte einer Strecke** ist die Menge aller Punkte, die von den Endpunkten der Strecke gleich weit entfernt sind. Die **Halbierende eines Winkels** (<180°) ist die Menge aller Winkelpunkte, die von den Schenkeln gleichen Abstand haben.

<table>
<tr>
<td>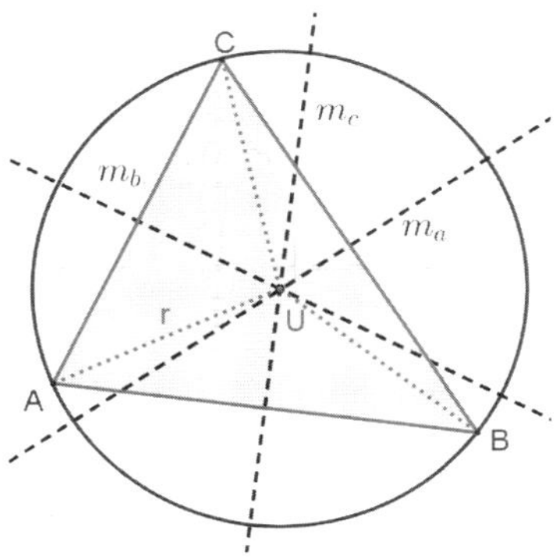
</td>
<td>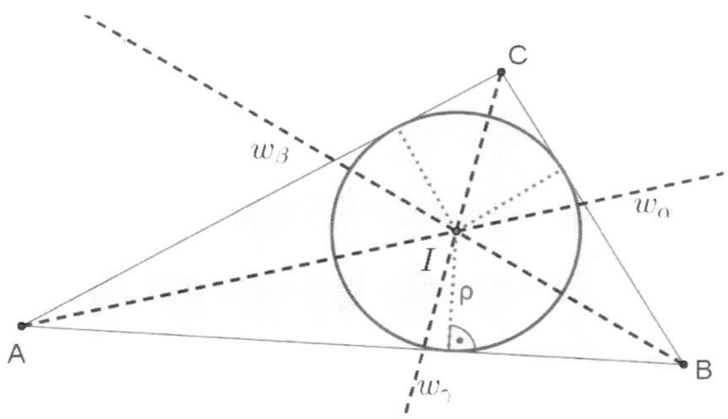
</td>
</tr>
<tr>
<td>Im Dreieck schneiden sich die Mittelsenkrechten der Seiten in einem Punkt U. Der Punkt U ist von allen Eckpunkten des Dreiecks gleich weit entfernt. Es gibt einen Kreis um U, auf dem die Eckpunkte des Dreiecks liegen. Der Kreis heißt Umkreis des Dreiecks. Bei spitzwinkligen Dreiecken liegt der Umkreismittelpunkt innerhalb, bei stumpfwinkligen außerhalb des Dreiecks.</td>
<td>Im Dreieck schneiden sich die Winkelhalbierenden in einem Punkt I. Der Punkt I hat von allen Seiten des Dreiecks den gleichen Abstand. Es gibt einen Kreis um I, der alle Dreiecksseiten berührt. Der Kreis heißt Inkreis des Dreiecks.</td>
</tr>
<tr>
<td>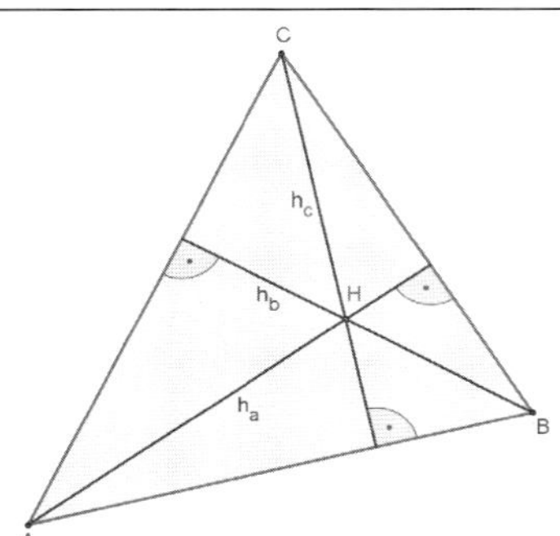
</td>
<td>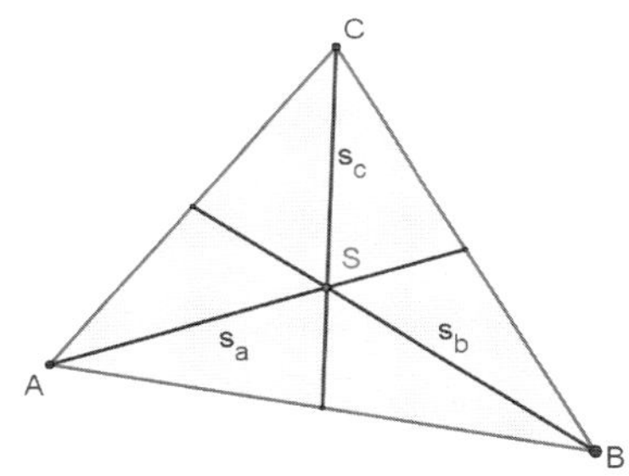
</td>
</tr>
<tr>
<td>Im Dreieck heißen die Lote von den Ecken auf die gegenüberliegenden Seitengeraden die Höhen des Dreiecks. Die Geraden, auf denen die Höhen liegen, heißen Höhengeraden.

Die Höhengeraden eines Dreiecks schneiden sich in einem Punkt. Bei spitzwinkligen Dreiecken liegt der Höhenschnittpunkt innerhalb, bei stumpfwinkligen außerhalb des Dreiecks.</td>
<td>Im Dreieck heißen die Strecken zwischen den Eckpunkten und den Mitten der Gegenseiten die Seitenhalbierenden des Dreiecks.

Schwerpunktsatz:
Die Seitenhalbierenden eines Dreiecks schneiden sich in einem Punkt, dem Schwerpunkt des Dreiecks. Der Schwerpunkt teilt jede Seitenhalbierende im Verhältnis 2:1.</td>
</tr>
</table>

Der **Flächeninhalt eines Dreiecks** ist gleich dem halben Produkt aus der Länge einer Seite und der zugehörigen Höhe.

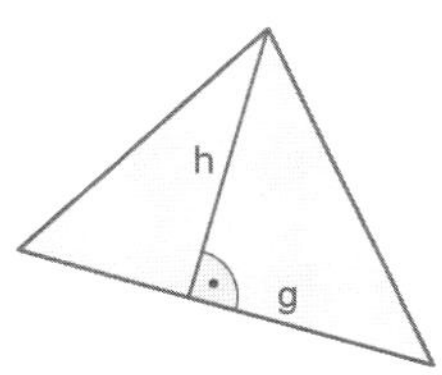

$$A = \frac{1}{2} \cdot g \cdot h$$

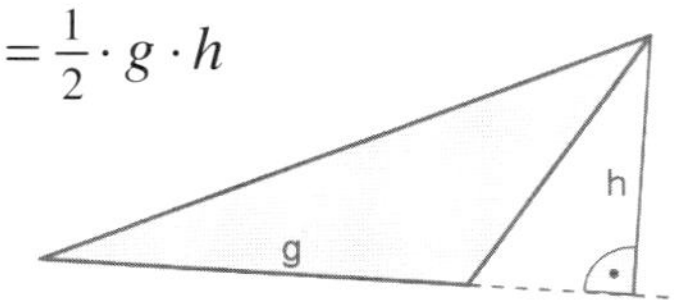

6

Einführung in die Stochastik

Umgang mit Daten

1. Eine Schule möchte die großen Pausen um 10 Minuten verlängern. Das hätte aber einen früheren Unterrichtsbeginn zur Folge. Eine **Befragung** der Schüler ergab das in der Tabelle angegebene Ergebnis.

Sollen die großen Pausen um 10 min verlängert werden?			
Antwort	ja	nein	egal
Häufigkeit	235	423	162
relative Häufigkeit in %			

a) Wie viele Schüler haben an der Befragung teilgenommen?

b) Berechne die **relative Häufigkeit** der Ja-Antworten, das ist der Anteil der Ja-Antworten an allen Antworten.

c) Berechne ebenso die relative Häufigkeit der Nein-Antworten und Egal-Antworten und ergänze die Tabelle.

d) Veranschauliche das Befragungsergebnis in einem **Streifendiagramm** und in einem **Kreisdiagramm**.

Streifen-, Balken-, Kreisdiagramm siehe Seite 46f.

2. Wurzel wirft 50-mal einen Würfel und notiert in einer **Strichliste**, wie oft die einzelnen Augenzahlen fallen.

Augenzahl	Striche	absolute Häufigkeit	relative Häufigkeit
1	卌 ||||		
2	卌 卌		
3	卌		
4	卌 |||		
5	卌 ||		
6	卌 卌 |		

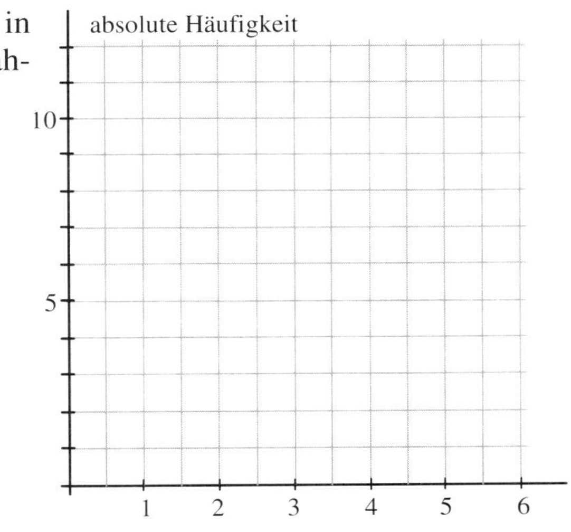

a) Werte die Strichliste aus und veranschauliche in einem **Stabdiagramm** (vergleiche Arbeitsbuch 6, Seite 279), wie die Häufigkeit der Augenzahlen verteilt ist.

b) Führe das Würfelexperiment selbst durch und werte es aus. Vergleiche die Stabdiagramme.

c) Auch Silvester hat das Experiment durchgeführt und folgende relativen Häufigkeiten berechnet.

Augenzahl	1	2	3	4	5	6
relative Häufigkeit	0,16	0,18	0,18	0,16	0,15	0,17

Findest du den Fehler?

Relative Häufigkeit der Augenzahl 1:
Anteil der Würfe, bei denen die Augenzahl 1 erscheint.

Das kann nicht stimmen!

3. Die 28 Schüler der Klasse 7a haben einen Vokabeltest geschrieben. 12 Vokabeln wurden abgefragt; für jede richtige Antwort gab es einen Punkt.

Folgende **Urliste** zeigt, welche Punktzahlen die Schüler erreicht haben.

Urliste: 7, 11, 10, 12, 5, 9, 8, 6, 9, 8, 11, 12, 11, 7, 10, 9, 9, 11, 10, 10, 12, 10, 9, 5, 8, 8, 10, 5

a) Fertige eine **Strichliste** an, aus der du die Häufigkeit der Punktzahlen ablesen kannst.

Punktzahl	0...4	5	6	7	8	9	10	11	12
Striche									
Häufigkeit									

b) Nachstehendes **Balkendiagramm** soll zeigen, wie die Häufigkeit der Punktzahlen verteilt ist. Vervollständige es.

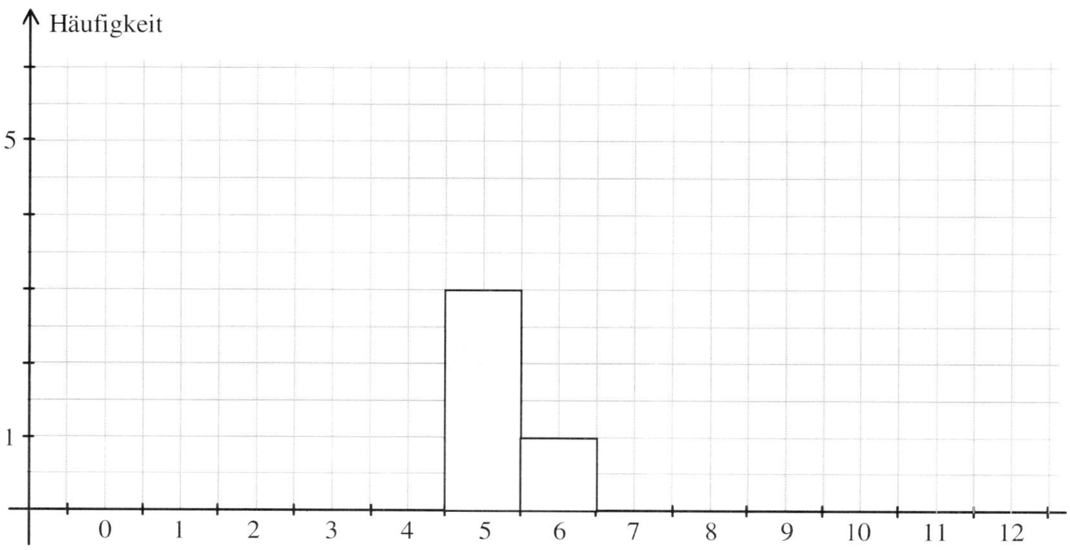

c) Berechne den **arithmetischen Mittelwert** m der Punktzahlen. Schreibe zunächst den Rechenausdruck auf.

m =

d) Wie viel Prozent der Schüler haben mindestens 75% der maximal erreichbaren Punktzahl erzielt?

4. **Glücksspiel**

Drehe das Glücksrad zweimal und stelle die Punktsumme fest.

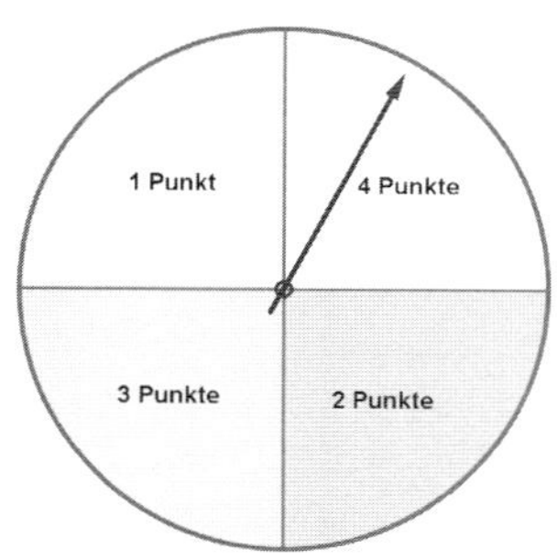

a) Welche Punktsummen sind möglich?

b) Silvester hat 40-mal gespielt und in einer Urliste die Ergebnisse notiert.

6, 5, 5, 7, 3, 4, 5, 6, 8, 6, 7, 5, 5, 4, 5, 4, 4, 7, 2, 5,

3, 8, 7, 6, 4, 5, 6, 7, 2, 3, 6, 7, 5, 4, 3, 5, 6, 5, 8, 4

Bestimme mit Hilfe einer Strichliste die absolute Häufigkeit und die relative Häufigkeit der einzelnen Ergebnisse.

c) Veranschauliche die Verteilung der relativen Häufigkeiten der Ergebnisse in einem Stab- oder Balkendiagramm.

d) Berechne Silvesters Gewinn bzw. Verlust bei seinen 40 Spielen.

Gewinnplan

6 Punkte: 1 €
7 Punkte: 3 €
8 Punkte: 5 €

Einsatz: 1 €

5. Die Tabelle zeigt die Altersverteilung der saarländischen Bevölkerung am Jahresende 2013 (Quelle: Statistisches Landesamt).

Altersgruppe von ... bis unter ... Jahren	Bevölkerung	auf Tausender gerundet	Balkenlänge (in mm)
0 - 15	112 844		
15 - 30	163 857		
30 - 45	168 142		
45 - 60	252 743		
60 - 75	178 622		
75 und mehr	114 510		
Summe	990 718		

Runde auf Tausender und zeichne zu den gerundeten Werten ein Balkendiagramm. Wähle 1 mm für 5000 Menschen und berechne zunächst die Balkenlängen.

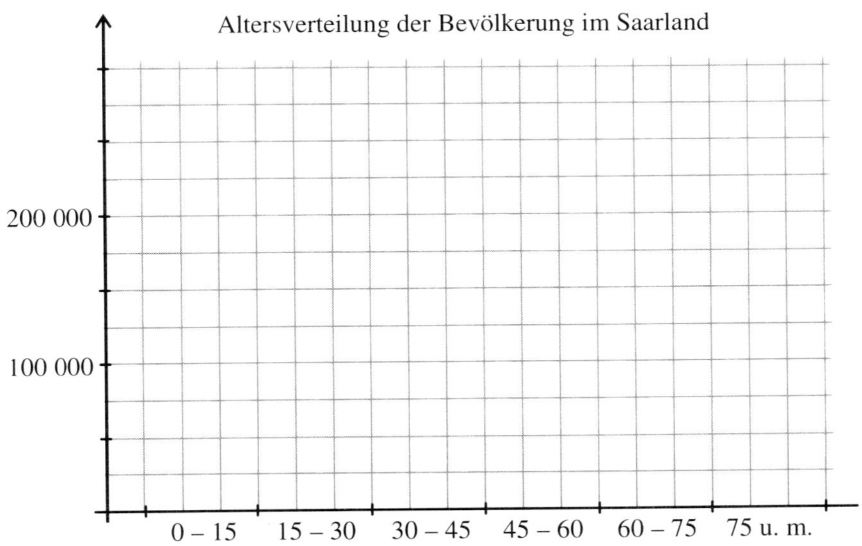

6. Median

a) Peter kommt mit dem Fahrrad zur Schule. In den letzten drei Wochen (15 Schultage) hat er an jedem Tag die Fahrzeit aufgeschrieben.

Fahrzeiten in min:

30 23 18 21 22 22 25 17 21 19 23 20 18 22 18

- Ordne die Werte der Größe nach (aufsteigend).

Fahrzeiten in min geordnet:

- Bestimme die **Spannweite** der Liste, das ist die Differenz zwischen größtem und kleinstem Wert.
- Bestimme den Wert in der Mitte der geordneten Liste.

Der Wert in der Mitte heißt **Median** *M*.

Für Peters Liste gilt:

M =

- Peter behauptet:
  - ☞ Mindestens die Hälfte der Werte ist kleiner oder gleich dem Median.
  - ☞ Mindestens die Hälfte der Werte ist größer oder gleich dem Median.

  Stimmt das?

b) Petra kommt zu Fuß zur Schule. Sie hat zwei Wochen lang (10 Schultage) an jedem Tag die Gehzeit notiert.

Gehzeiten in min:

15 12 13 18 14 12 14 16 13 12

- Ordne die Gehzeiten der Größe nach.

Geordnete Liste:

- Bestimme den Median.

Ich habe ein Problem:
Es gibt zwei mittlere Werte.

Nimm als Median das arithmetische Mittel dieser Werte.

O.K. Dann ist also M =

- Wie sind die Gehzeiten in Bezug auf den Median verteilt?

Wie du den **Median** einer Datenliste bestimmst:

- Ordne die Daten der Größe nach.
- Nimm den mittleren Wert, wenn die Anzahl der Daten ungerade ist.
- Nimm das arithmetische Mittel der beiden mittleren Werte, wenn die Anzahl der Daten gerade ist.

7. a) Bestimme die Mediane folgender Datenlisten:

①	5	6	6	7	4	8	5	5	6		
②	8	7	7	6	8	5	9	7	6	6	
③	7	4	4	7	7	6	3	4			
④	1	–1	0	–3	–2	4	2	0	0	–2	1

b) Berechne in den Fällen ① - ④ den Prozentsatz der Daten, …

- … die kleiner oder gleich dem Median sind.
- … die größer oder gleich dem Median sind.

Eigenschaften des Medians einer Datenliste:

- Mindestens die Hälfte der Daten ≤ Median.
  Höchstens die Hälfte der Daten > Median.
- Mindestens die Hälfte der Daten ≥ Median.
  Höchstens die Hälfte der Daten < Median.

8. Median und arithmetischer Mittelwert

In einer Firma sind 15 Personen beschäftigt. Hier sind die Monatsgehälter - bereits der Größe nach geordnet - aufgelistet.

Gehälter in €:

2000	2000	2400	2400	2400	2500	2500	2500
2500	2700	2700	2900	3000	3000	9500 (Chef)	

a) Bestimme den Median der Gehälter.

b) Bestimme den arithmetischen Mittelwert der Gehälter (das „Durchschnittsgehalt").

Median:

Arithm. Mittelwert:

c) Welcher der beiden Mittelwerte beschreibt die Gehaltsstruktur in der Firma zutreffender? Begründe deine Antwort.

9. a) Bestimme für die gegebenen Listen von Daten den Median M und den arithmetischen Mittelwert m.

①	1	3	3	5	7	7	9	
②	1	2	2	5	5	6	7	
③	0	1	2	2	4	8	10	13
④	1	2	3	4	7	8	8	9

	①	②	③	④
M				
m				

b) *Zum Tüfteln*

Konstruiere eine Datenliste der Länge 7 mit dem Median 10 und dem arithmetischen Mittelwert 8.

10. Quartile 1

Gegeben ist eine bereits geordnete Liste von 16 Datenwerten:

10 11 12 12 14 14 15 15 15 13 17 17 18 19 19 20

a) Der Median teilt die Liste in eine untere und eine obere Teilliste mit jeweils 8 Werten. Gib den Median an und markiere die beiden Teillisten mit unterschiedlichen Farben.

b) Bestimme die Mediane der unteren und der oberen Teilliste.

Der Median der unteren Teilliste heißt **unteres Quartil Q_1**.

Der Median der oberen Teilliste heißt **oberes Quartil Q_3**.

Hier gilt: Q_1 =

c) Wie viel Prozent der Datenwerte …

- … sind kleiner als Q_1 ?
- … sind größer als Q_3 ?
- … liegen im mittleren Bereich zwischen Q_1 und Q_3 ?

d) Der Median heißt auch **mittleres Quartil**. Warum?

11. Quartile 2

Gegeben ist eine bereits geordnete Liste von 15 Datenwerten:

10 11 12 13 14 14 15 15 16 17 17 18 18 19 20

a) Bestimme den Median an und markiere die untere und obere Teilliste mit unterschiedlichen Farben.

Der mittlere Wert wird zu keiner der beiden Teillisten gezählt.

b) Fülle aus.

Median: M =

unteres Quartil: Q_1 =

oberes Quartil: Q_3 =

Quartilsabstand:

$Q_3 - Q_1$ =

c) Überprüfe Silvesters und Wurzels Aussagen.

- Höchstens ein Viertel der Werte ist kleiner als Q_1.
- Höchstens ein Viertel der Werte ist größer als Q_3.

Mindestens die Hälfte der Werte liegt im Intervall $[Q_1; Q_3]$.

12. Boxplot

In der Klasse 7a wurde das Körpergewicht der Schüler gemessen.
Hier ist die bereits geordnete Liste der Messwerte:

Körpergewicht in kg:

62 63 63 64 65 65 66 66 67 67 67 68 68 69 70 71 71 72 73 75

a) Beschreibe die Liste durch folgende fünf Kennwerte:

Fünf-Punkte-Zusammenfassung	• **Minimum** (kleinster Wert):
	• **unteres Quartil**:
	• **Median** (mittleres Quartil):
	• **oberes Quartil**:
	• **Maximum** (größter Wert):

b) Die Fünf-Punkte-Zusammenfassung stellt man wie folgt grafisch dar:

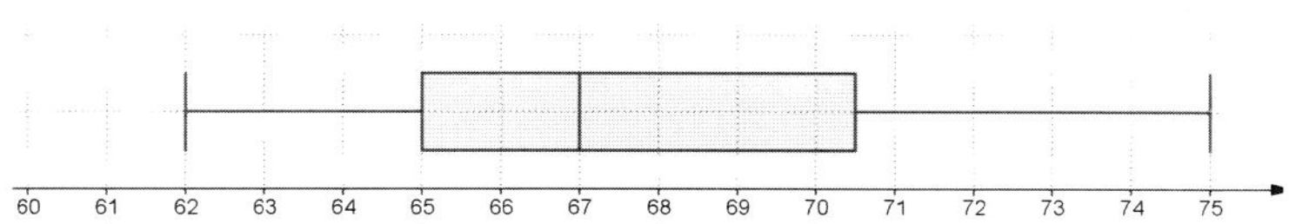

Das Diagramm heißt **Boxplot**.

Beschreibe den Boxplot.

c) Überprüfe Silvesters Aussage.

Mindestens 50% der Messwerte liegen in der Box, d. h. im Intervall $[Q_1; Q_3]$.

Wie viel Prozent sind es genau?

13. In der Klasse 7b wurde die Körpergröße der Schüler gemessen und in einer Liste zusammengestellt.

Schüler-Nr.	1	2	3	4	5	6	7	8	9	10	11
Länge in cm	160	151	155	167	148	150	153	157	166	156	152

Schüler-Nr.	12	13	14	15	16	17	18	19	20	21
Länge in cm	150	170	161	161	153	165	154	155	166	159

a) Ordne die Körpergrößen aufsteigend.

b) Bestimme die Fünf-Punkte-Zusammenfassung:

Minimum: unteres Quartil:

Maximum: oberes Quartil:

Median:

c) Zeichne den Boxplot in die vorbereitete Grafik.
Markiere zunächst die fünf Kennwerte durch senkrechte Striche oberhalb der Zahlengeraden und zeichne dann die **Box** (Kasten) und die **Antennen**.

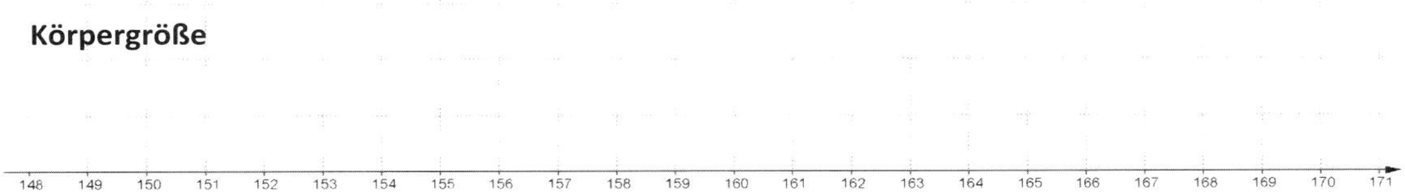

d) Wie viel Prozent der Messwerte liegen in der Box?

14. Zeichne Boxplots zu folgenden Datenlisten.

a) 13, 14, 15, 16, 17, 18, 19, 20, 21, 22, 23, 24, 25

b) 15, 17, 17, 18, 19, 19, 20, 20, 23, 23, 24, 25, 27, 29

c) 31, 33, 35, 37, 38, 38, 38, 40, 40, 40, 41, 41, 42, 43, 45

d) 5, 5, 5, 5, 7, 7, 9, 9, 9, 11, 12, 15

Zusatzaufgabe:
Konstruiere eine von der Liste in b) verschiedene Liste, die denselben Boxplot hat.

15. Silvester hat über einen längeren Zeitraum aufgeschrieben, wie lange er täglich für die Hausaufgaben gebraucht hat, und mit Hilfe dieser Daten folgenden Boxplot erstellt:

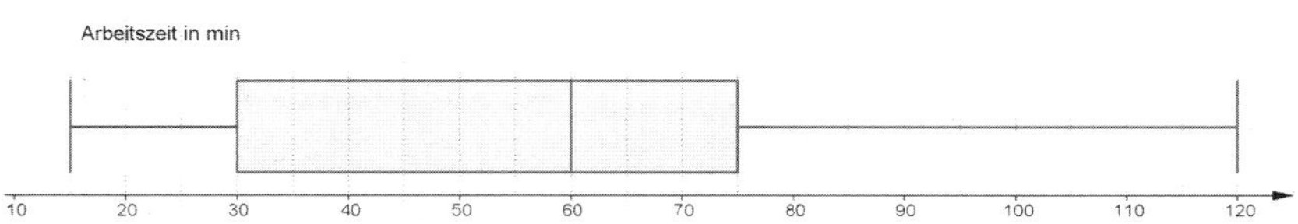

Versuche aus dem Boxplot möglichst viele Informationen über Silvesters häusliche Arbeitszeit abzulesen.

16. a) Für die Tageshöchsttemperatur, die im Mai 2014 in Saarbrücken gemessen wurde, wurde nebenstehender Boxplot erstellt. Lies aus dem Diagramm die fünf Boxplot-Kennwerte ab und erkläre ihre Bedeutung im Sachzusammenhang.

An mindestens wie vielen Tagen lag die Tageshöchsttemperatur im Intervall $[15°C; 22°C]$?

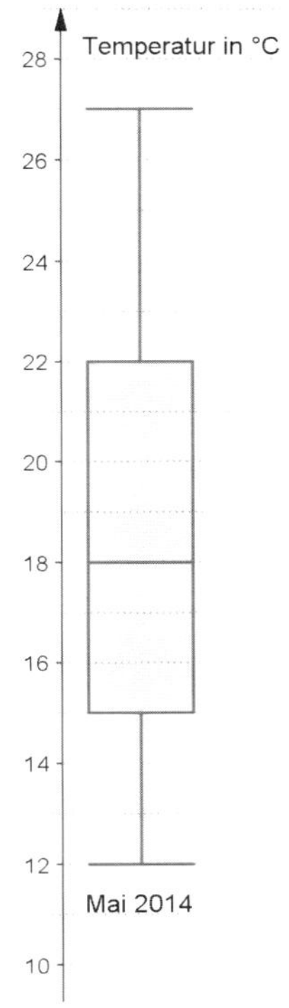

b) Im Monat Mai wurden 2015 in Saarbrücken folgende Tageshöchsttemperaturen gemessen:

13	15	16	22	23	18	17	21	21	23
27	27	21	18	20	18	20	22	16	15
18	20	20	22	17	14	19	21	17	17
21									

Bestimme für diese Liste die fünf Boxplot-Kennwerte und zeichne in das Diagramm von a) den Boxplot.

c) Vergleiche anhand der beiden Boxplots die Tageshöchsttemperaturen im Mai 2014 und 2015.

17. An einer Vergleichsarbeit in Mathematik haben 80 Schüler teilgenommen. Die Benotung erfolgte im 15-Punkte-System. Das Stabdiagramm zeigt die relative Häufigkeit der einzelnen Notenpunkte in %.

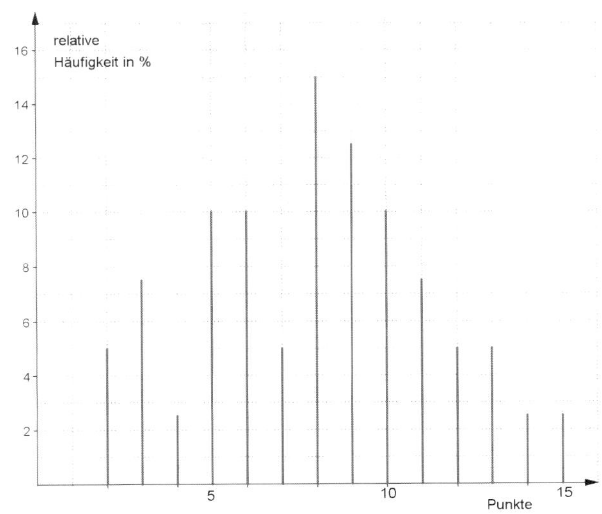

a) Fülle die Tabelle aus.

Notenpunkte	00	01	02	03	04	05	06	07	08	09	10	11	12	13	14	15
relative Häufigkeit in %																
absolute Häufigkeit																

b) Stell dir vor, du hast die Notenpunkte der 80 Schüler aufsteigend aufgelistet. Bestimme mit Hilfe dieser Liste die fünf Boxplot-Kennwerte und zeichne den Boxplot.

Geordnete Liste:

02 02 02 02 03 … 14 15

18. In einem chemischen Betrieb werden an vielen Stellen gleichartige Ventile verwendet. Da die Ventile einem hohen Verschleiß ausgesetzt sind, führen sie häufig zum Maschinenstillstand. Um dem vorzubeugen, will die Firmenleitung die Ventile rechtzeitig austauschen lassen. Eine Erhebung ergab folgendes:

Ventillebensdauer in Betriebsstunden

110	520	490	290	370	305	415	170	280	70
540	460	150	220	435	470	350	130	380	230
320	360	240	335	580	30	370	345	260	425

a) Um einen besseren Überblick zu bekommen, teilen wir die Daten in sechs Klassen ein: unter 100 h, von 100 h bis unter 200 h usw. Fülle die Tabelle aus.

Intervall	Striche	absolute Häufigkeit	relative Häufigkeit
[0; 100 [			
[100; 200 [			

b) Zeichne zu der Tabelle ein Balkendiagramm.

c) Zeichne für die Liste der Ventillebensdauern einen Boxplot.

d) Gib der Firmenleitung eine Empfehlung, nach wie vielen Betriebsstunden jeweils ausgetauscht werden sollte.

Zufallsexperimente

19. Zum Einstieg

Jonas, Laura und Nils werfen zwei Münzen. Jonas gewinnt, wenn beide Münzen Wappen zeigen; Laura gewinnt, wenn die Münzen unterschiedliche Seiten zeigen; Nils gewinnt, wenn beide Münzen Zahl zeigen.

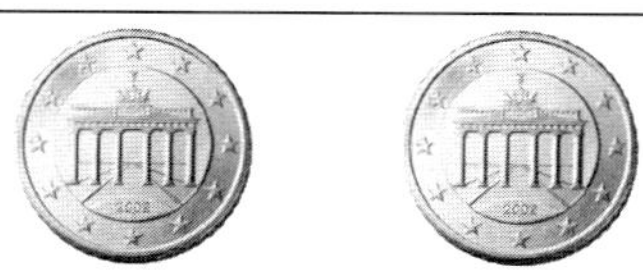

Jonas gewinnt.

Laura gewinnt.

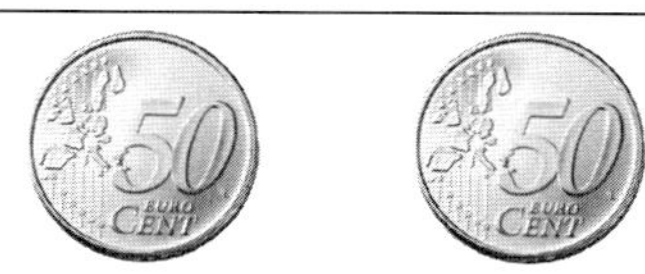

Nils gewinnt.

a) Was meinst du: Haben Jonas, Laura und Nils gleiche Chancen zu gewinnen?

b) Führe das Spiel 30-mal durch und notiere die Ergebnisse in einer **Strichliste**.

Jonas gewinnt.	
Laura gewinnt.	
Nils gewinnt.	

c) Vergleiche den Ausgang der Versuchsreihe mit deiner Vermutung.

20. Einfache Zufallsexperimente

Fülle die Lücken aus und mache Aussagen über die Eintrittschancen der einzelnen Ergebnisse.

a) Werfen einer Münze.

Mögliche Ergebnisse:

w = Wappen liegt oben

z =

Menge der möglichen Ergebnisse:

$\Omega = \{w, z\}$

b) Drehen eines Glücksrades.

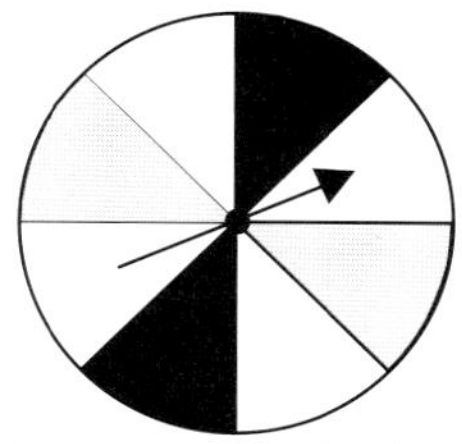

Mögliche Ergebnisse: Der Zeiger bleibt ...

g = ... in einem grauen Feld stehen.

s =

w =

Menge der möglichen Ergebnisse:

Ω =

c) Ziehen aus einer Urne.

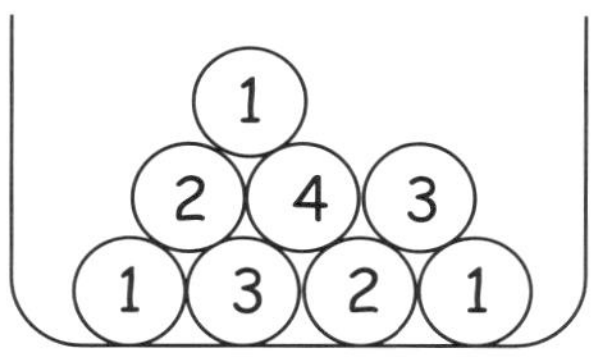

Mögliche Ergebnisse:

1 =

2 =

3 =

4 =

Menge der möglichen Ergebnisse:

d) Werfen eines Würfels.

Mögliche Ergebnisse:

Menge der möglichen Ergebnisse:

Merkmale eines **Zufallsexperiments (ZE)**.

1. Es kann unter gleichen Bedingungen wiederholt werden.
2. Es sind mindestens zwei Ergebnisse möglich.
3. Das Ergebnis eines Versuchs kann nicht vorhergesagt werden.

Die möglichen Ergebnisse fassen wir in einer Menge, der **Ergebnismenge** Ω (Omega, griech. Buchstabe), zusammen.

21. Gib bei folgenden ZE die möglichen Ergebnisse an. Wähle für die Ergebnisse zweckmäßige Kurzbezeichnungen und bilde die Ergebnismengen.

a) Werfen eines Würfels und Feststellen, ob die Sechs fällt.
b) Werfen eines Würfels und Feststellen, ob die Augenzahl gerade ist.
c) Werfen eines Würfels und Feststellen, ob die Augenzahl größer als 3 ist.
d) Werfen zweier Würfel und Feststellen der Augensumme.

22. Ziehen einer Karte

Gib jeweils die Ergebnismenge an.

Du ziehst aus einem Kartenspiel (32 Karten) eine Karte und

a) stellst den Kartenwert (z. B. Zehner, Dame, ...) fest,
b) stellst die Farbe (z. B. Karo) fest,
c) stellst fest, ob du ein Bild (z. B. König) gezogen hast.

23. Ein Gefäß enthält jeweils elf Kugeln mit den Nummern 1 bis 7, also insgesamt 77 Kugeln. Du ziehst blind eine Kugel und stellst ihre Nummer fest.

a) Gib die Ergebnismenge an.
b) Vergleiche die Eintrittschancen der einzelnen Ergebnisse.

Auswerten von Zufallsexperimenten

24. Einführungsaufgabe

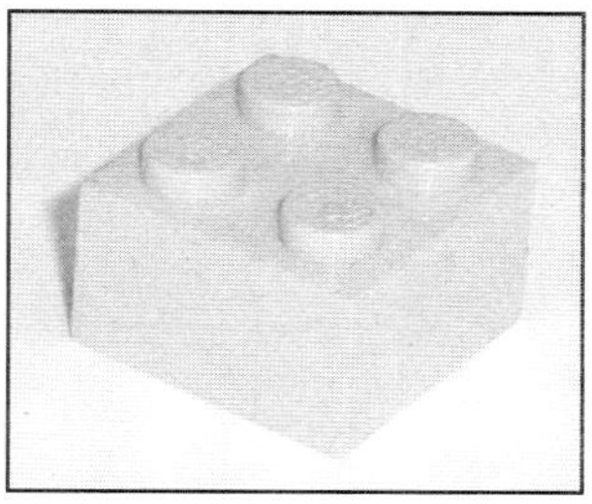

ZE: Eine Schachtel enthält zehn gleich große Legosteine: 1 blauen, 4 gelbe und 5 rote. Du ziehst einen Stein und stellst seine Farbe fest.

Ergebnismenge: $\Omega = \{ b, g, r \}$.

a) Stell dir vor, du führst das Experiment 100-mal durch.
Wie häufig, erwartest du, treten die einzelnen Ergebnisse auf?

b) Silvester hat das Experiment 100-mal durchgeführt und in einer Strichliste festgehalten, wie oft die einzelnen Ergebnisse aufgetreten sind.

Ergebnis		absolute Häufigkeit	relative Häufigkeit
b	𝍸 𝍸 ||		
g	𝍸 𝍸 𝍸 𝍸 𝍸 𝍸 𝍸 ||		
r	𝍸 𝍸 𝍸 𝍸 𝍸 𝍸 𝍸 𝍸 𝍸 𝍸 |		
	Summe		

- Trage in der Spalte „absolute Häufigkeit" ein, wie oft in Silvesters Versuchsreihe die einzelnen Ergebnisse eingetreten sind.
- Berechne den Anteil der Versuche, bei denen der blaue Stein (ein gelber Stein, ein roter Stein) gezogen wurden. Trage die Anteile als Dezimalbrüche in der Spalte „relative Häufigkeit" ein.

c) Wurzel hat das Experiment ebenfalls 100-mal durchgeführt und die folgende Strichliste erhalten. Werte Wurzels Strichliste wie in b) aus.

Ergebnis		absolute Häufigkeit	relative Häufigkeit
b	𝍸 ||||		
g	𝍸 𝍸 𝍸 𝍸 𝍸 𝍸 𝍸 𝍸 ||||		
r	𝍸 𝍸 𝍸 𝍸 𝍸 𝍸 𝍸 𝍸 𝍸 ||		
	Summe		

d) Die Schüler der Klasse 7c haben das Experiment 750-mal durchgeführt.
Ergänze die Tabelle.

Ergebnis	b	g	r	Summe
absolute Häufigkeit	72	312	366	
relative Häufigkeit				

e) Führe zu dem ZE selbst eine Versuchsreihe durch und werte sie aus.

Ein ZE wird n-mal durchgeführt.
Ein bestimmtes Ergebnis ω (kleines Omega) tritt dabei z-mal ein.

- z heißt **absolute Häufigkeit** des Ergebnisses ω in der Versuchsreihe.
- $h(\omega) = \frac{z}{n}$ heißt **relative Häufigkeit** des Ergebnisses ω in der Versuchsreihe.

Beispiel:

Eine Münze wird 600-mal geworfen, dabei liegt 318-mal Wappen oben.

Das Ergebnis w hat in der Versuchsreihe die relative Häufigkeit

$$h(w) = \frac{318}{600} = 0{,}53 = 53\% .$$

Relative Häufigkeiten werden oft in Prozent abgegeben.

25. ZE: Werfen eines Würfels und Feststellen der Augenzahl.

Das ZE wird 100-mal durchgeführt, die Wurfergebnisse werden in einer **Urliste** notiert.

5 6 2 1 2	6 4 5 5 1	5 1 3 2 5	5 4 3 1 6	3 5 4 2 6
5 6 4 3 4	6 5 6 2 6	3 3 2 5 5	1 4 5 6 2	4 4 5 6 1
3 6 4 3 4	6 2 5 1 5	5 2 5 2 6	4 2 3 3 5	5 4 3 4 1
6 6 5 2 4	5 3 1 6 4	1 2 2 4 1	2 6 1 2 5	3 2 6 5 2

a) Berechne die relativen Häufigkeiten der einzelnen Augenzahlen in der Versuchsreihe und veranschauliche die **Häufigkeitsverteilung** im vorbereiteten **Balkendiagramm**.

ω	h(ω)
1	
2	
3	
4	
5	
6	

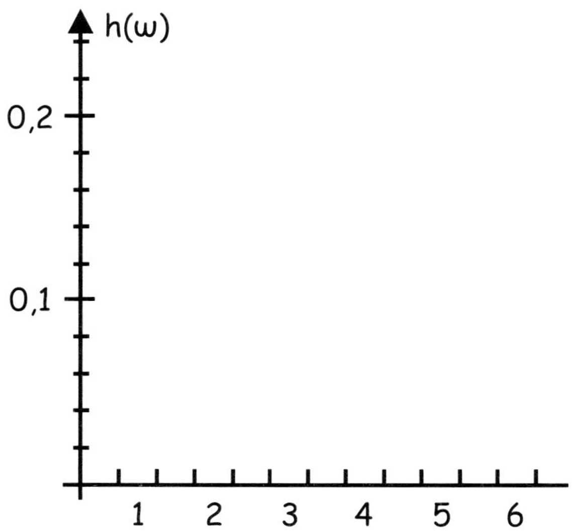

b) Nimm Stellung zu folgender Aussage: „Wenn bei 12 aufeinanderfolgenden Würfen keine 6 fällt, dann ist der Würfel nicht in Ordnung“.

26. ZE: Man dreht nebenstehendes Glücksrad einmal und stellt fest, in welchem Sektor der Zeiger stehen bleibt. Ergebnismenge: $\Omega = \{ 0, 1, 2, 3, 4 \}$.

Zu dem ZE wurden zwei Versuchsserien durchgeführt.

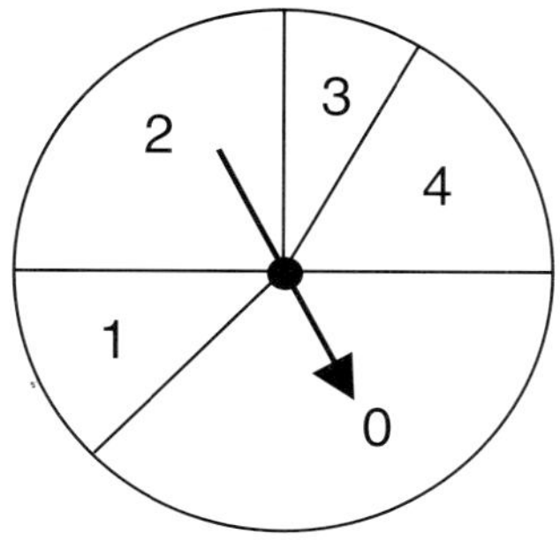

	Ergebnis	0	1	2	3	4
Serie 1: $n = 600$	absolute Häufigkeit	214	85	126	58	117
Serie 2: $n = 1700$	absolute Häufigkeit	633	202	428	147	290

a) Addiere für die Serie 1 die relativen Häufigkeiten aller Ergebnisse.

$$h(0) + h(1) + h(2) + h(3) + h(4)$$

$$= \frac{214}{600} + \frac{85}{600} +$$

b) Berechne ebenso im Heft für die Serie 2 die Summe der relativen Häufigkeiten aller Ergebnisse.

Eigenschaften der relativen Häufigkeiten

- Die relative Häufigkeit ist stets eine Zahl von 0 bis 1.
- Addiert man die relativen Häufigkeiten aller Ergebnisse, so erhält man 1.

27. Beim Werfen eines Reißnagels sind die Ergebnisse 0 und 1 möglich.

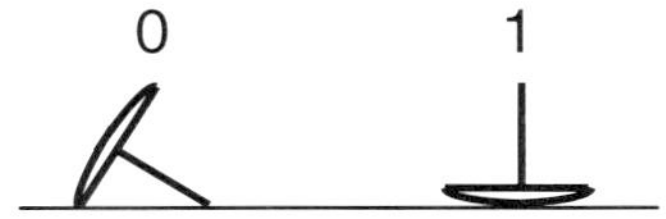

a) Führe das ZE „Werfen eines Reißnagels" 200-mal durch und bestimme die relativen Häufigkeiten $h(0)$ und $h(1)$.

Tipp: Wirf mehrere Reißnägel gleichzeitig.

b) Vergleicht in der Klasse eure Ergebnisse.

	Serie 1	Serie 2	Serie 3	Serie 4	Serie 5	Serie 6
h(0)						
h(1)						

c) Ihr könnt eure Versuchsserien zu einer Versuchsserie von größerem Umfang zusammenfassen.

28. ZE: Man zieht aus einem Gefäß mit einer schwarzen und vier weißen Kugeln eine Kugel und stellt ihre Farbe fest. Ergebnismenge: $\Omega = \{ s, w \}$.

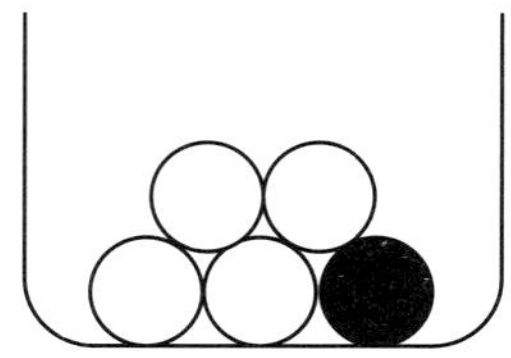

a) Zu dem ZE wird eine Versuchsreihe der Länge 500 durchgeführt. Nach 50, 100, 150, ... , 500 Versuchen wurde die absolute Häufigkeit des Ergebnisses s notiert.

1. Versuchsreihe										
n	50	100	150	200	250	300	350	400	450	500
$z_n(s)$	12	18	33	43	49	55	73	78	91	99
$h_n(s)$	0,24									

Berechne die relativen Häufigkeiten $h_n(s)$ und stelle die Zuordnung $n \mapsto h_n(s)$ im vorbereiteten Koordinatensystem (siehe unten) grafisch dar. Verbinde zur besseren Übersicht die Messpunkte geradlinig miteinander.

b) Eine zweite Versuchsreihe führt zu folgendem Ergebnis.

2. Versuchsreihe										
n	50	100	150	200	250	300	350	400	450	500
$z_n(s)$	7	19	27	37	48	63	72	84	93	102
$h_n(s)$										

Verfahre wie in a).

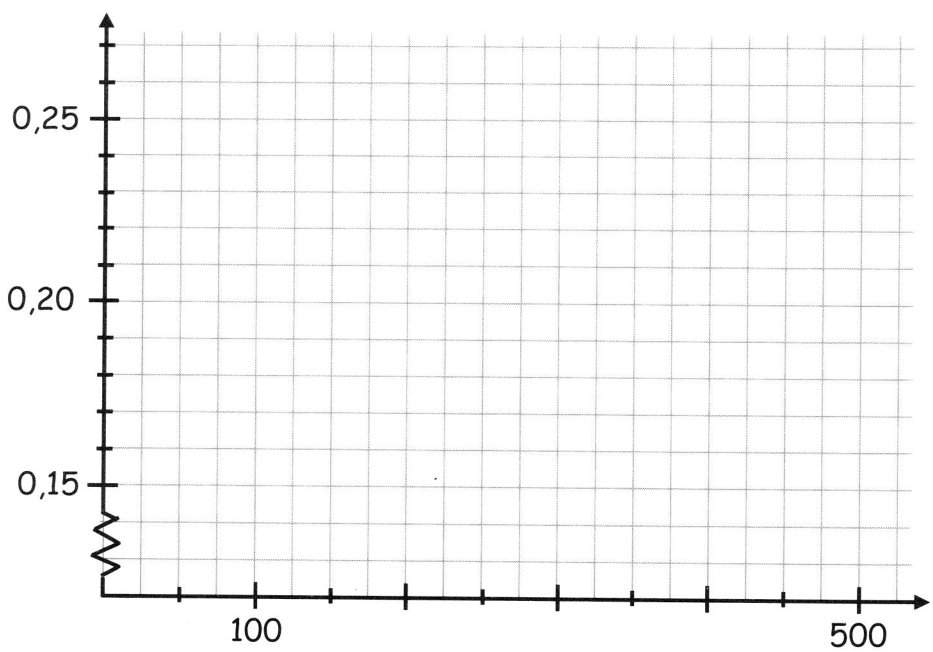

Empirisches Gesetz der großen Zahlen
Die relativen Häufigkeiten eines bestimmten Ergebnisses stabilisieren sich mit wachsender Versuchszahl.

Wahrscheinlichkeitsverteilung

29. Einführungsaufgabe

a) ZE: Drehen eines Glücksrads mit drei gleich großen Sektoren (vgl. Abbildung). Ergebnismenge: $\Omega = \{1, 2, 3\}$.

- Du führst das Experiment viele Male durch. In welchem Bruchteil der Versuche erwartest du die einzelnen Ergebnisse?
- Du führst das Experiment einmal durch. Jedes Ergebnis hat dabei eine Chance einzutreten. Vergleiche die Eintrittschancen der Ergebnisse miteinander.
- Man möchte die Eintrittschancen durch Zahlen (**Wahrscheinlichkeiten**) beschreiben. Trage deinen Vorschlag in die Tabelle ein.

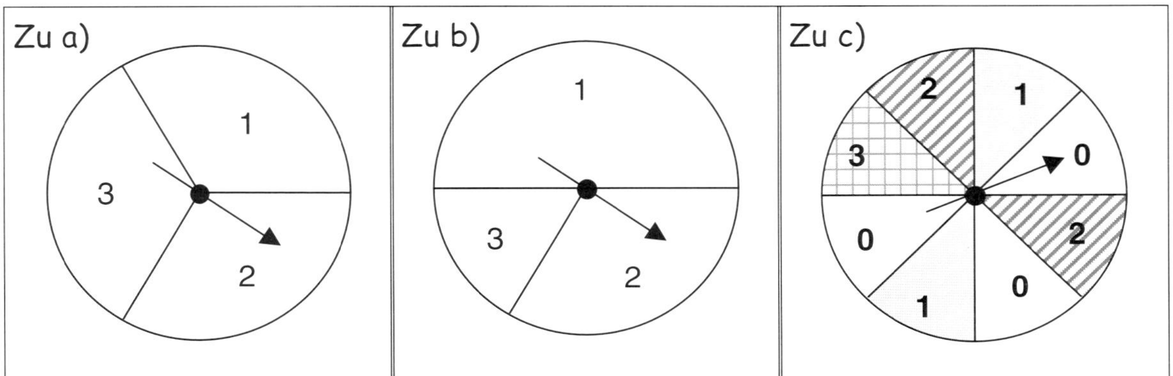

Ergebnis	1	2	3
Wahrscheinlichkeit			

Ergebnis	1	2	3
Wahrscheinlichkeit			

ω			
P(ω)			

b) ZE: Drehen eines Glücksrads mit drei verschieden großen Sektoren.

- Du führst das Experiment viele Male durch. Welche relativen Häufigkeiten erwartest du für die einzelnen Ergebnisse?

$h(1) \approx$

- Du führst das Experiment einmal durch. Vergleiche die Eintrittschancen der Ergebnisse und beschreibe sie durch Zahlen.

c) Das dritte Glücksrad wird einmal gedreht. Lege die Ergebnismenge fest und ordne jedem Ergebnis ω eine Wahrscheinlichkeit $P(\omega)$ zu.

Die **Wahrscheinlichkeiten** der Ergebnisse eines ZE legt man wie folgt fest:

1. Sie sind größer oder gleich 0,
2. ihre Summe ist gleich 1,
3. die relativen Häufigkeiten der Ergebnisse sind Schätzwerte für sie.

Jedem Ergebnis ω ist also genau eine Zahl $P(\omega)$ zugeordnet. Die Zuordnung $P: \Omega \rightarrow \mathbb{Q}$ heißt **Wahrscheinlichkeitsverteilung (WV)**.

Beispiel:

ZE: Werfen einer Münze.

Ergebnismenge: $\Omega = \{ w, z \}$.

Wahrscheinlichkeitsverteilung:

ω	w	z
$P(\omega)$	$\frac{1}{2}$	$\frac{1}{2}$

Herkunft des Buchstabens P:
Wahrscheinlichkeit
= probabilitas (lat.)
= probabilité (franz.)
= probability (engl.) .

30. Glücksräder

a) Für jedes Glücksrad ist die Ergebnismenge $\Omega = \{ a, b, c \}$.
Bestimme jeweils eine Wahrscheinlichkeitsverteilung.

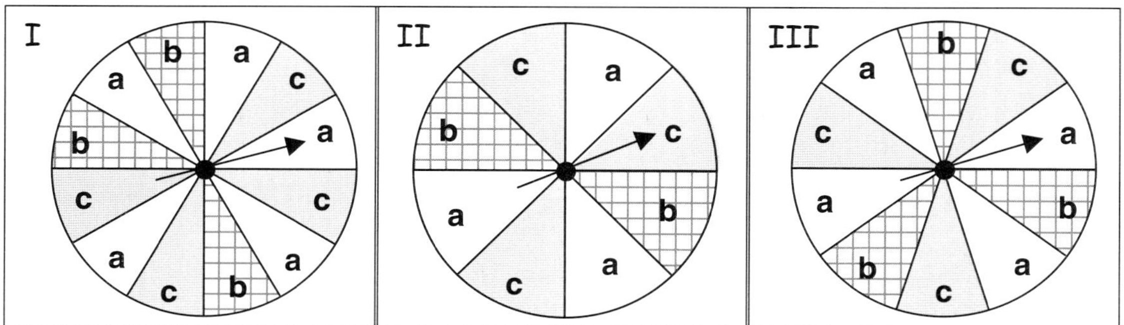

ω	a	b	c
P(ω)			

ω	a	b	c
P(ω)			

ω	a	b	c
P(ω)			

b) Welches Glücksrad bietet die beste Gewinnchance, wenn die Felder mit a gewinnen und die anderen verlieren?

c) Wie viele Gewinne kannst du bei 360 Drehungen bei jedem Glücksrad erwarten?

d) Konstruiere ein Glücksrad, zu dem folgende Wahrscheinlichkeitsverteilung gehört.

ω	a	b	c
$P(\omega)$	20%	35%	45%

Ein **Zufallsexperiment modellieren** heißt

1. eine Ergebnismenge wählen,
2. eine Wahrscheinlichkeitsverteilung festlegen.

Wie gut das Modell die Wirklichkeit beschreibt, muss experimentell überprüft werden.

31. Würfel

a) Modelliere folgende Zufallsexperimente:
- Werfen eines Spielwürfels und Feststellen der Augenzahl.
- Werfen eines Spielwürfels und Feststellen, ob die Sechs fällt.
- Werfen eines Spielwürfels und Feststellen, ob die Augenzahl gerade ist.

b) Ein Spezialwürfel besteht aus einer Holz- und einer Aluminiumschicht (vgl. Abbildung).

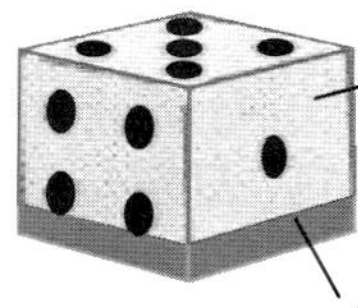

Der Würfel wurde 5000-mal geworfen – mit folgendem Ergebnis:

Augenzahl	1	2	3	4	5	6
absolute Häufigkeit	750	511	739	748	1492	760

- Welche Wurfergebnisse sind aufgrund des Aufbau des Würfels gleich wahrscheinlich, welches Wurfergebnis hat die größte Wahrscheinlichkeit, welches die geringste?
- Beschreibe das ZE „Werfen des Spezialwürfels“ durch ein geeignetes Modell.

32. Urnenexperiment

In einer Urne befindet sich eine große Zahl farbiger Kugeln. Man zieht eine Kugel und stellt ihre Farbe fest.

a) Silvester hat zu dem ZE eine Versuchsreihe der Länge 2500 gemacht und beobachtet, welche Farben und wie häufig sie gezogen wurden.

Farbe	rot	schwarz	weiß
Häufigkeit	748	507	1245

Modelliere auf der Grundlage dieser Versuchsreihe das ZE.

b) Wurzel hat sich die Mühe gemacht und die Kugeln in der Urne gezählt: Insgesamt 6000 Kugeln, darunter 6 grüne, 1860 rote, 1260 schwarze und 2874 weiße. Modelliere das ZE noch einmal.

33. Reißnägel

Zum ZE „Werfen eines Reißnagels“ (vergleiche Aufgabe 27) werden drei Versuchsserien durchgeführt.

Serien-Nr.	1		2		3	
ω	0	1	0	1	0	1
Häufigkeit	561	939	1910	3040	4557	7443

a) Modelliere das ZE.

b) Silvester behauptet, dass er das ZE 900-mal durchgeführt habe und das Ergebnis 1 dabei 458-mal eingetreten sei. Nimm Stellung zu dieser Behauptung.

34. Münzwurf

a) Zwei Münzen werden gleichzeitig geworfen. Zeichne in nebenstehender Abbildung die möglichen Ergebnisse ein.

Ergebnis	(W) (W)	◯ ◯	◯ ◯	◯ ◯
Wahrscheinlichkeit				

b) Dich interessiert, wie oft Wappen oben liegt. Gib ein geeignetes Modell für das ZE an.

c) Im Heft:
Modelliere das ZE „Werfen dreier Münzen und Feststellen, wie oft Wappen oben liegt".

35. Spielkarten

a) Modelliere das ZE:

- Ziehen einer Karte aus einem Skatspiel (32 Karten) und Feststellen des Kartenwertes (z. B. Dame, Zehner, ...).
- Ziehen einer Karte aus einem Skatspiel und Feststellen, ob die gezogene Karte ein Ass, eine Bild-Karte (z. B. Bube) oder eine Zahlen-Karte (z. B. Neuner) ist.

b) Glücksspiel: Man zieht aus einem Skatspiel eine Karte. Ist es eine Bildkarte, so gewinnt man 1 €, sonst muss man 80 c bezahlen. Silvester spielt das Glücksspiel 120-mal. Mit welchem Gewinn bzw. Verlust muss er rechnen?

c) Das Glücksspiel in b) ist **unfair**. Ändere den Gewinnplan so ab, dass das Spiel fair ist. Erkläre zunächst, was **fair** bedeutet.

36. Zwei Würfel

a) Beim Würfeln mit zwei Würfeln sind folgende Ergebnisse möglich. Ergänze die angefangene Tabelle.

⚀ ⚀	⚀ ⚁	⚀ ⚂	⚀ ⚃	⚀ ⚄	⚀ ⚅
⚁ ⚀	⚁ ⚁	⚁ ⚂	⚁ ⚃	⚁ ⚄	⚁ ⚅
⚂ ⚀	⚂ ⚁	⚂ ⚂	⚂ ⚃	⚂ ⚄	
⚃ ⚀	⚃ ⚁	⚃ ⚂	⚃ ⚃		
⚄ ⚀	⚄ ⚁	⚄ ⚂			
⚅ ⚀	⚅ ⚁				

b) Modelliere folgende ZE:

- Werfen zweier Würfel und Feststellen, ob Pasch (gleiche Augenzahl) fällt.
- Werfen zweier Würfel und Feststellen, wie oft die Sechs fällt.
- Werfen zweier Würfel und Feststellen der Augensumme.

37. Sprechweisen

a) Umgangssprachlich sagt man, beim Münzwurf stehen die Chancen 1:1 (1 zu 1) oder fifty-fifty.
Was bedeutet die Sprechweise?

b) In einer Lotterie sind die Gewinnchancen 1:4 (1 **zu** 4).
Erkläre, was das bedeutet.

c) Bei einer Tombola gewinnt jedes vierte Los (1 **von** 4).
Gib die Gewinnchance in Prozent an.

38. Von einem ZE weiß man:

1. Es gibt drei Ergebnisse, die mit α, β und γ bezeichnet sind.
2. Das Ergebnis α ist doppelt so wahrscheinlich wie das Ergebnis β und dreimal so wahrscheinlich wie das Ergebnis γ.

a) Bestimme die Wahrscheinlichkeitsverteilung des ZE.

b) Konstruiere ein passendes Urnenexperiment.

39. Rückfangmethode

Zur Schätzung der Größe einer Ameisenkolonie benutzen die Biologen die sogenannte Rückfangmethode: 500 Ameisen werden mit Phosphor radioaktiv markiert. Man wartet einige Zeit ab und führt dann zu folgendem ZE eine Versuchsreihe durch: Eine Ameise wird gefangen und es wird geprüft, ob sie radioaktiv markiert ist. In einer Versuchsreihe der Länge 630 wurden 28 markierte Ameisen entdeckt. Mit wie vielen Ameisen ist in der Kolonie zu rechnen?

Regelmäßiges Fünfeck

① Berechne in dem regelmäßigen Fünfeck *ABCDE* die benannten Winkel.

② Zeichne die Figur ab. Wähle 5 cm als Seitenlänge des Fünfecks.

③ Was ist *PQRST* für eine Figur?

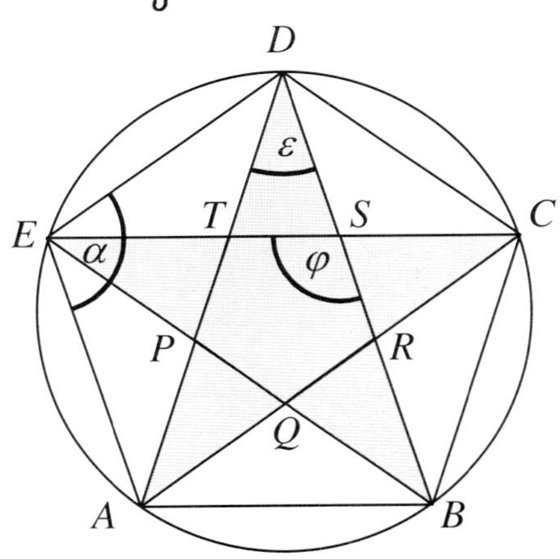

Ereignisse

40. Einführungsaufgabe

Eine Schulfest-Tombola enthält 300 von 001 bis 300 durchnummerierte Lose. Vor jeder neuen Ziehung wird das gezogene Los in die Lostrommel zurückgelegt.

> **Große Tombola**
> - Freie Auswahl
>   bei den Losnummern #33, #66, #99.
> - Kleine Auswahl
>   bei den durch 12 teilbaren Losnummern.
>
> Einsatz: 1 € .

a) Max zieht ein Los und hofft, dass das **Ereignis** „Die Losnummer endet auf 33 oder 66 oder 99" eintritt.

- Gib die Ergebnismenge Ω an.

- Nenne alle Ergebnisse, bei denen das erhoffte Ereignis eintritt, und fasse sie in einer Menge A zusammen.

b) Max hat das Los mit der Nummer 108 gezogen.

- Welches **Ereignis** ist eingetreten?

- Gib die Menge B der Ergebnisse an, bei denen das Ereignis eintritt.

c) Ergänze den Gewinnplan der Tombola durch Trostpreise.

- Lege ein Ereignis fest, bei dessen Eintreten man einen Trostpreis gewinnt.

- Beschreibe das Ereignis durch eine Menge C.

d) Wie sind die Gewinnchancen bei der Tombola?

- Bei einem Zufallsexperiment können verschiedene Ereignisse eintreten.
- Wir beschreiben ein Ereignis durch die Menge aller Ergebnisse, bei denen das Ereignis eintritt.
- Die Menge, mit der wir ein Ereignis beschreiben, ist eine Teilmenge der Ergebnismenge Ω .
- Ereignisse und die zugehörigen Mengen bezeichnen wir mit großen Buchstaben A, B, C, ...

41. Eine Urne enthält Kugeln mit den Nummern 10, 11, 12, ..., 99. Eine Kugel wird gezogen und ihre Nummer festgestellt.

Ergebnismenge: $\Omega = \{10, 11, 12, ..., 99\}$.

Ich interessiere mich für das Ereignis *A*:
Die gezogene Nummer hat die Quersumme 10.

Ich interessiere mich für das Ereignis *B*:
Die gezogene Nummer ist ein Vielfaches von 16.

a) Beschreibe die Ereignisse *A* und *B* durch Mengen.

- A =
- B =

b) Können die beiden Ereignisse *A* und *B* gleichzeitig eintreten?

c) Welche Beziehung besteht zwischen den Mengen *A* und *B* und der Ergebnismenge Ω?

42. Du ziehst aus einem Skatspiel (32 Karten) eine Karte und stellst fest, welche Karte es ist.

a) Gib die Ergebnismenge Ω an.

Abkürzungen

KA = Kreuz Ass	HB = Herz Bube
KK = Kreuz König	C10 = Karo 10
PD = Pik Dame	usw.

b) Beschreibe folgende Ereignisse durch Mengen.

- A: Du ziehst ein Ass.

  A =

- B: Du ziehst eine Herzkarte.

  B =

- C: Du ziehst Pik Bube oder Herz Bube.

  C =

- D: Du ziehst die Farbe Karo, aber kein Bild.

  D =

- E: Du ziehst Pik 7.

  E =

c) Vergleiche die Eintrittschancen der Ereignisse *A*, *B*, *C*, *D* und *E*.

43. Eine Urne enthält 20 Kugeln, je eine mit den Nummern 10, ..., 14 und je drei mit den Nummern 15, ..., 19. Du ziehst eine Kugel und stellst ihre Nummer fest.

Ergebnismenge: $\Omega = \{10, 11, 12, 13, 14, 15, 16, 17, 18, 19\}$.

Beschreibe die folgenden Ereignisse durch Mengen.

A: Du ziehst eine Kugel mit einer geraden Nummer.

B: Du ziehst eine Kugel mit der Nummer 18 oder 19.

C: Du ziehst eine Kugel mit einer Nummer größer als 17.

D: Du ziehst eine Kugel mit einer durch drei teilbaren Nummer.

E: Die Nummer der gezogenen Kugel ist gerade und größer als 16.

F: Die Nummer der gezogenen Kugel ist nicht Teiler von 25.

G: Die Nummer der gezogenen Kugel hat die Quersumme 11.

H: Die Nummer der gezogenen Kugel ist eine Quadratzahl.

- Das Ereignis, das bei jedem Versuch eintritt, heißt **sicheres Ereignis**. Die zugehörige Menge ist die Ergebnismenge.
- Das Ereignis, das bei keinem Versuch eintritt, heißt **unmögliches Ereignis**. Die zugehörige Menge ist die leere Menge.
- Ereignisse, die durch einelementige Mengen beschrieben werden, heißen **Elementarereignisse**.

Die Elementarereignisse entsprechen den Ergebnissen.

Aber:
Ein Ergebnis ist ein Element, ein Elementarereignis eine Teilmenge von Ω.

44. Kreuze die Ereignisse an, die eintreten, wenn beim Werfen eines Würfels die Sechs fällt.

☐ Die Augenzahl ist gerade.
☐ Die Augenzahl ist < 5.
☐ Die Augenzahl ist nicht 1.
☐ Die Augenzahl ist 3 oder 6.
☐ Die Augenzahl ist > 2 und nicht 6.
☐ Die Augenzahl ist < 8.

45. Beim ZE „Werfen eines Würfels“ sind Ereignisse durch Teilmengen der Ergebnismenge $\{1, 2, 3, 4, 5, 6\}$ angegeben. Beschreibe die Ereignisse in Worten.

Menge	Ereignis
{ 1, 2, 5, 6 }	Die Augenzahl ist nicht 3 und nicht 4. Oder: Die Augenzahl ist < 3 oder > 4.
{ 1, 2, 3 }	
{ 1, 2, 3, 4, 5 }	
{ 1, 3, 5 }	
{ 2, 4 }	

Zum Weiterdenken:

Wie viele Teilmengen hat die Ergebnismenge (vergleiche Arbeitsbuch 5, Seite 46)? Wie viele verschiedene Ereignisse gibt es beim Würfeln?

46. Das abgebildete Glücksrad hat drei Sektoren in den Farben schwarz, grau und weiß. Du drehst das Glücksrad und stellst fest, wo der Zeiger stehen bleibt.

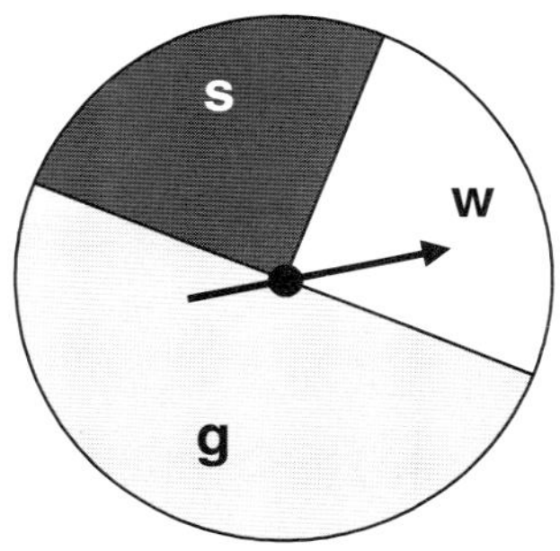

a) Gib alle Ereignisse des ZE in der Mengenschreibweise an.

b) Bei einem Versuch bleibt der Zeiger im schwarzen Sektor stehen. Unterstreiche in a) alle Ereignisse, die eingetreten sind.

c) Mache Aussagen über die Eintrittschancen der in a) aufgelisteten Ereignisse.

Zahlenknobelei

Silvester will in die fünf leeren Felder des Gitters die fünf Zahlen 5, 6, 7, 8 und 9 so eintragen, dass die Summe der Zahlen in den Nachbarfeldern der 9 gleich 15 ist.

Wie groß ist dann die Summe in den Nachbarfeldern der 8?

Nachbarfelder sind alle waagerecht oder senkrecht angrenzenden Felder.

(Quelle: Känguru 2014, Klasse 7/8, C1)

1		2
3		4

Wahrscheinlichkeit von Ereignissen

47. Einführungsaufgabe

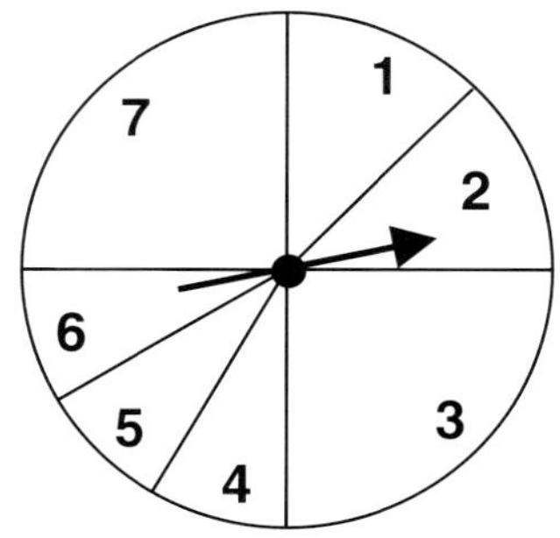

ZE: Drehen eines Glücksrads mit sieben Sektoren (vgl. Abbildung).

a) Gib eine Wahrscheinlichkeitsverteilung des ZE an.

ω	1	2	3	4	5	6	7
$P(\omega)$							

b) Betrachte das Ereignis A: Der Zeiger bleibt im Sektor 4, 5 oder 6 stehen.

- Du führst das Experiment viele Male durch. In welchem Bruchteil der Versuche erwartest du das Eintreten des Ereignisses A?
- Du führst das Experiment einmal durch. Das Ereignis A wird dabei mit einer gewissen **Wahrscheinlichkeit $P(A)$** eintreten. Welche Festlegung ist sinnvoll?
- Welcher Zusammenhang besteht zwischen $P(A)$ und den Wahrscheinlichkeiten der zu A gehörenden Ergebnisse?

c) Betrachte das Ereignis B: Der Zeiger bleibt bei 3 oder 4 stehen.
Führe für das Ereignis entsprechende Überlegungen durch.

d) Betrachte weitere Ereignisse und lege für sie die Wahrscheinlichkeiten fest.

Die **Wahrscheinlichkeit $P(A)$ eines Ereignisses A** ist die Summe der Wahrscheinlichkeiten aller Ergebnisse, bei denen das Ereignis A eintritt.

48. Eine Urne enthält eine blaue, zwei grüne, drei rote und vier weiße Kugeln. Eine Kugel wird gezogen und ihre Farbe festgestellt.

a) Bist du mit der folgenden Modellierung des ZE einverstanden?

- Ergebnismenge: $\Omega = \{ b, g, r, w \}$.
- Wahrscheinlichkeitsverteilung:

ω	b	g	r	w
$P(\omega)$	$\frac{1}{10}$	$\frac{2}{10}$	$\frac{3}{10}$	$\frac{4}{10}$

b) Wurzel berechnet die Wahrscheinlichkeit, die blaue oder eine der roten Kugeln zu ziehen. Erkläre die Vorgehensweise.

Ereignis $A = \{ b, r \}$
Wahrscheinlichkeit:
$P(A) = P(b) + P(r) = \frac{4}{10} = 0{,}4$.

10 Kugeln vorhanden, davon 4 blau oder rot.
Logo, dass $P(A) = \frac{4}{10}$ ist!

c) Wie groß ist die Wahrscheinlichkeit, eine rote oder weiße Kugel zu ziehen?

49. Ein Glücksrad ist in fünf Sektoren mit den Nummern 1, 2, 3, 4 und 5 eingeteilt. Die Sektoren haben der Reihe nach die Mittelpunktswinkel 45°, 45°, 60°, 90° und 120°. Das Glücksrad wird einmal gedreht und es wird festgestellt, in welchem Sektor der Zeiger stehen bleibt.

a) Zeichne das Glücksrad und modelliere das ZE.

b) Berechne die Wahrscheinlichkeiten folgender Ereignisse.

- A: Der Zeiger bleibt auf einer geraden Nummer stehen.
- B: Der Zeiger bleibt im Sektor 3, 4 oder 5 stehen.

c) Lohnt es sich darauf zu wetten, dass der Zeiger im 1. oder 5. Sektor stehen bleibt?

50. a) Eine Urne enthält 16 Kugeln: 1 blaue, 4 gelbe, 6 rote, 3 schwarze und 2 weiße. Silvester zieht eine Kugel und stellt ihre Farbe fest. Mit welcher Wahrscheinlichkeit treten folgende Ereignisse ein?

A: Die gezogene Kugel ist rot oder blau.
B: Die gezogene Kugel ist nicht rot.
C: Die gezogene Kugel ist weder blau noch gelb.

b) Silvester hat eine rote Kugel gezogen und nicht in die Urne zurückgelegt. Er zieht eine weitere Kugel. Treten die Ereignisse A, B und C jetzt mit größerer oder kleinerer Wahrscheinlichkeit ein?

51. a) Ein Kartenstapel besteht aus den 13 Herzkarten eines Rommé-spiels. Das ZE besteht im Ziehen einer Karte und Feststellen des Kartenwertes.

- Berechne die Wahrscheinlichkeit des Ereignisses E: Eine Bildkarte wird gezogen.
- Silvester führt das ZE 520-mal durch. Wie häufig tritt das Ereignis E in der Versuchsserie ungefähr ein?

b) Die Wahrscheinlichkeit eines Ereignisses lässt erkennen, ob das Ereignis häufig oder selten eintritt. Ordne den Wahrscheinlichkeiten in der Tabelle eine der angegebenen Eigenschaften zu.

P(E)	Das Ereignis E tritt ein
0,0001	selten
0,04	manchmal
0,23	sehr oft
0,79	fast immer
0,92	fast nie
0,998	häufig

c) Gib beim ZE in a) ein Ereignis an, das häufig (selten) eintritt.

d) Denke dir ein ZE aus, bei dem es ein Ereignis ($\neq$ sicheres Ereignis) gibt, das fast immer eintritt.

52. Eine Urne enthält rote, schwarze und weiße Kugeln. Mit Hilfe einer Versuchsreihe werden folgende Wahrscheinlichkeiten festgestellt:

- Die Wahrscheinlichkeit, dass eine weiße Kugel gezogen wird, ist 0,27.
- Die Wahrscheinlichkeit, dass eine schwarze oder weiße Kugel gezogen wird, ist 0,65.

Bestimme eine Wahrscheinlichkeitsverteilung.

53. Gegenereignis

Tim und Sarah spielen *Mensch ärgere dich nicht*. Tim hat die schwarzen Steine, Sarah die gelben.

a) Angenommen, Sarah ist an der Reihe.
Sarah hofft, Tims Figur zu schlagen oder mindestens das schwarze Feld zu erreichen.
Tim dagegen hofft, dass das von Sarah gewünschte Ereignis nicht eintritt.

Beschreibe die durch Sarah und Tim erhofften Ereignisse durch Mengen und berechne ihre Wahrscheinlichkeiten.
Fällt dir ein Zusammenhang zwischen den beiden Wahrscheinlichkeiten auf?

Sarahs Wunsch:

Tims Wunsch:

Wahrscheinlichkeiten:

Zusammenhang:

b) Angenommen, Tim ist an der Reihe.
Welches Ereignis könnte sich Tim wünschen? Und Sarah?
Beschreibe die Ereignisse durch Mengen und bestimme ihre Wahrscheinlichkeiten.

Das **Gegenereignis** $\bar{A}$ von A ist das Ereignis, das immer dann eintritt, wenn A nicht eintritt.

Gegenereignisregel:

54. Alle Schüler der Klasse 7b, darunter Lea und Max, haben an einem Preisausschreiben teilgenommen. Gib jeweils das Gegenereignis an.

Ereignis	Gegenereignis
Mindestens drei Schüler haben einen Preis gewonnen.	
Höchstens acht Schüler haben einen Preis gewonnen.	
Weniger als sechs Schüler haben einen Preis gewonnen.	
Lea hat keinen Preis gewonnen.	
Lea oder Max haben einen Preis gewonnen (mindestens einer der beiden hat einen Preis gewonnen).	
Lea und Max haben einen Preis gewonnen.	

55. Daniel interessiert sich für folgendes ZE: Ein Würfel wird 5-mal geworfen und es wird gezählt, wie oft die Sechs fällt.

Daniels Schwester ist im E-Kurs Mathematik und hat das ZE modelliert.

Ergebnismenge: $\Omega = \{0, 1, 2, 3, 4, 5\}$

Wahrscheinlichkeitsverteilung:

ω	0	1	2	3	4	5
$P(\omega)$	0,4019	0,4019	0,1608	0,0321	0,0032	0,0001

Daniel möchte die Wahrscheinlichkeit berechnen, dass bei fünfmaligem Werfen eines Würfels mindestens einmal die Sechs fällt. Kannst du ihm einen *Tipp* geben, wie er vorteilhaft rechnet?

Laplace-Experimente

56. a) Modelliere für beide Urnen das ZE „Ziehen einer Kugel und Feststellen ihrer Farbe“ und vergleiche.

100 Kugeln: 40 blaue, 25 grüne, 20 rote, 15 schwarze.	100 Kugeln: 25 blaue, 25 grüne, 25 rote, 25 schwarze.

b) Gib weitere ZE an, bei denen alle Ergebnisse **gleichwahrscheinlich** sind.

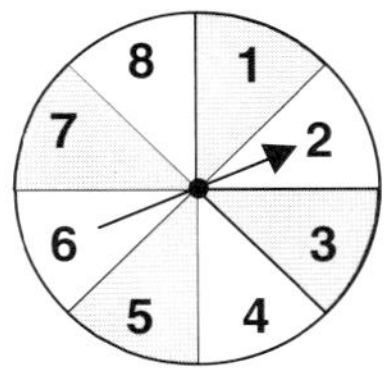

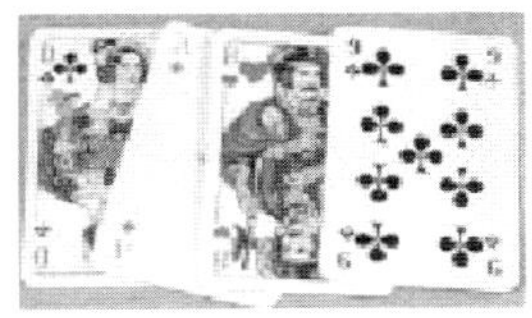

Ein Zufallsexperiment, bei dem alle Ergebnisse gleichwahrscheinlich sind, heißt **Laplace-Experiment**.

Sind n Ergebnisse möglich, so hat jedes Ergebnis die Wahrscheinlichkeit $\frac{1}{n}$.

57. Handelt es sich um ein Laplace-Experiment oder wenigstens näherungsweise um ein solches? Man wählt aus der Einwohnerdatei einer Stadt zufällig eine Person aus und

- stellt ihr Geschlecht fest,
- stellt fest, ob sie volljährig ist,
- stellt fest, in welchem Monat sie geboren ist,
- stellt fest, an welchem Wochentag sie dieses Jahr Geburtstag hat,
- stellt ihre Nationalität fest.

58. Laplace-Formel

ZE: Man dreht nebenstehendes Glücksrad und stellt fest, auf welcher Zahl der Zeiger stehen bleibt.

a) Modelliere das ZE.

Ergebnismenge:

Wahrscheinlichkeitsverteilung:

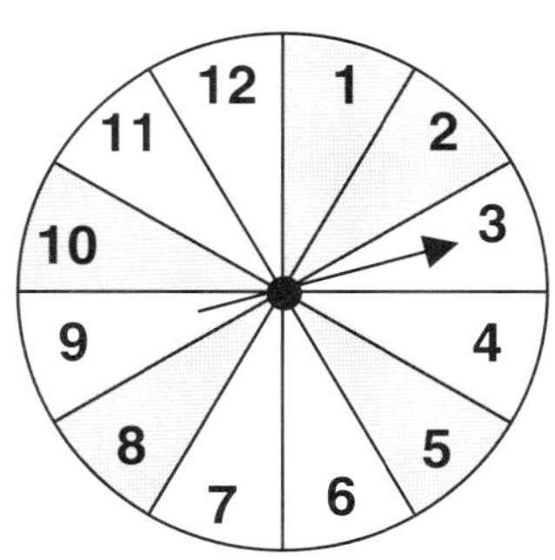

b) Bestimme die Wahrscheinlichkeit des Ereignisses A: Der Zeiger bleibt in einem dunklen Feld stehen.

c) Beschreibe das Ereignis A durch eine Menge. Welcher Zusammenhang besteht zwischen $P(A)$ und den Elementanzahlen der Mengen A und Ω ?

Bei einem **Laplace-Experiment** gilt für die Wahrscheinlichkeit eines Ereignisses A

$$P(A) = \frac{|A|}{|\Omega|} = \frac{\text{Anzahl der für } A \text{ günstigen Ergebnisse}}{\text{Anzahl der möglichen Ergebnisse}} .$$

$|A|$ und $|\Omega|$ bezeichnen die Anzahl der Elemente der Mengen A und Ω.

Pierre-Simon Laplace (1749 - 1827), franz. Mathematiker und Physiker

59. a) Hier wird gezeigt, wie man Laplace-Wahrscheinlichkeiten berechnet. Lies die Lösung aufmerksam durch.

In einer Urne befinden sich sechzig von 40 bis 99 durchnummerierte Kugeln. Du ziehst eine Kugel und stellst ihre Nummer fest. Wie groß ist die Wahrscheinlichkeit, dass die Nummer der Kugel durch 7 oder durch 11 teilbar ist?

- Modellierung des ZE: $\Omega = \{40, 41, 42, \ldots, 99\}$. Alle Ergebnisse sind gleich wahrscheinlich, also ist das ZE ein Laplace-Experiment.
- Ereignis A: Die Nummer der Kugel ist durch 7 oder durch 11 teilbar.
  Zugehörige Menge: $A = \{42, 44, 49, 55, 56, 63, 66, 70, 77, 84, 88, 91, 98, 99\}$
- Elementanzahlen: $|\Omega| = 60$, $|A| = 14$
- Wahrscheinlichkeit: $P(A) = \frac{|A|}{|\Omega|} = \frac{14}{60} = \frac{7}{30} \approx 0{,}233$

b) In einer Trommel befinden sich von 000 bis 333 durchnummerierte Lose (jede Nummer einmal). Du ziehst ein Los und stellst die Nummer fest. Du gewinnst einen Preis, wenn die Losnummer auf 3 endet. Berechne die Gewinnwahrscheinlichkeit.

60. Dodekaeder

a) Modelliere das ZE „Würfeln mit einem Dodekaeder (Zwölfflach) und Feststellen der Augenzahl“.

b) Berechne die Wahrscheinlichkeiten folgender Ereignisse:

A: Die Augenzahl ist eine Primzahl.

B: Die Augenzahl ist durch 3 teilbar.

C: Die Augenzahl ist mindestens 10.

c) Berechne die Wahrscheinlichkeiten selbst gewählter Ereignisse.

d) Silvester interessiert sich für das Ereignis „Die Augenzahl ist kleiner als 8“. Er würfelt 180-mal. Wie oft wird das Ereignis in der Versuchsserie ungefähr eintreten?

61. Zahlenlotto

Beim Zahlenlotto „6 aus 49“ kreuzt man sechs der Zahlen 1 bis 49 an. Silvester hat die Zahlen 1, 5, 9, 17, 24 und 41 angekreuzt.

a) Wie groß ist die Wahrscheinlichkeit, dass bei der Ziehung der Lottozahlen eine von Silvesters Zahlen als erste gezogen wird?

b) Beim ersten Zug ist die Kugel mit der Zahl 25 gezogen worden. Wie groß ist die Wahrscheinlichkeit, dass eine von Silvesters Zahlen beim zweiten Mal gezogen wird?

c) Es wurden bereits die Kugeln mit den Zahlen 25, 24, 17 und 41 gezogen. Mit welcher Wahrscheinlichkeit wird als nächstes eine weitere von Silvesters Zahlen gezogen?

Zu Beginn der Ziehung beträgt die Wahrscheinlichkeit, dass Silvesters Zahlen gezogen werden, $\frac{1}{13983816}$.
Wie man das berechnet lernst du in einer späteren Klasse.

62. Kartenziehen

Aus einem Skatspiel (32 Karten) wird eine Karte gezogen.
Berechne die Wahrscheinlichkeiten folgender Ereignisse:

A: Die gezogene Karte ist eine Herzkarte.

B: Die gezogene Karte ist eine Dame.

C: Die gezogene Karte ist Karo-Bube.

D: Die gezogene Karte ist eine Kreuzkarte oder eine Dame.

E: Die gezogene Karte ist eine Kreuzkarte, aber keine Dame.

F: Die gezogene Karte ist eine Dame, aber keine Kreuzkarte.

G: Die gezogene Karte ist weder Dame noch Kreuzkarte.

63. Glücksräder

Bei einem Schulfest hat sowohl die Klasse 7a als auch die Klasse 7b ein Glücksrad mit 66 gleich großen Sektoren aufgebaut. Auf beiden Glücksrädern sind die Zahlen von 1 bis 66 notiert. Bei der Klasse 7a gewinnen alle Zahlen, die auf 5 enden, bei der 7b gewinnen alle Zahlen, die mit 5 beginnen.

a) An welchem Rad würdest du spielen? Begründe deine Antwort.

b) Die Klasse 7a möchte ihre Gewinnregel so abändern, dass die Gewinnchance zwischen 20% und 25% liegt. Mache einen Vorschlag.

64. Unter den Zahlen von 1 bis 250 wird zufällig eine Zahl ausgewählt. Wie groß ist die Wahrscheinlichkeit, dass diese Zahl …

a) … ein Vielfaches von 4 ist,

b) … ein Vielfaches von 9 ist,

c) … ein Vielfaches von 4 und 9 ist,

d) … ein Vielfaches von 4 oder 9 ist?

65. Hilfreiches Gegenereignis

a) In einer Urne befinden sich sechzig von 40 bis 99 durchnummerierte Kugeln. Du ziehst eine Kugel und stellst ihre Nummer fest (vergleiche Aufgabe 59a)). Wie groß ist die Wahrscheinlichkeit, dass die Quersumme der Kugelnummer kleiner als 15 ist?

Hier siehst du die ersten Lösungsschritte:

- Modellierung des ZE: $\Omega = \{ 40, 41, 42, \ldots, 99 \}$.
  Alle Ergebnisse sind gleichwahrscheinlich.
- Ereignis A: Die Quersumme der Kugelnummer ist < 15.

Führe die Rechnung zu Ende.

- Gegenereignis $\overline{A}$:
  Zugehörige Menge:
- Elementanzahlen:
- Wahrscheinlichkeiten:

b) Unter den Zahlen von 1 bis 350 wird zufällig eine Zahl ausgewählt. Wie groß ist die Wahrscheinlichkeit, dass diese Zahl weder eine Quadratzahl noch eine Zweierpotenz ist?

c) In einer Trommel liegen von 001 bis 300 durchnummerierte Lose.

- Als erster zieht Silvester ein Los. Wie groß ist die Wahrscheinlichkeit, dass die Losnummer nicht Teiler von 300 ist?
- Silvester zieht insgesamt zehn Lose aus der Trommel und stellt fest, dass keine der gezogenen Losnummern Teiler von 300 ist. Nun zieht Wurzel ein weiteres Los aus der Urne. Mit welcher Wahrscheinlichkeit ist auch Wurzels Losnummer kein Teiler von 300?

66. Roulette

Beim Roulette wird eine Kugel in einen sich drehenden Kessel geworfen. Der Kessel besitzt gleich große, von 0 bis 36 durchnummerierte Zahlenfächer; 18 der Zahlen von 1 bis 36 sind rot, die anderen 18 schwarz, die 0 ist andersfarbig. Das Zahlenfach, in dem die Kugel liegen bleibt, hat gewonnen.

Roulettespielplan

Die roten Spielfelder erscheinen grau (z. B. die 12).

Vor dem Drehen des Kessels können die Spieler Spielmarken (Chips) auf den Roulettespielplan setzen. Dabei gibt es verschiedene Möglichkeiten.

Setzmöglichkeit	Beschreibung	Wahrscheinlichkeit	Gewinn
Plein	Eine Zahl (z. B. 25).		Einsatz × 35
Cheval	2 benachbarte Zahlen (z. B. 17, 20).		Einsatz × 17
Transversale pleine	Querreihe von 3 Zahlen (z. B. 28, 29, 30).		Einsatz × 11
Carré	Viererblock (z. B. 5, 6, 8, 9).		Einsatz × 8
Transversale simple	2 benachbarte Querreihen (z. B. 22, 23, 24 und 25, 26, 27).		Einsatz × 5
Colonne	Längsreihe von 12 Zahlen (z. B. 2 - 35).		Einsatz × 2
Premier (12^P)	Das erste Dutzend (1 - 12).		Einsatz × 2
Milieu (12^M)	Das mittlere Dutzend (13 - 24).		Einsatz × 2
Dernier (12^D)	Das letzte Dutzend (25 - 36).		Einsatz × 2
Manque	Die erste Hälfte (1 - 18).		Einsatz × 1
Passe	Die zweite Hälfte (19 - 36).		Einsatz × 1
Pair	Alle geraden Zahlen.		Einsatz × 1
Impair	Alle ungeraden Zahlen.		Einsatz × 1
Rouge	Alle roten Zahlen.		Einsatz × 1
Noir	Alle schwarzen Zahlen.		Einsatz × 1

a) Die Kugel bleibt im Fach mit der Nummer 25 liegen. Welche in der Tabelle genannten Ereignisse sind eingetreten?

b) Bestimme die Wahrscheinlichkeiten aller in der Tabelle genannten Ereignisse.

c) Casino-Jimmy hat 5 € auf Milieu, 3 € auf die dritte Kolonne und 6 € auf Impair gesetzt. Die Kugel bleibt im Fach mit der Nr. 18 liegen. Berechne Jimmys Gewinn.

Mehrstufige Zufallsexperimente

67. In einer Urne liegen eine blaue, eine grüne und eine rote Kugel. Du nimmst eine Kugel heraus, stellst ihre Farbe fest und legst sie anschließend wieder in die Urne zurück. Das tust du insgesamt zweimal.

a) Stelle im vorbereiteten **Baum** (linke Abbildung) dar, welche Versuchsergebnisse möglich sind.

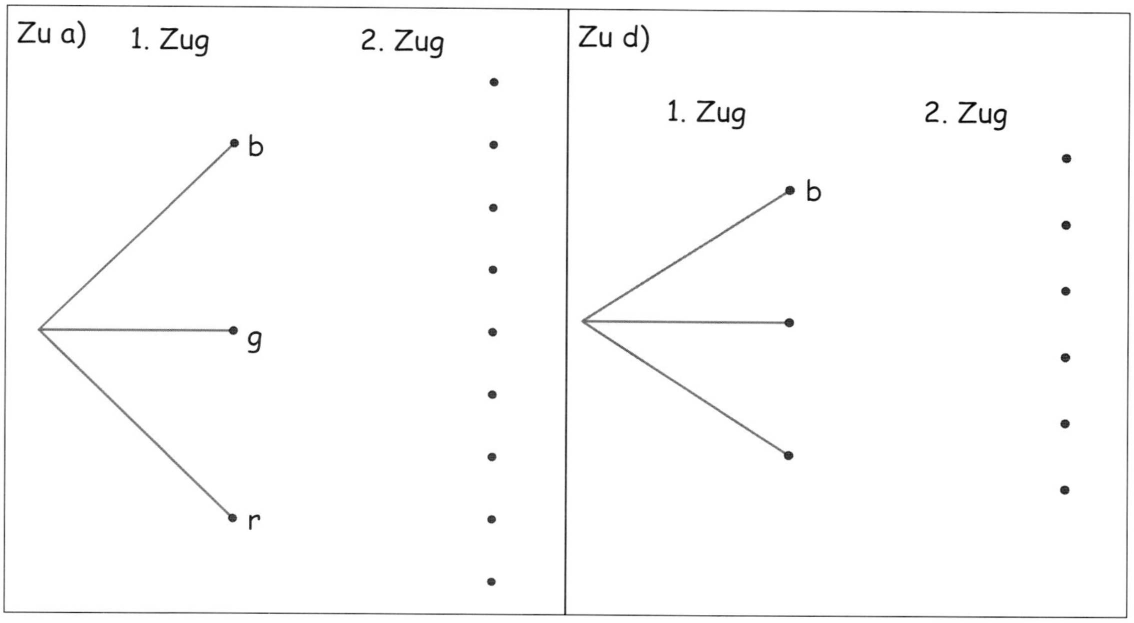

b) Die Versuchsergebnisse lassen sich durch **Paare** beschreiben, z. B. $(b|b)$ oder $(b|g)$. Gib die Ergebnismenge an.

$\Omega = \{(b|b),$

c) Mit welcher Wahrscheinlichkeit tritt jedes Ergebnis ein?

d) Silvester ändert das ZE ein wenig ab: Er legt die gezogene Kugel nicht mehr in die Urne zurück. Zeichne den Baum (rechte Abbildung) und modelliere das abgeänderte Experiment.

Ergebnismenge:

Wahrscheinlichkeitsverteilung:

68. Dreistufiges Zufallsexperiment

Silvester wirft dreimal eine Münze und stellt fest, ob Wappen (w) oder Zahl (z) oben liegt.

a) Stelle mit Hilfe eines Baumes dar, welche Versuchsergebnisse möglich sind.

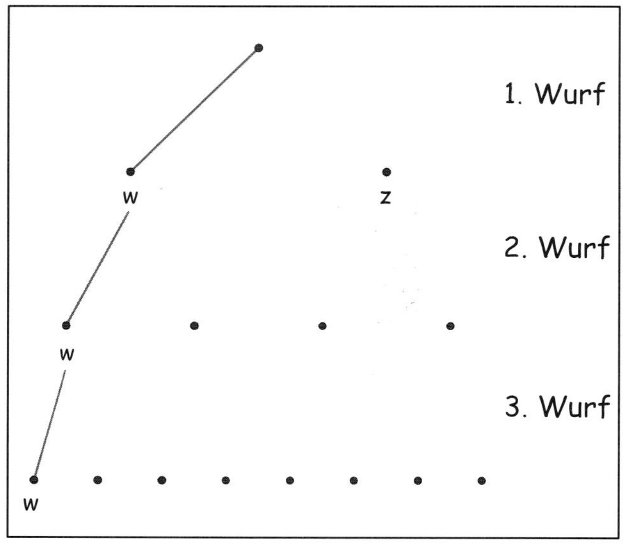

b) Die Versuchsergebnisse lassen sich durch **Tripel** beschreiben, z. B. $(w|w|w)$ oder $(w|w|z)$. Gib die Ergebnismenge und eine Wahrscheinlichkeitsverteilung an.

69. Vierstufiges Zufallsexperiment

Zunächst wird das Glücksrad 1 einmal gedreht, dann das Glücksrad 2 dreimal. Es wird jeweils festgestellt, in welchem Sektor der Zeiger stehen bleibt.

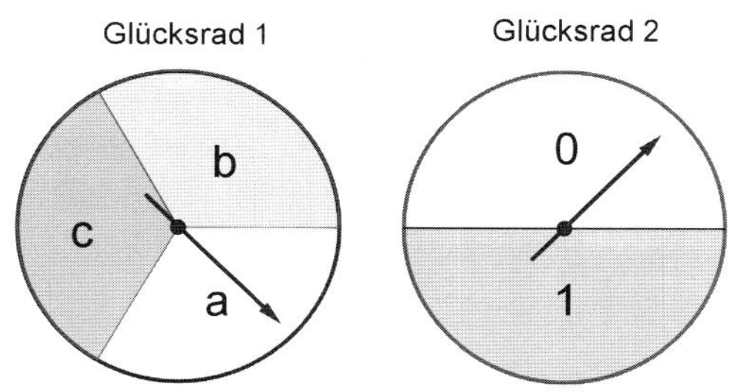

a) Vervollständige den Ergebnisbaum.

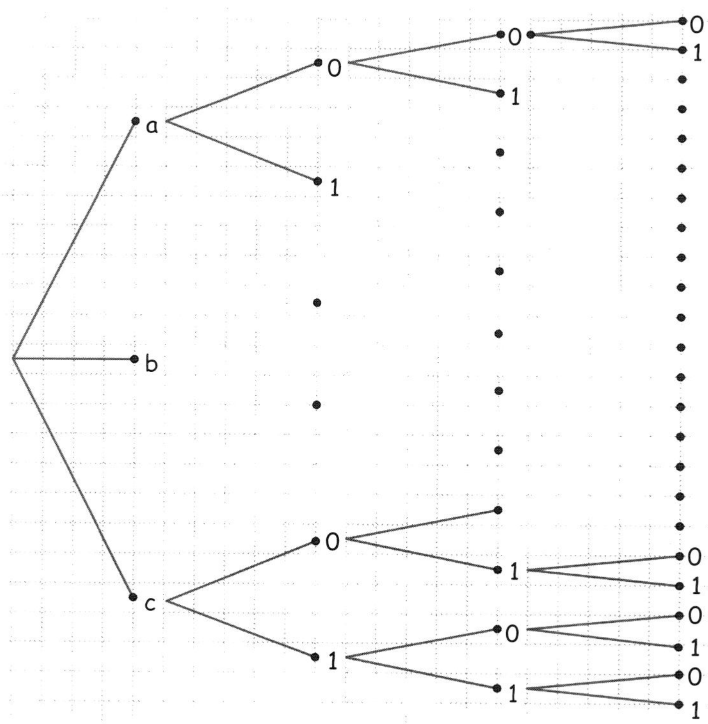

b) Die Versuchsergebnisse lassen sich durch **4-Tupel** beschreiben, z. B. $(a\,|\,0\,|\,0\,|\,0)$ oder $(a\,|\,0\,|\,0\,|\,1)$. Gib die Ergebnismenge und eine Wahrscheinlichkeitsverteilung an.

- Die Ergebnisse mehrstufiger Zufallsexperimente lassen sich durch **Tupel** beschreiben (2-Tupel heißen Paare, 3-Tupel Tripel).
- Die Ergebnismenge lässt sich durch einen Baum veranschaulichen. Jedem Ergebnis entspricht ein Weg durch den Baum.

70. Um die Klassenkasse aufzubessern, hat sich die 7a für das Schulfest ein Glücksspiel ausgedacht: Man zieht aus der abgebildeten Urne zwei Kugeln **ohne Zurücklegen** und bekommt den doppelten Einsatz ausbezahlt, wenn die Augensumme mindestens 6 ist.

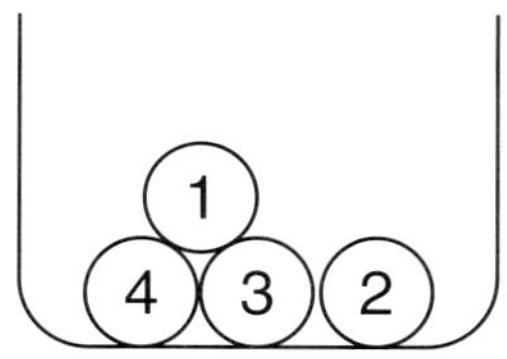

a) Vervollständige den Ergebnisbaum und modelliere das ZE.

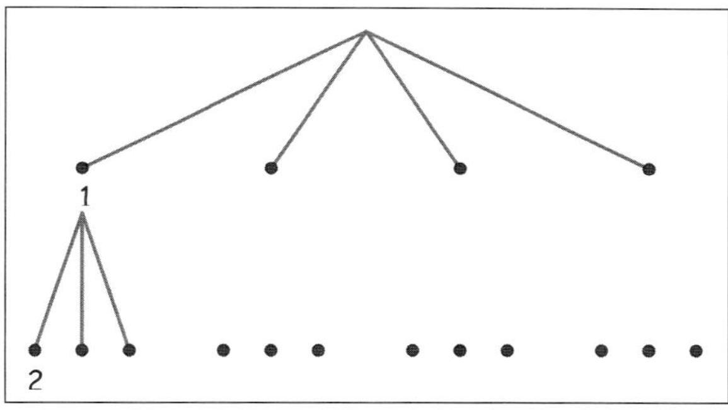

b) Markiere die Wege farbig, die zum Ereignis „Augensumme mindestens 6" gehören, beschreibe das Ereignis durch eine Menge und berechne die Gewinnwahrscheinlichkeit.

c) Der Klassenlehrer spielt 30-mal. Sein Einsatz beträgt jedes Mal 1 €. Wie hoch wird ungefähr sein Gewinn bzw. Verlust sein?

d) Die Klasse ändert den Gewinnplan ab: Man gewinnt den doppelten Einsatz, wenn die Augensumme 4 oder 5 ist. Ist das eine gute Entscheidung?

71. a) In einer Urne sind drei Kugeln, die mit 1, 3 und 5 beschriftet sind. Du ziehst zwei Kugeln **mit Zurücklegen**. Wie groß ist die Wahrscheinlichkeit, dass das Produkt der Augenzahlen größer als 5 ist?

Hier siehst du, wie diese Art Aufgaben gelöst wird. Vervollständige die Lösung.

Anzahl der möglichen Ergebnisse:

Alle Ergebnisse sind gleichwahrscheinlich, das ZE ist also ein

.

Ergebnisbaum:

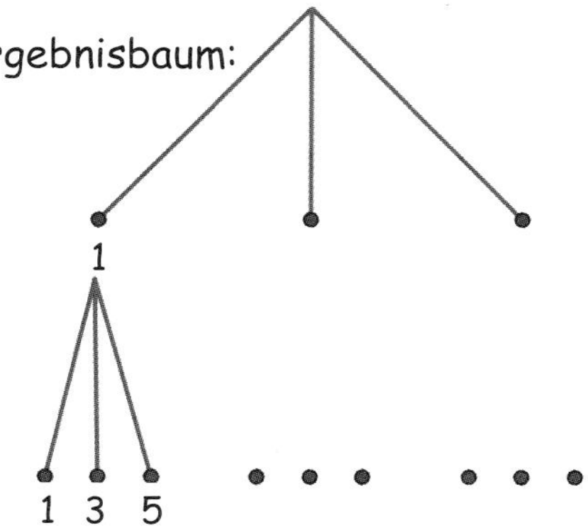

Ereignis A: Das Produkt der Kugelnummern ist größer als 5.

Markiere alle Wege im Baum, die zu dem Ereignis A gehören.

Anzahl der für A günstigen Ergebnisse:

Wahrscheinlichkeit: $P(A) = \frac{\text{Anzahl der für A günstigen Ergebnisse}}{\text{Anzahl der möglichen Ergebnisse}} =$

b) Silvester zieht zwei Kugeln aus der Urne **ohne Zurücklegen**. Wie groß ist jetzt die Wahrscheinlichkeit, dass das Produkt der Augenzahlen größer als 5 ist?

72. a) Eine Münze wird dreimal geworfen. „Wappen oben" bezeichnen wir als **Treffer**. Berechne die Wahrscheinlichkeit für 0 Treffer, einen Treffer, zwei Treffer, drei Treffer. Trage die Ergebnisse in die Tabelle ein.

Trefferzahl	0	1	2	3
Wahrscheinlichkeit				

b) Löse die entsprechende Aufgabe für viermaliges Werfen einer Münze.

73. Wurzel und Silvester spielen mit zwei Kreiseln.

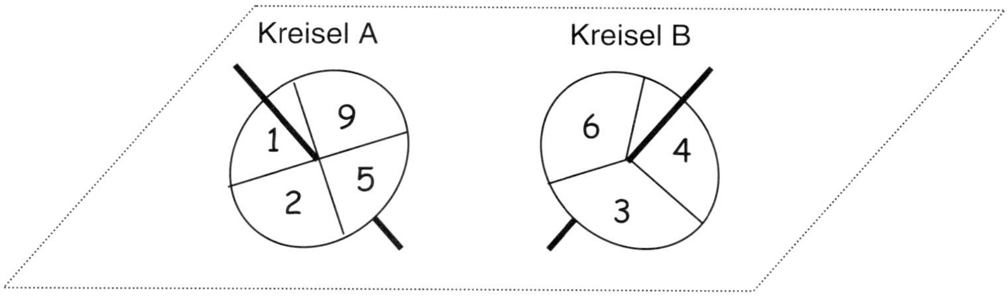

Jeder nimmt sich einen Kreisel und dreht ihn. Gewonnen hat, wer die höhere Augenzahl erzielt.

a) Wurzel lässt Silvester bei der Wahl des Kreisels den Vortritt. Welchen Kreisel würdest du an Silvesters Stelle nehmen?

b) Modelliere das ZE „Drehen der beiden Kreisel".

c) Berechne die Wahrscheinlichkeit, mit dem Kreisel A zu gewinnen.

74.

a) Begründe, dass man beide Zufallsexperimente mit Hilfe des abgebildeten Baumes modellieren kann. Gib die Ergebnismenge und die Wahrscheinlichkeitsverteilung an.

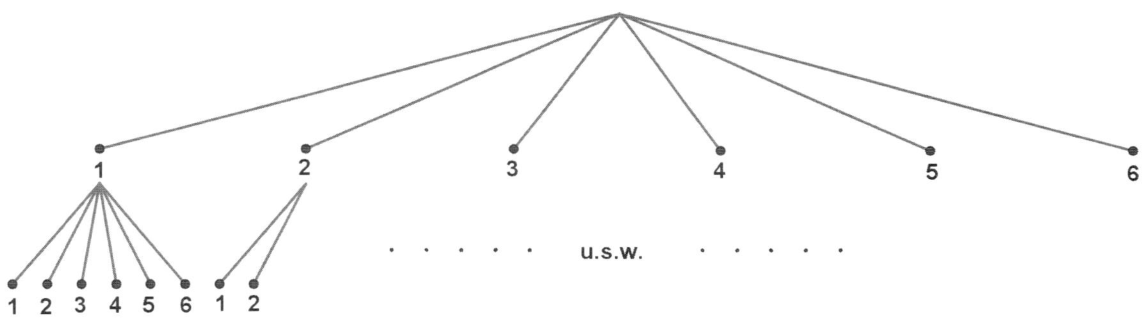

b) Berechne beim zweimaligen Werfen eines Würfels (beim Werfen mit zwei Würfeln) die Wahrscheinlichkeit eines Paschs.

c) **Gottfried Wilhelm Leibniz** (deutscher Philosoph und Universalgelehrter, 1646 - 1716) behauptete, dass beim Werfen mit zwei Würfeln die Augensummen 11 und 12 mit gleicher Wahrscheinlichkeit auftreten. Bist du einverstanden?

d) Welche Augensumme hat beim Werfen mit zwei Würfeln die größte Wahrscheinlichkeit?

75. Produktregel für Bäume

Untersuche an folgenden Bäumen, wie die Gesamtzahl aller Möglichkeiten mit den **Verzweigungszahlen** auf den einzelnen Stufen zusammenhängt.

Trage die Ergebnisse in die Tabelle ein.

a)

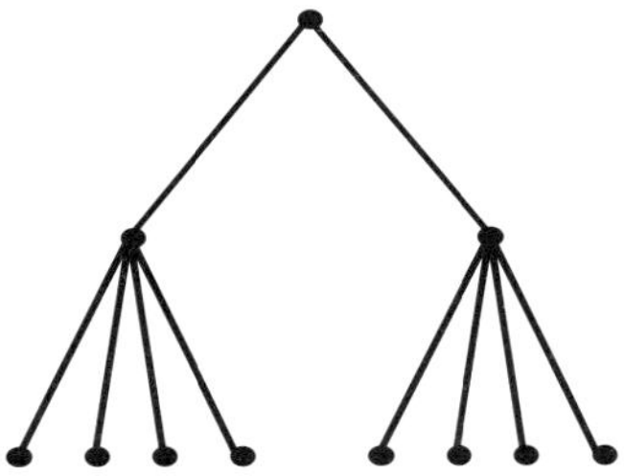

d)

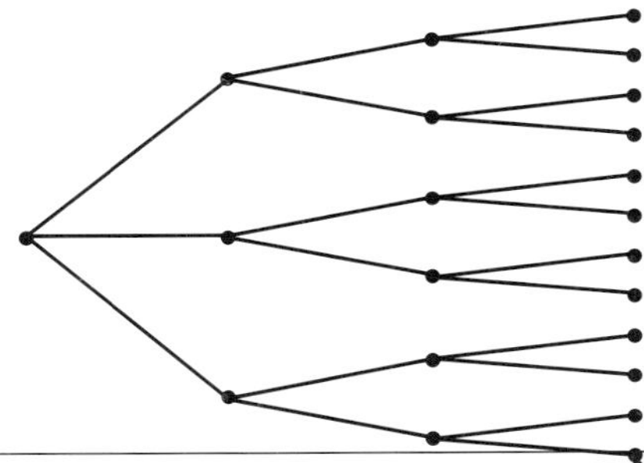

b)

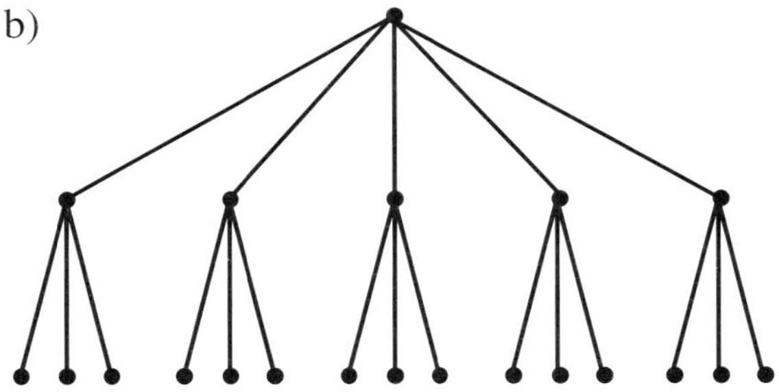

e)

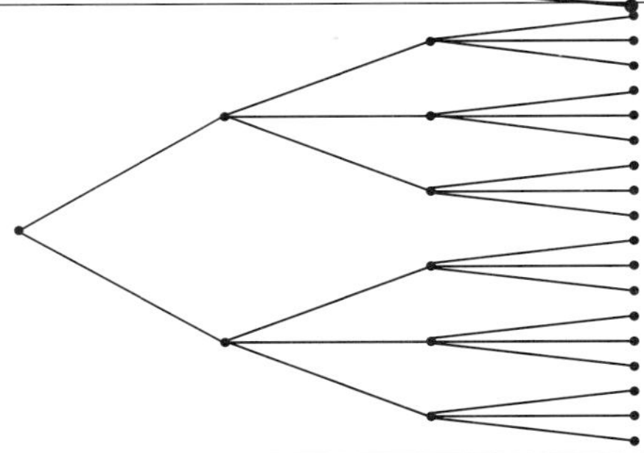

c)

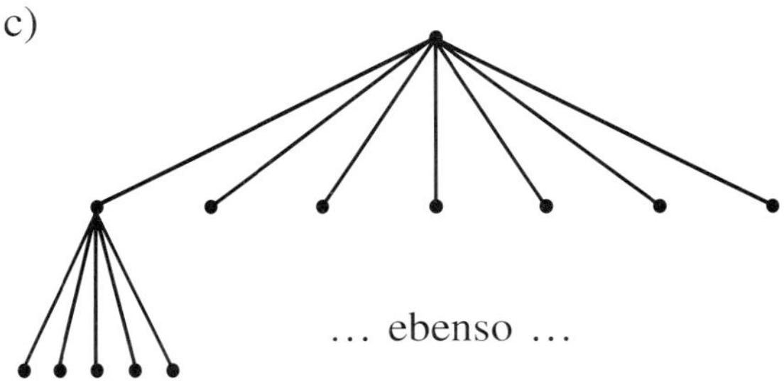

f)

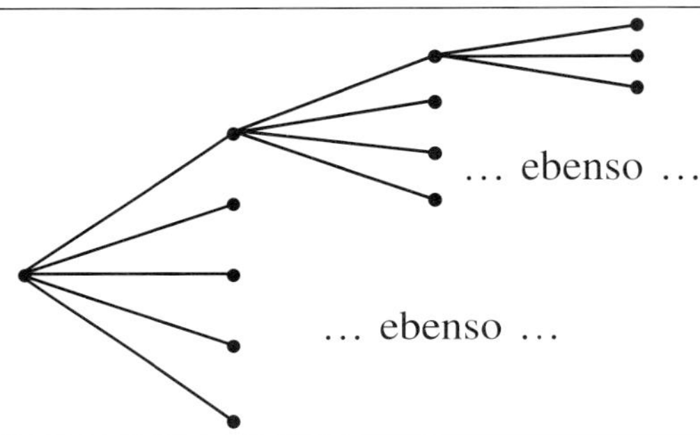

Vorsicht bei nebenstehendem Baum!

g)

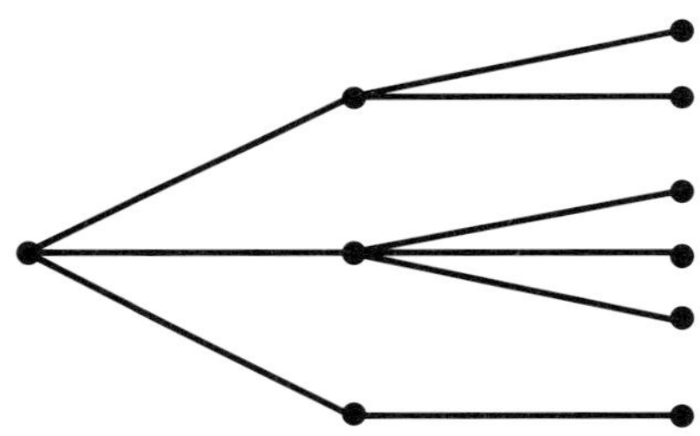

	a)	b)	c)	d)	e)	f)	g)
1. Verzweigungszahl							
2. Verzweigungszahl							
3. Verzweigungszahl	---	---	---				---
Gesamtzahl der Möglichkeiten							

Produktregel für Bäume

Bei einem „regelmäßigen“ Baum erhalten wir die Anzahl aller Möglichkeiten, indem wir die Verzweigungszahlen des Baumes multiplizieren.

76. In einem Gefäß liegen neun Kugeln, die mit den Ziffern 1, 2, ... , 9 beschriftet sind.

Ich nehme nacheinander drei Kugeln aus der Urne und notiere die Ziffern. Die gezogene Kugel lege ich nicht wieder in das Gefäß zurück.

Ich mache das auch so, aber ich lege die gezogene Kugel wieder in das Gefäß zurück, bevor ich nochmals ziehe.

a) Wurzel überlegt, wie viele Versuchsergebnisse bei ihrem ZE möglich sind.

Einige mögliche Ergebnisse: (6|4|5); (1|2|3); (9|7|8)

Ich denke mir den Ergebnisbaum gezeichnet:

Er ist dreistufig mit den Verzweigungzsahlen (1. Stufe), (2. Stufe) und (3. Stufe).

Anzahl der Versuchsergebnisse:

b) Wie viele Versuchsergebnisse sind bei Silvesters ZE möglich?

77. ZE: Dreimaliges Werfen eines Würfels und Feststellen der Augenzahlen.

a) Beschreibe den Ergebnisbaum (Anzahl der Stufen, Verzweigungszahlen in den einzelnen Stufen) und berechne die Anzahl der möglichen Ergebnisse.

b) Betrachte das Ereignis *A*: Es wird keine Sechs gewürfelt. Beschreibe den zu *A* gehörenden Teilbaum und berechne die Anzahl der für *A* günstigen Ergebnisse.

c) Berechne die Wahrscheinlichkeit dafür,
- keinmal die Sechs zu würfeln,
- wenigstens einmal die Sechs zu würfeln (*Tipp:* Gegenereignisregel).

d) Lohnt es sich bei viermaligem Werfen eines Würfels darauf zu wetten, dass keine Sechs fällt?

78. In einer Urne liegen eine rote und zwei schwarze Kugeln. Man zieht zwei Kugeln mit Zurücklegen und stellt ihre Farbe fest.

Julian, Kevin und Sandra haben den Ergebnisbaum gezeichnet und die Ergebnismenge aufgeschrieben.

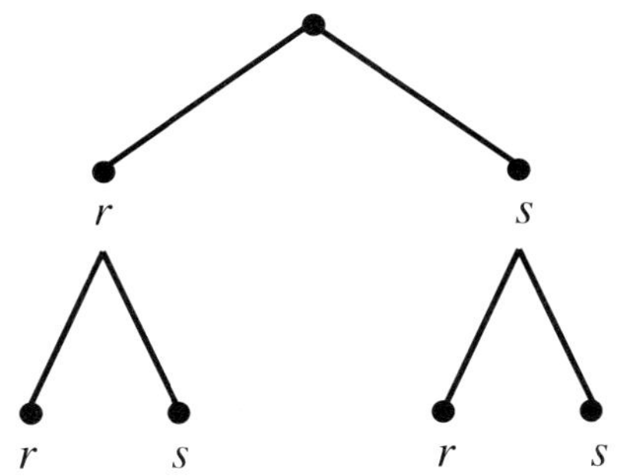

Ergebnismenge:

$\Omega = \{(r|r), (r|s), (s|r), (s|s)\}$.

a) Julian meint: Die Ergebnisse sind alle gleichwahrscheinlich, also gilt für alle $\omega \in \Omega$: $P(\omega) = \frac{1}{4}$.

Kevin hat Zweifel: Da in der Urne mehr schwarze als rote Kugeln sind, müsste das Ergebnis $(s\,|\,s)$ wahrscheinlicher sein als das Ergebnis $(r\,|\,r)$.

Was meinst du dazu?

b) Sandra hat eine Idee: Wir nummerieren die Kugeln; auf die rote Kugel schreiben wir 1, auf die beiden schwarzen die Nummern 2 und 3. Dann betrachten wir das ZE „Ziehen zweier Kugeln mit Zurücklegen und Feststellen der Nummern“.

Modelliere das ZE und berechne die Wahrscheinlichkeit folgender Ereignisse:

A: Beide Kugeln rot.

B: Die erste Kugel rot und die zweite schwarz.

C: Die erste Kugel schwarz und die zweite rot.

D: Beide Kugeln schwarz.

c) Gib für das ursprüngliche ZE die Wahrscheinlichkeitsverteilung an.

ω	$(r\,|\,r)$	$(r\,|\,s)$	$(s\,|\,r)$	$(s\,|\,s)$
$P(\omega)$				

79. a) Das abgebildete Glücksrad wird zweimal gedreht, und es wird festgestellt, in welchen Sektoren (d = dunkel, h = hell) der Zeiger stehen bleibt.

Modelliere das ZE.

Anleitung: Zur Bestimmung der Wahrscheinlichkeitsverteilung musst du das Glücksrad in vier gleich große Sektoren zerlegen.

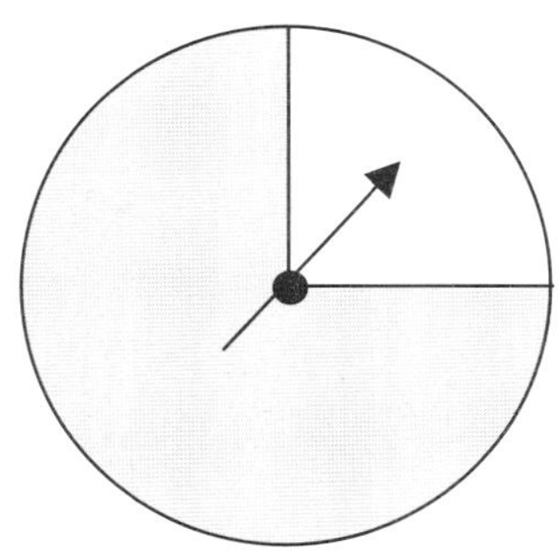

b) *Für Spezialisten:* Modelliere das ZE „Dreimaliges Drehen des abgebildeten Glücksrads“.

Vermischte Aufgaben

80. ZE: Man wirft den abgebildeten Quader und stellt die Augenzahl fest.

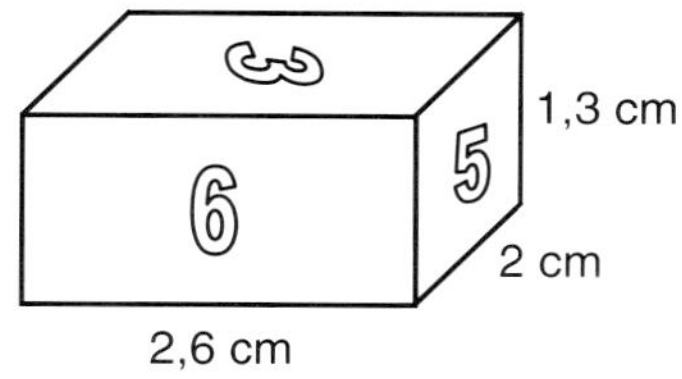

Die Augensumme der Gegenseiten ist stets 7.

a) Das ZE wurde 5000-mal mit folgendem Ergebnis durchgeführt:

Augenzahl	1	2	3	4	5	6
absolute Häufigkeit	554	311	1648	1645	290	552

Lege auf Grund dieser Versuchsreihe eine Wahrscheinlichkeitsverteilung fest; runde die Wahrscheinlichkeiten auf zwei Dezimalen.

b) Silvester glaubt, dass die Wahrscheinlichkeit einer Augenzahl proportional zum Flächeninhalt der zugehörigen Seite ist. Prüfe die Vermutung.

81. ZE: Man wirft zwei Würfel und stellt den Unterschied der Augenzahlen (größere Augenzahl – kleinere Augenzahl) fest.

a) Modelliere das ZE.

b) Lohnt es sich darauf zu wetten, dass der Unterschied der Augenzahlen kleiner als 2 ist?

82. Matthias wirft mit einem Pfeil auf die abgebildete Scheibe und interessiert sich dafür, ob er den dunklen oder den weißen Teil der Scheibe trifft. In 10% der Fälle verfehlt er die Scheibe.
Die Pfeile, die die Scheibe treffen, verteilen sich auf die dunkle und die weiße Fläche entsprechend deren Anteilen an der Scheibenfläche.
Modelliere das ZE.

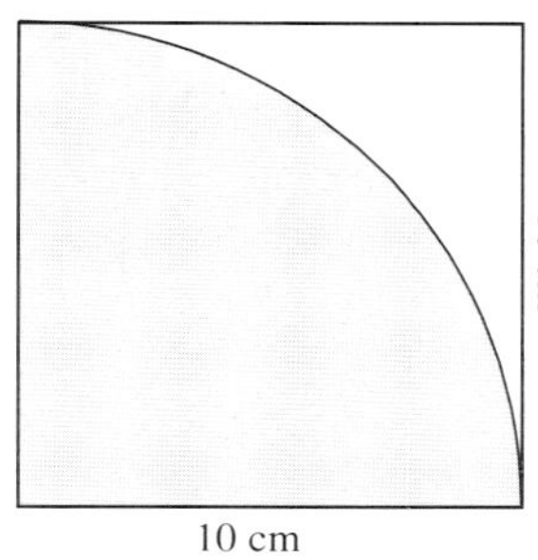

83. Für einen Würfel hat man durch lange Versuchsreihen nebenstehende Wahrscheinlichkeitsverteilung herausgefunden.

ω	1	2	3	4	5	6
$P(\omega)$	0,11	0,18	0,16	0,16	0,16	0,23

a) Woran erkennst du, dass es sich um einen gezinkten Würfel handelt?

b) Peter und Susanne würfeln mit dem gezinkten Würfel. Susanne gewinnt, wenn die Augenzahl gerade ist, und Peter, wenn die Augenzahl ungerade ist.
Wer ist im Vorteil? Schätze, wie oft Peter bei 1000 Würfen gewinnt.

c) Lege eine andere Gewinnregel fest, so dass beide die gleiche Gewinnchance haben.

84. a) Wie ändert sich die Wahrscheinlichkeit, eine weiße Kugel zu ziehen, wenn man in die Urne eine weitere schwarze Kugel legt?

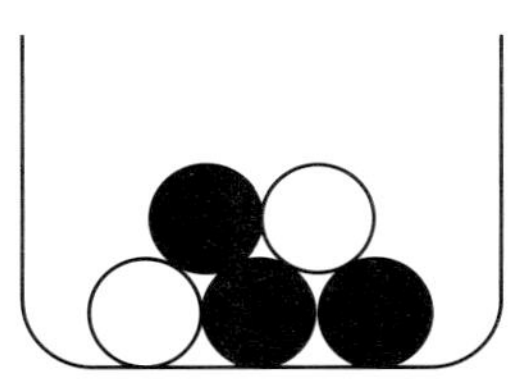

b) Wie ändert sich die Wahrscheinlichkeit, eine weiße Kugel zu ziehen, wenn man in die Urne eine weiße und eine schwarze Kugel zusätzlich legt?

c) Füge immer wieder eine weiße und eine schwarze Kugel hinzu und bestimme jedes Mal die Wahrscheinlichkeit, eine weiße Kugel zu ziehen. Gegen welche Zahl strebt diese Wahrscheinlichkeit?

85. Eine Urne enthält 41 Kugeln, die von 10 bis 50 nummeriert sind. Man zieht eine Kugel und stellt ihre Nummer fest.

a) Bestimme die Wahrscheinlichkeit folgender Ereignisse:
A: Die Quersumme der Kugelnummer ist größer als 9.
B: Die Quersumme der Kugelnummer ist gerade.

b) Betrachte das Ereignis C: Die Kugelnummer hat mindestens fünf Teiler. Beschreibe das Gegenereignis mit Worten und berechne die Wahrscheinlichkeiten von C und $\overline{C}$.

c) Wie groß ist die Wahrscheinlichkeit, dass die Kugelnummer keine Primzahl ist?
Tipp: Verwende die Gegenereignis-Regel.

86. Eine Lostrommel enthält 500 Lose mit den Nummern 1 bis 500.

a) Man gewinnt einen Teddy, wenn die gezogene Nummer durch 6 oder durch 13 teilbar ist. Wie groß ist die Wahrscheinlichkeit für einen Gewinn?

b) Ändere die Gewinnregel so ab, dass 30% der Lose gewinnen.

87. ZE: Du drehst das abgebildete Glücksrad dreimal und stellst jeweils fest, in welchem Sektor (weiß, grau, schwarz) der Zeiger stehen bleibt.

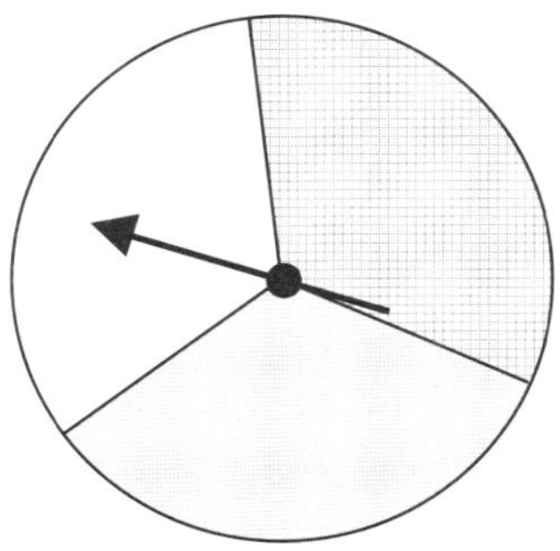

a) Beschreibe den Ergebnisbaum und bestimme die Anzahl der möglichen Ergebnisse.

b) Betrachte das Ereignis A: Der Zeiger bleibt genau zweimal in dem weißen Sektor stehen. Zeichne den zu A gehörenden Teilbaum und berechne $P(A)$.

c) Berechne die Wahrscheinlichkeit dafür, dass der Zeiger mindestens einmal im weißen Sektor stehen bleibt.
Tipp: Betrachte das Gegenereignis.

88. Der Zocker-Jakob bietet folgendes Glücksspiel an: Man zieht aus einem Kartenspiel mit 32 Karten zwei Karten ohne Zurücklegen. Zieht man zwei Asse, erhält man 12 €, zieht man zwei Bilder, erhält man 4 €, in allen anderen Fällen gewinnt man nichts. Der Spieleinsatz beträgt 1 €.

a) Stelle dir den Ergebnisbaum vor und beschreibe ihn. Gib die Anzahl der möglichen Ergebnisse an.

b) Zeichne den Teilbaum für das Ereignis „Zwei Asse“ und berechne die Wahrscheinlichkeit des Ereignisses.

c) Beschreibe den Teilbaum für das Ereignis „Zwei Bilder“ und berechne die Wahrscheinlichkeit des Ereignisses.

d) Mit welchem Gewinn kann Zocker-Jakob bei 1000 Spielen ungefähr rechnen?

89. Beim Würfelspiel ***Chuck your luck*** wählt der Spieler eine der Augenzahlen von 1 bis 6 aus und würfelt dann dreimal. Für jeden Wurf, der die gewählte Augenzahl zeigt, erhält der Spieler vom Buchhalter 1 €. Tritt die Augenzahl nicht auf, so muss er 1 € an den Buchhalter bezahlen.

a) Friedrich wählt die Augenzahl 3. Wie groß ist die Wahrscheinlichkeit, dass er 1 € bezahlen muss?

b) *Für Spezialisten:* Mit welcher Wahrscheinlichkeit gewinnt Friedrich 1 €?

90. Galton-Brett

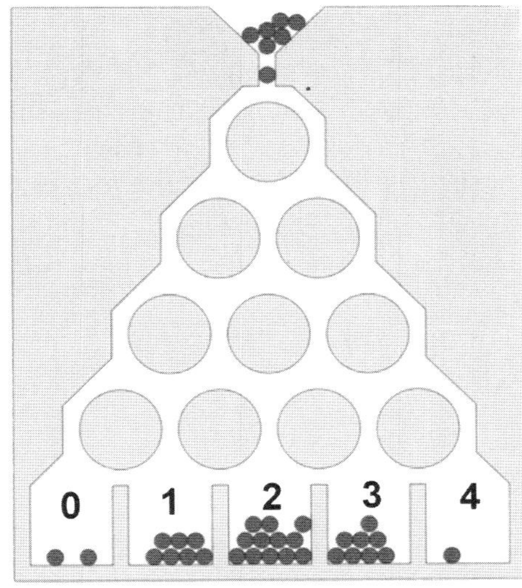

Francis Galton (1822 - 1911, britischer Naturforscher) erfand das rechts abgebildete Galton-Brett. Es besteht aus einer regelmäßigen Anordnung von Hindernissen, an denen eine oben eingeworfene Kugel jeweils mit 50%iger Wahrscheinlichkeit nach rechts (r) oder links (ℓ) abgelenkt wird. Nach dem Passieren der Hindernisse werden die Kugeln in Fächern aufgefangen, um dort gezählt zu werden.

a) Betrachte das ZE „Fall einer Kugel durch das Galton-Brett".

Was bedeutet das Ergebnis $(r \mid \ell \mid r \mid r)$?

In welches der fünf Fächer am Boden des Galton-Bretts fällt die Kugel?

b) Zeichne den Ergebnisbaum und gib eine Wahrscheinlichkeitsverteilung an.

c) Berechne die Wahrscheinlichkeit dafür, dass der Weg einer Kugel im Fach 0 (1, 2, 3, 4) endet.

d) Silvester lässt 800 Kugeln durch das Galton-Brett fallen. Welche Verteilung der Kugeln auf die Fächer kann er erwarten? Zeichne ein Balkendiagramm.

91. Mini-Lotto „3 aus 8"

Die Klasse 7c veranstaltet beim Schulfest ein Mini-Lotto „3 aus 8". Bei diesem Mini-Lotto werden acht Kugeln mit den Nummern 1 bis 8 versehen und in eine Trommel gelegt. Dann werden nacheinander drei Kugeln ohne Zurücklegen gezogen. Vor jeder Ziehung wird gut gemischt. Wer zwei oder drei Zahlen richtig getippt hat, erhält einen Gewinn ausbezahlt.

a) Martin und Martina haben ihre Tippzettel wie folgt ausgefüllt.

Jeder Tipp: 50 c.			
X	X	X	4
5	6	7	8
1. Gewinn: 5 €.			
2. Gewinn: 1 €.			

Martins Tippzettel

Jeder Tipp: 50 c.			
1	X	3	4
X	6	X	8
1. Gewinn: 5 €.			
2. Gewinn: 1 €.			

Martinas Tippzettel

Wer hat deiner Meinung nach die größere Gewinnchance?

b) Das **Ziehungsergebnis** ist ein Tripel aus $\{1, 2, \ldots, 8\}$, z. B. $(7 \mid 1 \mid 4)$. Bestimme mit Hilfe des Ergebnisbaums die Anzahl der möglichen Ziehungsergebnisse.

c) Berechne die Wahrscheinlichkeit, dass Martina drei Richtige hat.

Hinweis: Beim Lotto kommt es nicht darauf an, in welcher Reihenfolge die Gewinnzahlen gezogen werden.

d) Nenne Ziehungsergebnisse, bei denen Martina zwei Richtige hat. Wie viele solcher Ziehungsergebnisse gibt es? Wie groß ist die Wahrscheinlichkeit, dass Martina zwei Richtige hat?

e) Beim Mini-Lotto der Klasse 7c wurden 600 Tippzettel abgegeben. Die Ziehung ergab die Gewinnzahlen 4 –5 –7. Mit welchem Gewinn kann die Klasse ungefähr rechnen?

AUF EINEN BLICK

Median einer **Datenliste**: Ordne die Daten der Größe nach. Nimm den mittleren Wert bei ungerader Anzahl der Daten und sonst das arithmetische Mittel der beiden mittleren Werte.
Der Median teilt die geordnete Liste in eine untere und obere Teilliste. Das **untere Quartil** ist der Median der unteren Teilliste, das **obere Quartil** ist der Median der oberen Teilliste.
Mit dem **Boxplot** kann man sich einen guten Überblick über die Verteilung von Daten verschaffen:

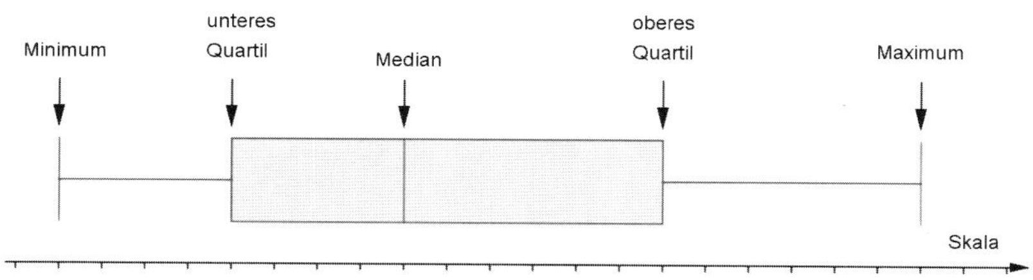

Mindestens die Hälfte der Daten liegt in der Box. Höchstens ein Viertel der Daten ist kleiner als das untere Quartil und höchstens ein Viertel ist größer als das obere Quartil.

Bei einem **Zufallsexperiment** (ZE) sind verschiedene Ergebnisse möglich. Die möglichen Ergebnisse bilden die **Ergebnismenge** Ω.

Bei einem ZE können verschiedene **Ereignisse** eintreten. Ein Ereignis ist die Menge aller Ergebnisse, bei denen das Ereignis eintritt, ist also eine Teilmenge der Ergebnismenge.

Tritt ein Ergebnis (Ereignis) in einer Serie von n Versuchen z-mal auf, so heißt die Zahl $\frac{z}{n}$ **relative Häufigkeit** des Ergebnisses (Ereignisses) in der Versuchsserie. Die relativen Häufigkeiten eines Ergebnisses (Ereignisses) stabilisieren sich mit wachsender Versuchszahl (empirisches Gesetz der großen Zahlen).

Beispiel:
Würfeln
$\Omega = \{1, 2, 3, 4, 5, 6\}$
Ereignis E:
Augenzahl < 3
$E = \{1, 2\}$

Wahrscheinlichkeit von E:
$P(E) = \frac{|E|}{|\Omega|} = \frac{2}{6} = \frac{1}{3}$

Die **Wahrscheinlichkeiten der Ergebnisse** eines ZE sind positive Zahlen, die Schätzwerte für die relativen Häufigkeiten der Ergebnisse sind und deren Summe gleich 1 ist.

Die **Wahrscheinlichkeit eines Ereignisses** ist die Summe der Wahrscheinlichkeiten aller Ergebnisse, bei denen das Ereignis eintritt.

Ein **Zufallsexperiment modellieren** heißt: 1) eine Ergebnismenge wählen und 2) die Wahrscheinlichkeiten der Ergebnisse (Wahrscheinlichkeitsverteilung) festlegen. Wie gut das Modell die Wirklichkeit beschreibt, muss experimentell überprüft werden.

Ein ZE heißt **Laplace-Experiment**, wenn alle Ergebnisse gleichwahrscheinlich sind.
Es gilt dann für die Wahrscheinlichkeit eines Ereignisses E:

$$P(E) = \frac{|E|}{|\Omega|} = \frac{\text{Anzahl der für } E \text{ günstigen Ergebnisse}}{\text{Anzahl der möglichen Ergebnisse}}.$$

Mehrstufige Zufallsexperimente werden in zwei oder mehr Schritten nacheinander ausgeführt, z.B. dreimaliges Werfen einer Münze (s. Abb.). Die Ergebnisse solcher ZE lassen sich durch **Tupel** (Paare, Tripel) beschreiben. Die Ergebnismenge lässt sich durch einen **Baum** veranschaulichen; jedem Ergebnis entspricht ein Weg durch den Baum.

Produktregel für Bäume: Bei einem regelmäßigen Baum erhalten wir die Anzahl aller Möglichkeiten, indem wir die Verzweigungszahlen des Baumes multiplizieren.

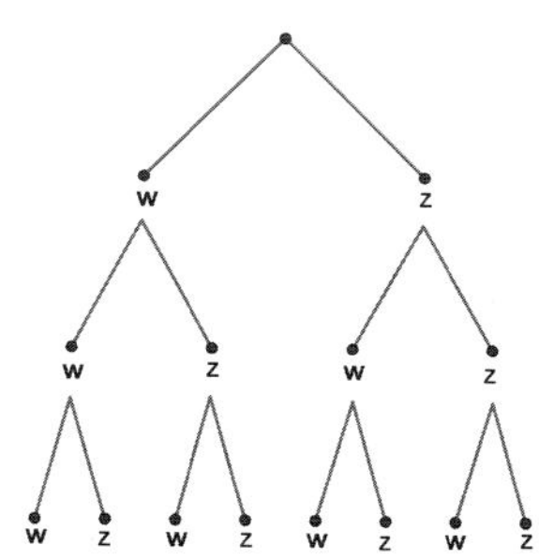

$\Omega = \{(w|w|w), (w|w|z), \ldots, (z|z|z)\}$

1

Proportionale und umgekehrt proportionale Zuordnungen

Zuordnungen

1. Parkgebühren

a) Wie viel Euro muss man im Parkhaus Theaterplatz bei einer Parkdauer von 4,5 h bezahlen?

b) Herr Weiß hat sein Auto von 8.00 Uhr bis 19.15 Uhr in dem Parkhaus abgestellt. Berechne die Parkgebühr.

c) Wie lange kann man für 6,50 € parken?

d) Fülle für die Zuordnung ***Parkdauer*** $\rightarrow$ ***Parkgebühr*** die Tabelle aus (Rechnung ins Heft).

Parkdauer	1h 45min	2h	2h 10min	5h 28min	10h	$15\frac{1}{4}$ h
Parkgebühr						

2. Taxipreise

Das Taxiunternehmen ***Rapido*** berechnet den Fahrpreis nach folgender Vorschrift:

x = Fahrstrecke

$x \mapsto 2{,}50\,€ + 1{,}80\,\frac{€}{km} \cdot x$

„$x \mapsto \ldots$" lesen wir:
(Dem) x **wird zugeordnet** …

Der Pfeil „$\mapsto$" heißt **Zuordnungspfeil**.

a) Berechne die Fahrpreise für 4 km, 10 km und 1500m.

- 4 km $\mapsto$
- 10 km $\mapsto$
- 1500 m $\mapsto$

b) Der Fahrpreis setzt sich aus einem Grundpreis und einem Streckenpreis zusammen. Ergänze.

- Grundpreis:
- Preis je km:

c) Wie weit kannst du mit ***Rapido*** für 25 € fahren? Stelle eine Gleichung auf.

d) Lege im Heft für die Zuordnung
Fahrstrecke → Fahrpreis
eine Tabelle an.
Aus der Tabelle soll man die Preise für Strecken zwischen 4 km und 8 km in Schritten von $\frac{1}{2}$ km ablesen können.

3. Wasserrechnung

Wasser-Tarif
Grundpreis im Monat: 6,50 €
Verbrauchspreis: 2,00 €/m³

a) Berechne die Wasserkosten bei einem Verbrauch von 10 m^3 (20 m^3) Wasser im Monat.

- 10 m^3 $\mapsto$
- 20 m^3 $\mapsto$

b) Gib für die Zuordnung ***Wasserverbrauch im Monat → Kosten*** eine **Zuordnungsvorschrift** an.

x = Wasserverbrauch im Monat

$x \mapsto$

c) Fülle aus.

Wasserverbrauch im Monat in m³	5		12		46,75
Kosten in €		22,50		48,50	

d) Stelle zu nebenstehenden Ablesedaten die Jahresverbrauchsrechnung auf.

Wasserverbrauch

Zählernummer: 0615092

Zählerstand alt: 687 m³

Zählerstand neu: 902 m³

Ablesezeitraum: 12 Monate

4. Pflanzenwachstum

Silvester hat gekeimten Schnittlauchsamen in einen Topf gepflanzt und auf eine nach Süden gerichtete Fensterbank gestellt. Dann hat er 24 Tage lang stets zur selben Uhrzeit die Länge der Pflanzen gemessen. Die Messdaten hat er durch Punkte in einem Koordinatensystem dargestellt und die Punkte durch eine Kurve verbunden.

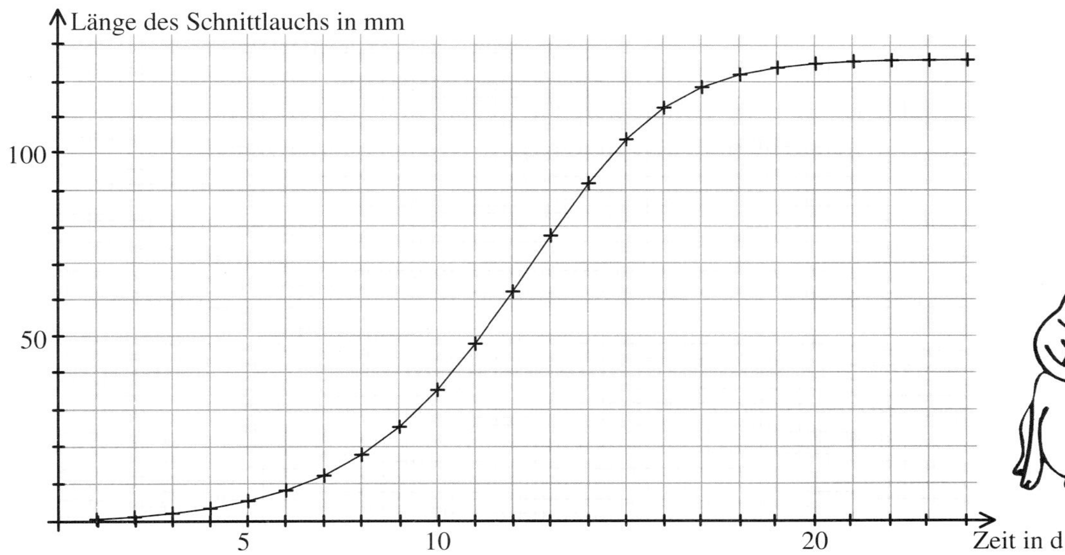

a) Begründe, warum es sinnvoll ist, durch die Messpunkte eine Kurve zu legen.

b) Beschreibe das Wachstum des Schnittlauchs anhand der Kurve.

c) Fülle für die Zuordnung ***Zeit* → *Pflanzengröße*** die Tabelle aus.

Zeit in d	4	8	12	16	20	24
Länge in mm						

d) ① Markiere im Schaubild die Zeitspanne vom 11. Tag bis zum 15. Tag.
Um wie viel wächst der Schnittlauch in dieser Zeitspanne?

② Um wie viel wächst der Schnittlauch während der darauf folgenden fünf Tage?

5. Abkühlung heißen Wassers

Wurzel lässt heißes Wasser in einem Glasgefäß abkühlen. Alle 10 Minuten misst sie die Temperatur und trägt die Messergebnisse in eine Tabelle ein.

Zeit in min	0	10	20	30	40	50	60	70	80	90	100
Temperatur in °C	60	49,6	41,6	36,3	32	28,9	26,6	24,9	23,6	22,7	22

a) Trage die Messdaten im nachstehenden Koordinatensystem ein und zeichne das Schaubild der Zuordnung ***Zeit* → *Temperatur***.

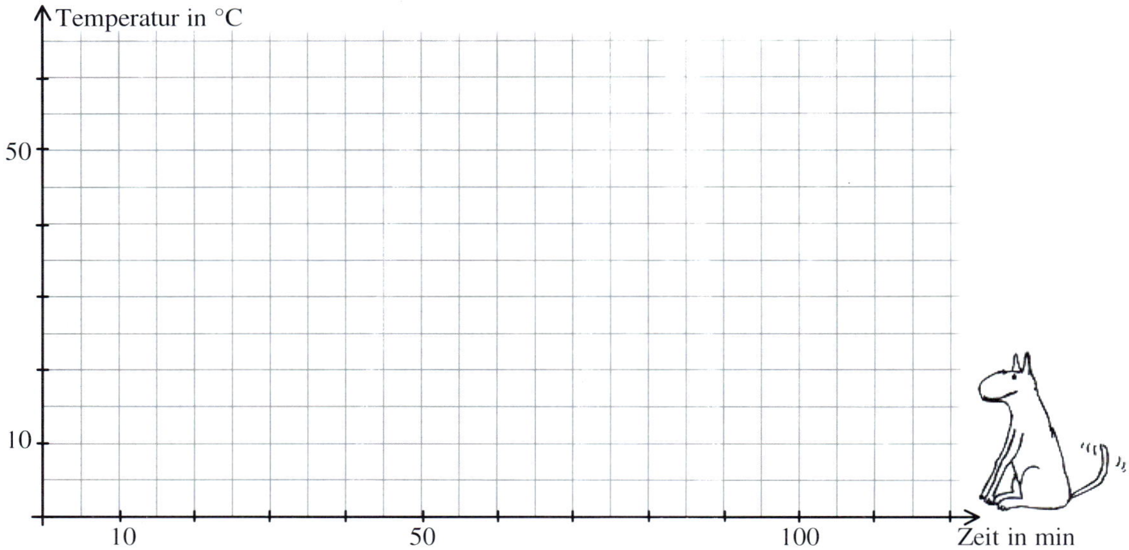

b) Wann ist das Wasser nur noch 30°C warm?

c) Dauert die Abkühlung des Wassers von 35°C auf 30°C genau so lang wie die Abkühlung von 30°C auf 25°C ?

d) Was kannst du über die Raumtemperatur sagen?

6. Streckenprofil

Die Abbildung zeigt das Streckenprofil einer Bergetappe der Tour-de-France.

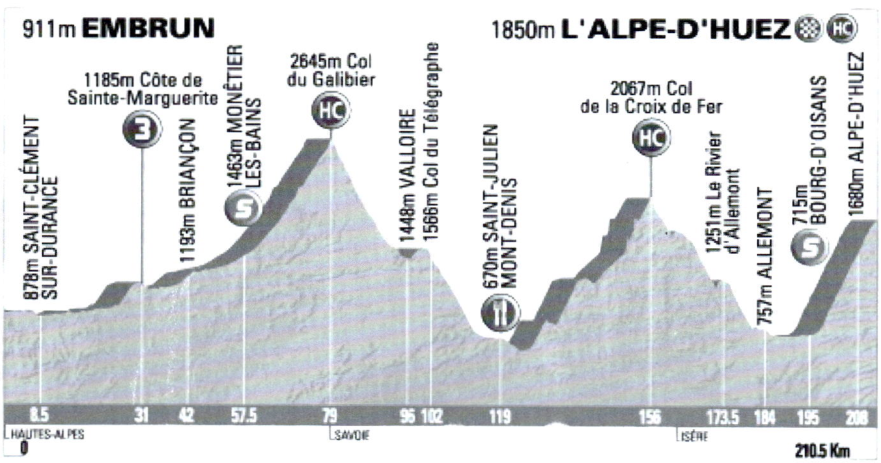

- Welche Größen sind einander zugeordnet?
- Trage alle Informationen zusammen, die du dem Schaubild entnehmen kannst.

7. Portokosten

a) Im nachstehenden Schaubild sind die Portokosten für Inlandsbriefe bei einem privaten Briefdienstleister dargestellt.

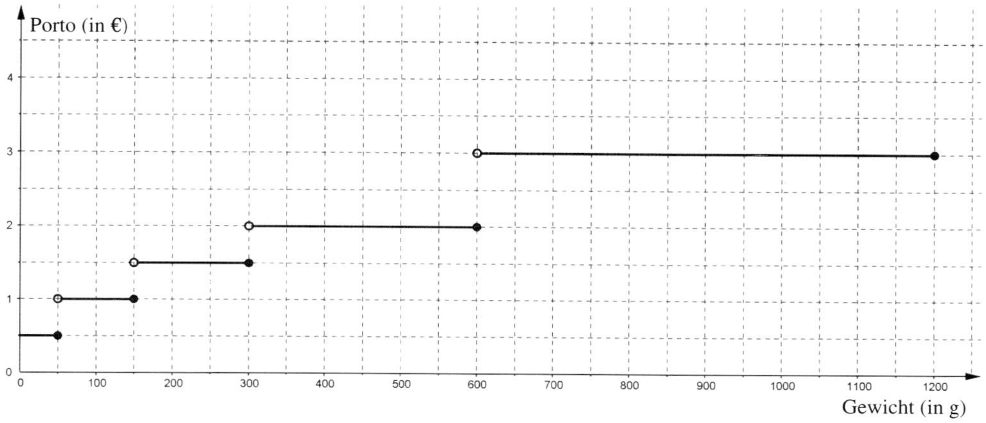

- Wie viel kostet ein Brief, der 40g (200g, 500g) wiegt?
  Verwende den Zuordnungspfeil:
- Wie viel kostet ein Brief, der 150g wiegt?
  Was bedeuten die Punkte und Kringel in dem Schaubild?
- Übertrage die Informationen des Schaubilds in eine Tabelle:

Gewicht	bis 50g	über 50g bis 150g			
Porto	0,50 €				

b) Die Deutsche Post hat für Inlandsbriefe andere Gewichtsklassen und Preise:

Gewicht	bis 20g	über 20g bis 50g	über 50g bis 500g	über 500g bis 1000g	über 1000g bis 2000g
Porto	0,62 €	0,85 €	1,45 €	2,40 €	4,40 €

Übersetze die Tabelle in ein Schaubild.

c) Ein Brief umfasst zwölf DIN A4-Blätter, wobei jedes Blatt 5g wiegt (das entspricht dem Papiergewicht 80 g / m^2). Der Umschlag wiegt 10g. Wie hoch ist das Porto beim privaten Briefdienstleister und bei der Deutschen Post?

8. Benzinverbrauch

Die Ingenieure der Delta-Automobilwerke testen den Benzinverbrauch des neuen Modells Sigma 2100. Der Benzinverbrauch hängt von der gefahrenen Geschwindigkeit ab. Die Abbildung zeigt das Schaubild der Zuordnung

Geschwindigkeit → Benzinverbrauch auf 100 km.

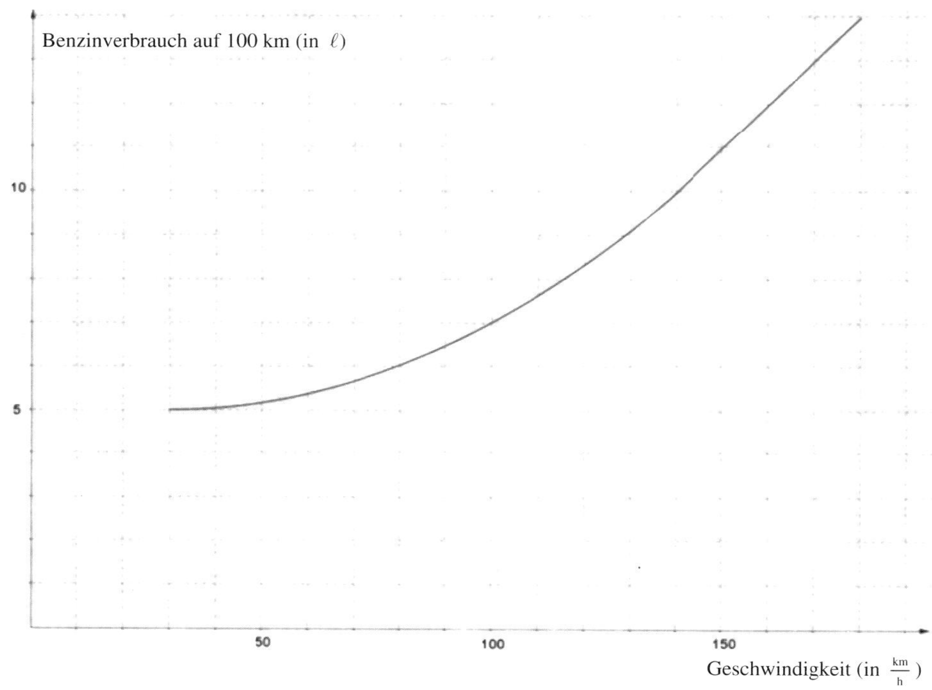

a) Wie hoch ist der Benzinverbrauch auf 100 km bei einer Geschwindigkeit von $80\,\frac{\text{km}}{\text{h}}$, $100\,\frac{\text{km}}{\text{h}}$, $160\,\frac{\text{km}}{\text{h}}$?

b) Bei welcher Geschwindigkeit kommt man mit 6,5 ℓ (8 ℓ, 10 ℓ) Benzin 100 km weit?

c) Wie viel Benzin könnte man sparen, wenn man eine Strecke von 500 km statt mit $150\,\frac{\text{km}}{\text{h}}$ nur mit $100\,\frac{\text{km}}{\text{h}}$ fahren würde?

9. Füllvolumen und Füllhöhe

Silvester füllt ein zylindrisches Gefäß mit Wasser. Er gießt einen Eimer Wasser (4 ℓ) hinein, das Wasser steht danach 3 cm hoch. Dann gießt er einen zweiten Eimer hinein usw.

a) Lege für die Zuordnung ***Füllvolumen → Füllhöhe*** eine Tabelle an.

Füllvolumen in l	4	8	12							
Füllhöhe in cm	3									

b) Zeichne mithilfe der Tabelle das Schaubild der Zuordnung.

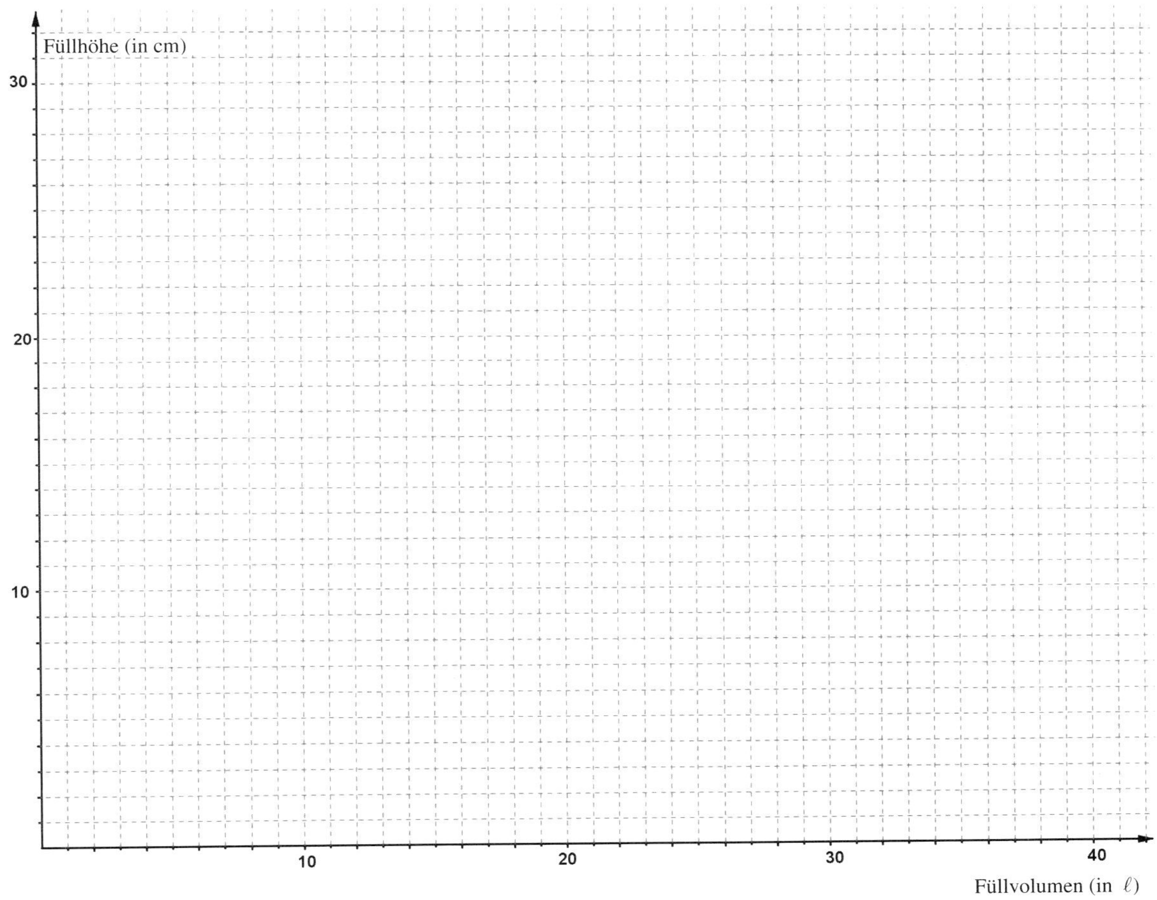

c) Um wie viel steigt der Wasserspiegel, wenn 1 ℓ (2 ℓ, 3 ℓ) Wasser eingegossen werden?

• um • um • um

d) Gib eine Zuordnungsvorschrift der Zuordnung ***Füllvolumen → Füllhöhe*** an.

x =

x ↦

e) Wie viel Wasser sind in dem Gefäß, wenn die Füllhöhe 13,5 cm beträgt?

10. Füllkurven

a) In einem chemischen Labor werden Gefäße völlig unterschiedlicher Form genutzt. Du siehst drei solcher Gefäße.

Unten siehst du vier Schaubilder: Sie beschreiben, wie sich die Füllhöhe in einem Gefäß mit der Zeit ändert, wenn man Flüssigkeit mit konstanter Geschwindigkeit eingießt.

Ordne den drei Gefäßformen die passende Füllkurve zu.

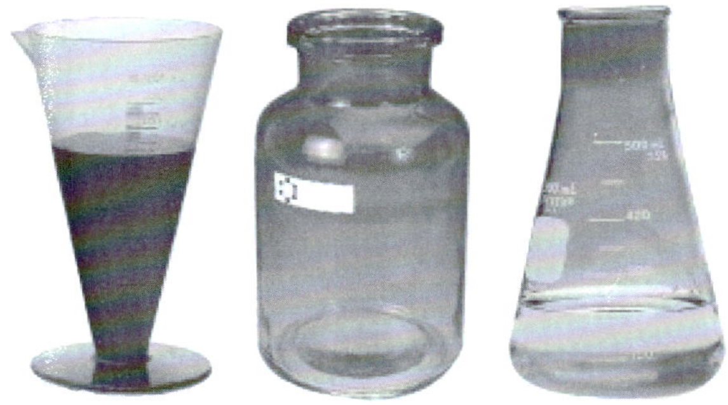

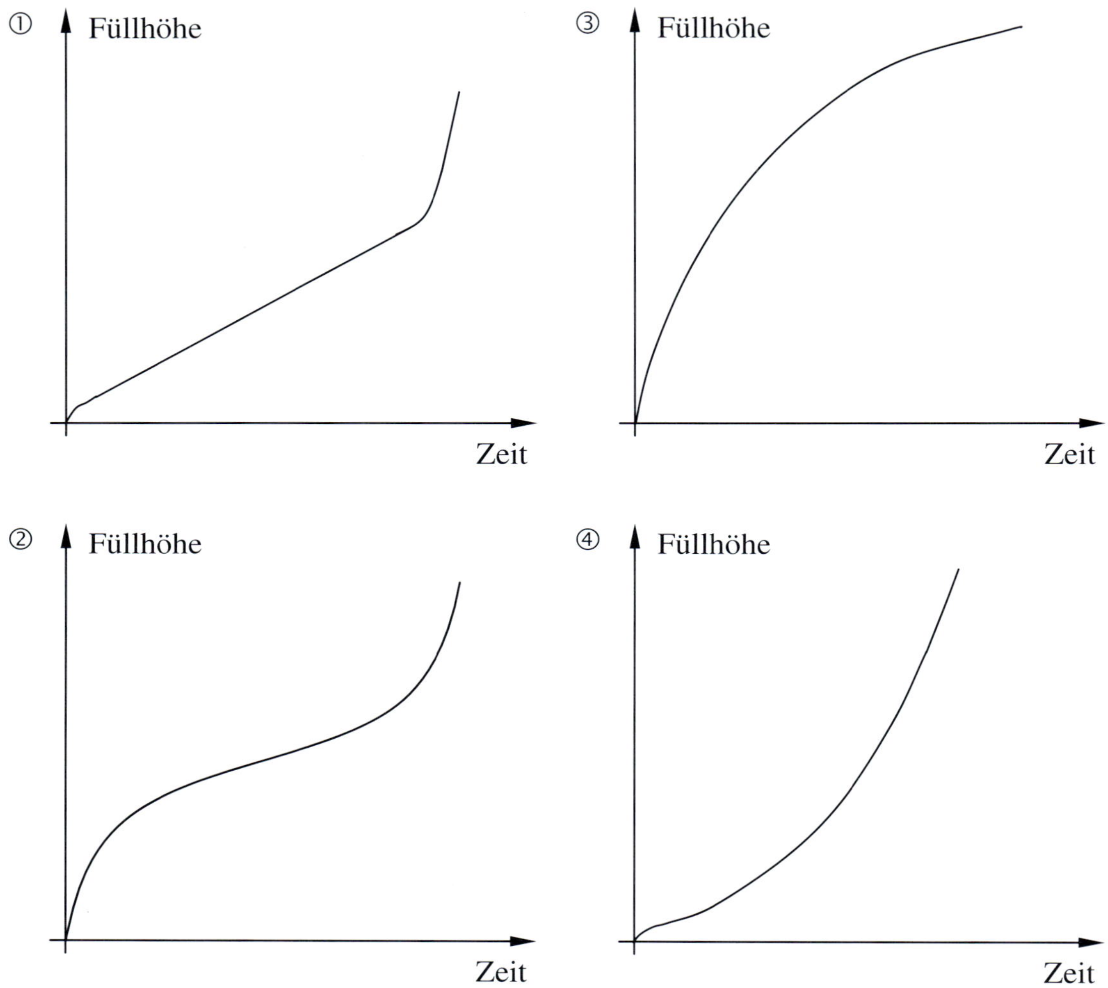

b) Zeichne zu der Füllkurve, die du nicht zuordnen konntest, ein passendes Gefäß.

Proportionale Zuordnungen

11. Wurzel und Silvester wollen ihre Kirschenernte auf dem Wochenmarkt verkaufen.

a) Silvester hat folgende Preistafel angefertigt.

Gewicht (in kg)	1	2	4	8	12
Preis (in €)	3	4	6	10	14

Erkennst du eine Gesetzmäßigkeit?
Was hältst du von dieser Preistafel?

b) Wurzel und Silvester einigen sich auf eine neue Preistafel.

Für 4 kg Kirschen verlangen wir 6 €.

Die doppelte (dreifache, halbe, …) Menge kostet den doppelten (dreifachen, halben, …) Preis.

- Fülle die Tabelle aus.

Gewicht in kg	1	2	4	8	12	15
Preis in €						

- Silvesters und Wurzels Bedingungen legen eine Zuordnung ***Gewicht*** → ***Preis*** fest. Gib die Zuordnungsvorschrift an.

x = Kirschengewicht

x ↦

c) Gegen Mittag senken Wurzel und Silvester den Preis: Sie verlangen nur noch 3,60 € für 4 kg Kirschen.

1 kg ↦	6 kg ↦	x = Kirschengewicht
3 kg ↦	10 kg ↦	x ↦
4 kg ↦	18 kg ↦	

Eine Zuordnung heißt **proportional**, wenn sie dem *k*-fachen des Ausgangswertes stets das *k*-fache seines Zielwertes zuordnet.

k-faches meint auch
$\frac{1}{2}$-faches für die Hälfte,
$\frac{1}{3}$-faches für ein Drittel,
$\frac{3}{4}$-faches für drei Viertel
usw.

12. Finde die **proportionalen Zuordnungen** heraus und markiere sie farbig. Ermittle zudem bei allen Zuordnungen die Zuordnungsvorschrift.

Verdoppelt, verdreifacht, ... sich der Zielwert, wenn man den Ausgangswert verdoppelt, verdreifacht, ... ?

a) Eine Tüte enthält 40 Smarties. Anzahl der Tüten → Anzahl der Smarties	x = Anzahl der Tüten x ↦
b) Parkgebühr auf dem Rathausplatz: Bis 2 h: 1€, darüber: 5€ Parkzeit → Parkgebühr	
c) Eine Tafel Schokolade wiegt 100g. Stückzahl → Gewicht	
d) Ein Liter Benzin kostet 1,45 €. Benzinmenge → Preis	
e) Bei Quadraten: Seitenlänge → Flächeninhalt	
f) Ein Radfahrer legt in zwei Minuten 600 m zurück. Fahrzeit → Fahrstrecke	

13. a) Bei einer proportionalen Zuordnung ist der Zahl 8 die Zahl 1,5 zugeordnet.
Welche Zahl ist der Zahl 56 zugeordnet?

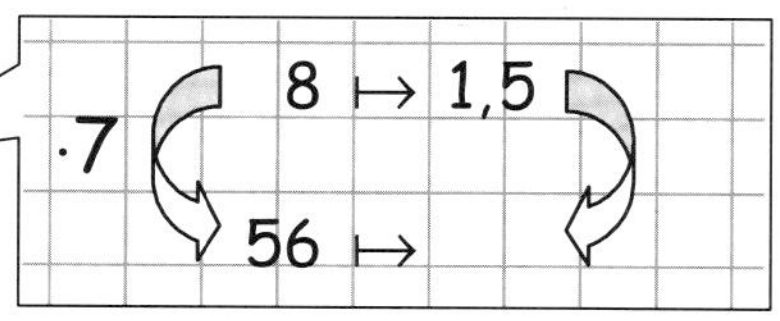

Vervollständige Silvesters Rechnung.

b) Nun bist du dran. Die Zuordnungen sind proportional.

$9 \mapsto 14$
$72 \mapsto$

$2{,}5 \mapsto 0{,}37$
$7{,}5 \mapsto$

$\frac{1}{2} \mapsto \frac{3}{4}$
$2 \mapsto$

$7 \mapsto \frac{5}{3}$
$42 \mapsto$

$\frac{2}{3} \mapsto 1$
$\frac{10}{3} \mapsto$

$\frac{1}{9} \mapsto \frac{4}{3}$
$\frac{4}{3} \mapsto$

c) Nun musst du dividieren $(x_0 \neq 0)$.

$18 \mapsto 45$
$2 \mapsto$

$10 \mapsto 1{,}2$
$2{,}5 \mapsto$

$\frac{2}{3} \mapsto \frac{3}{4}$
$\frac{2}{9} \mapsto$

$7 \mapsto 25$
$3{,}5 \mapsto$

$126 \mapsto 280$
$18 \mapsto$

$x_0 \mapsto y_0 \quad (x_0 \neq 0)$
$1 \mapsto$

14. a) Bei einer proportionalen Zuordnung ist der Zahl 7 die Zahl 35 zugeordnet.
Welche Zahl ist der Zahl 11 (der 0,8) zugeordnet?
Vervollständige Wurzels und Silvesters „Dreisatz“.

$7 \mapsto 35$
$1 \mapsto$
$11 \mapsto$

$7 \mapsto 35$
$1 \mapsto$
$0{,}8 \mapsto$

b) Rechne ebenso im Heft. Die Zuordnungen sind proportional.

- $5 \mapsto 45$
  $4 \mapsto ?$
- $28 \mapsto 14$
  $13 \mapsto ?$
- $\frac{2}{3} \mapsto \frac{4}{5}$
  $\frac{3}{2} \mapsto ?$
- $12 \mapsto 108$
  $35 \mapsto ?$
- $1{,}7 \mapsto 6{,}8$
  $0{,}9 \mapsto ?$
- $12{,}8 \mapsto 83{,}2$
  $32 \mapsto ?$

c) Wenn man bei einer proportionalen Zuordnung ein Paar zugeordneter Zahlen kennt, dann kann man für jede Zahl x den Zielwert ausrechnen.

Bestätige Wurzels Aussage.

$8 \mapsto 24$
$x \mapsto$

$24 \mapsto 8$
$x \mapsto$

$x_0 \mapsto y_0 \quad (x_0 \neq 0)$
$x \mapsto$

15. Rechenvorteile nutzen

a) Silvester und Wurzel lösen die nebenstehende Aufgabe – jeder auf seine Art.
Beschreibe beide Rechnungen.
Wer rechnet geschickter?

proportionale Zuordnung:

$42 \mapsto 18, \; 35 \mapsto ?$

$42 \mapsto 18$

$1 \mapsto \frac{3}{7}$

$35 \mapsto 15$

$42 \mapsto 18$

$7 \mapsto 3$

$35 \mapsto 15$

b) Bei einer proportionalen Zuordnung ist ein Paar zugeordneter Zahlen gegeben. Berechne für den zweiten angegebenen Ausgangswert den Zielwert.

- $45 \mapsto 35$
  $27 \mapsto ?$
- $75 \mapsto 25$
  $57 \mapsto ?$
- $3{,}6 \mapsto 120$
  $6{,}3 \mapsto ?$
- $60 \mapsto 70$
  $84 \mapsto ?$
- $15 \mapsto 1{,}2$
  $50 \mapsto ?$
- $10 \mapsto 8$
  $12{,}5 \mapsto ?$

16. Quotientengleichheit

a) Betrachte die proportionale Zuordnung mit $6 \mapsto 24$.

- Fülle die zweite Zeile der Tabelle aus.

Ausgangswert	1	2,5	6	10	x
Zielwert					
$\frac{\text{Zielwert}}{\text{Ausgangswert}}$					

- Berechne in der dritten Zeile jeweils den Quotienten aus Ziel- und Ausgangswert. Was fällt auf?

b) Betrachte die proportionale Zuordnung mit $x_0 \mapsto y_0 \; (x_0 \neq 0)$.

- Berechne den Zielwert y zu einem beliebeigen Ausgangswert x (Aufgabe 14c).
- Berechne den Quotienten $\frac{y}{x}$ (für $x \neq 0$).

Berechnung von y: Berechnung des Quotienten:

c) Ergänze.

Quotientengleichheit

Der Quotient heißt **Proportionalitätsfaktor.**

d) Von einer proportionalen Zuordnung ist ein Paar zugeordneter Zahlen gegeben. Bestimme den Proportionalitätsfaktor *m*.

$5 \mapsto 15$	$3 \mapsto 2$	$0{,}6 \mapsto \frac{3}{4}$
m =	m =	m =

17. a) Eine proportionale Zuordnung ordnet der Zahl 7 die Zahl 28 zu.
Welche Zahl ordnet sie der Zahl 15 zu?
Hier siehst du Silvesters und Wurzels Rechenweg.
Erkläre die Rechnungen.

b) Rechne wie Wurzel und dann zur Kontrolle wie Silvester. Die Zuordnungen sind proportional.

- $4 \mapsto 12$
$7 \mapsto y$
- $30 \mapsto 18$
$20 \mapsto y$
- $\frac{3}{4} \mapsto 2$
$\frac{2}{3} \mapsto y$
- $16 \mapsto 40$
$10 \mapsto y$
- $10 \mapsto 1{,}2$
$16 \mapsto y$
- $0{,}8 \mapsto \frac{4}{3}$
$\frac{1}{2} \mapsto y$

c) Gegeben ist die proportionale Zuordnung mit $9 \mapsto 54$.

- Bestimme den Proportionalitätsfaktor.
- Berechne den Zielwert *y* zu einem beliebigen Ausgangswert $x \neq 0$.
- Welche Bedeutung hat der Proportionalitätsfaktor?

18. Dreisatzaufgabe

a) Wurzel und Silvester besuchen einen Obst- und Gartenbauverein. Sie dürfen zuschauen, wie Saft gepresst wird. „Aus 50 kg Äpfeln erhält man erfahrungsgemäß 28 Liter Apfelsaft." erzählt der Mann vom Obst- und Gartenbauverein. Heute sind 385 kg Äpfel zu Saft zu verarbeiten. Wie viel Saft ergibt das?

- Welche Größen werden einander zugeordnet?
- Ist die Zuordnung proportional?
- Schreibe die einander zugeordneten Größen auf.
- Rechne nach dem **Dreisatzschema**. Einheiten nicht vergessen!

Apfelgewicht → Saftvolumen : proportional

50 kg ↦ 28 ℓ

A.:

Silvester kann mit dem Begriff **Dreisatzschema** nichts anfangen. Erkläre, was Wurzel meint.

Führe Silvesters Rechnung zu Ende.

b) Am Vortag wurden sogar 475 kg Äpfel verarbeitet. Wie viel Liter Apfelsaft wurden hergestellt?

Silvester soll diese Aufgabe mit Hilfe der **Quotientengleichheit** lösen.

Kannst du ihm helfen?

Apfelgewicht → Saftvolumen : proportional

50 kg ↦ 28 ℓ

475 kg ↦ y

$\frac{y}{475\,\text{kg}} =$

A.:

c) Wie viel Kilogramm Äpfel liefern 420 ℓ Apfelsaft?

19. Löse die Dreisatzaufgaben auf beide Arten.

a) Herr Traube hat für 25 Flasche Elsässer Riesling 146,25 € bezahlt. Frau Rebe kauft 12 Flaschen derselben Sorte. Wie viel muss sie bezahlen?

b) Herr Stein hat in einer Woche 37 Stunden gearbeitet und dafür 499,50 € Lohn erhalten. Im März hat Herr Stein insgesamt 164 Stunden gearbeitet. Berechne den Monatslohn.

c) 5 Liter Benzin wiegen 3,5 kg. Wie viel wiegt eine Tankfüllung (52 ℓ)?

d) Ein Autofahrer fährt mit konstanter Geschwindigkeit und braucht 1 h 45 min für eine Strecke von 96 km. Wie lange braucht er für 72 km?

20. Additivität

a) Ein Liter Benzin wiegt 0,7 kg. Begründe, warum die Zuordnung

Benzinvolumen → Gewicht

proportional ist, und fülle aus.

5 ℓ Benzin wiegen

8 ℓ Benzin wiegen

13 ℓ Benzin wiegen

folglich

b) Ergänze.

Für eine proportionale Zuordnung gilt:

Wenn $x_1 \mapsto y_1$ und $x_2 \mapsto y_2$, dann

c) Beweise den Satz in b). Der Anfang ist gemacht …

Betrachte eine proportionale Zuordnung.

m sei der Proportionalitätsfaktor, d. h. $x \mapsto m \cdot x$ für jede Zahl x.

Voraussetzung:

Beweis:

$x_1 + x_2 \mapsto$

Behauptung:

21. Schaubilder proportionaler Zuordnungen

a) Von zwei proportionalen Zuordnungen ist jeweils der Zielwert zum Ausgangswert 1 gegeben. Bestimme die Zuordnungsvorschriften.

- $1 \mapsto 0{,}6$
  $x \mapsto$
- $1 \mapsto 1{,}8$
  $x \mapsto$

b) Lege im Heft Wertetafeln an (jeweils mindestens fünf Einträge) und zeichne die Schaubilder für $x \geq 0$ in das vorbereitete Koordinatensystem.

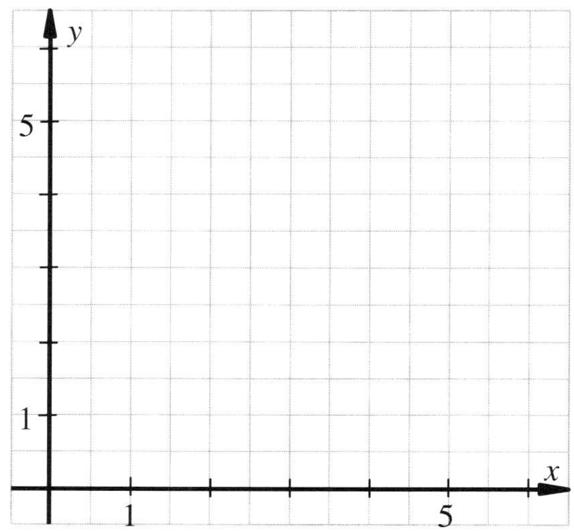

c) Füge in b) das Schaubild der Zuordnung $x \mapsto x$ $(x \geq 0)$ hinzu.

22. Füllkurve

Silvester füllt das abgebildete große Bierglas mit Wasser. Er gießt 100 ml Wasser ein, misst die Füllhöhe, gießt weitere 100 ml Wasser hinzu und misst erneut die Füllhöhe usw.

Seine Messergebnisse fasst er in einer Tabelle zusammen.

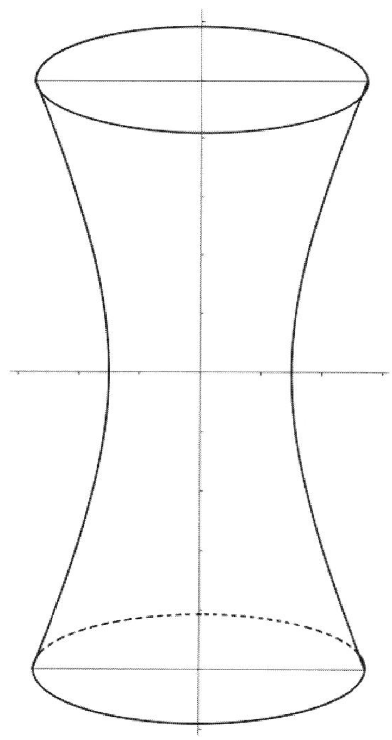

Füllvolumen (in ml)	100	200	300	400	500
Füllhöhe (in cm)	1,1	2,5	4,3	6,7	9,9

Füllvolumen (in ml)	600	700	800	900	1000
Füllhöhe (in cm)	13,2	15,6	17,4	18,8	20,0

a) Ist die Zuordnung ***Füllvolumen → Füllhöhe*** proportional?

b) Zeichne mit Hilfe der Tabelle das Schaubild der Zuordnung.
Einheiten:
1 cm ≙ 100 ml auf der 1. Achse, 1 cm ≙ 2 cm auf der 2. Achse

c) Lies aus dem Schaubild ab, …

- … wie hoch das Wasser steht, wenn das Füllvolumen 350ml beträgt.
- … wie viel Wasser sich im Glas befindet, wenn die Füllhöhe 12 cm ist.

Umgekehrt proportionale Zuordnungen

23. Austräger verteilen den Stadtanzeiger an die Haushalte der Stadt, jeder die gleiche Zahl.

Jeden Mittwoch neu!
Der Stadtanzeiger
Auflage: 9000 Exemplare.

a) Wie viele Zeitungen jeder austragen muss, hängt von der Anzahl der Austräger ab.

Je mehr Austräger,

b) Ergänze.

- Bei 10 Austrägern entfallen auf jeden Zeitungen.
- Bei 15 Austrägern entfallen auf jeden Zeitungen.
- Bei 20 Austrägern entfallen auf jeden Zeitungen.
- Bei 25 Austrägern entfallen auf jeden Zeitungen.
- Bei 30 Austrägern entfallen auf jeden Zeitungen.
- Bei x Austrägern entfallen auf jeden Zeitungen.

c) Bei wie vielen Austrägern bräuchte jeder nur noch 180 Zeitungen zu verteilen?

24. Wurzel und Silvester legen einen bestimmten Geldbetrag in Post-Aktien an. Der Preis einer Aktie (Kurs) hängt von Angebot und Nachfrage ab und wird an der Börse täglich neu festgesetzt.

a) Wurzel und Silvester kaufen bei einem Kurs von 18 € und erhalten für ihren Geldbetrag 150 Aktien. Welchen Betrag haben sie angelegt?

b) Wie viele Aktien hätten sie bei doppeltem (dreifachem, halbem, ...) Kurs bekommen? Ergänze:

18€ ↦ 150
36€ ↦
54€ ↦

18€ ↦ 150
9€ ↦
6€ ↦

c) Welche Eigenschaft hat die Zuordnung ***Kurs*** → ***Stückzahl*** ?

Eine Zuordnung heißt **umgekehrt proportional**, wenn sie dem k-fachen des Ausgangswertes stets das $\frac{1}{k}$-fache (der k-te Teil) seines Zielwertes zuordnet.

25. Finde die **umgekehrt proportionalen Zuordnungen** heraus und markiere sie farbig. Ermittle zudem bei allen Zuordnungen die Zuordnungsvorschrift.

Halbiert, drittelt, ... sich der Zielwert, wenn man den Ausgangswert verdoppelt, verdreifacht, ... ?

a) Eine Tippgemeinschaft hat 6000 € gewonnen. Jedes Mitglied erhält den gleichen Anteil. Anzahl der Mitglieder → Gewinnanteil	x = Anzahl der Mitglieder $x \mapsto$
b) Eine 25 cm lange Kerze brennt pro Stunde 3 cm herunter. Zeit → Kerzenlänge	
c) Frau Rot tankt immer für 40 €. Preis pro Liter → abgegebene Benzinmenge	
d) Herr Weiß kauft für seine Terrasse 100 Fliesen. Flächeninhalt einer Fliese → Größe der auslegbaren Fläche	
e) Herr Schwarz möchte eine Fläche von 100 m^2 mit Fliesen auslegen. Flächeninhalt einer Fliese → Anzahl der Fliesen	
f) Der Marktplatz einer Stadt soll gepflastert werden. Ein Arbeiter braucht dazu 24 Tage. Anzahl der Arbeiter → Dauer der Arbeiten	

26.

Bei meiner umgekehrt proportionalen Zuordnung ist der Zahl 3 die Zahl 28 zugeordnet. Welche Zahl ist der Zahl 12 zugeordnet?

Bei meiner umgekehrt proportionalen Zuordnung ist der Zahl 60 die Zahl 1,7 zugeordnet. Welche Zahl ist der Zahl 20 zugeordnet?

$3 \mapsto 28$
$12 \mapsto$

$60 \mapsto 1{,}7$
$20 \mapsto$

Verfahre ebenso. Alle Zuordnungen sind umgekehrt proportional.

a) $8 \mapsto 14$
$56 \mapsto$

b) $72 \mapsto 13$
$9 \mapsto$

c) $0{,}5 \mapsto 6$
$4 \mapsto$

d) $2{,}8 \mapsto 0{,}25$
$0{,}7 \mapsto$

e) $\frac{2}{3} \mapsto 7$
$\frac{10}{3} \mapsto$

f) $\frac{5}{4} \mapsto \frac{2}{3}$
$\frac{5}{12} \mapsto$

27. a) Silvester stellt Wurzel eine Aufgabe.

Bei einer umgekehrt proportionalen Zuordnung ist der Zahl 42 die Zahl 24 zugeordnet. Welche Zahl ist der Zahl 18 zugeordnet?

Wurzel bietet Silvester drei verschiedene Lösungen an.

$42 \mapsto 24$
$1 \mapsto 1008$
$18 \mapsto 56$

$42 \mapsto 24$
$126 \mapsto 8$
$18 \mapsto 56$

$42 \mapsto 24$
$6 \mapsto 168$
$18 \mapsto 56$

Erkläre ihre Rechnungen. Welcher Weg ist geschickt?

b) Bei einer umgekehrt proportionalen Zuordnung ist ein Paar zugeordneter Zahlen gegeben. Berechne für den zweiten angegebenen Ausgangswert den Zielwert.

- $12 \mapsto 9$
  $18 \mapsto ?$
- $10 \mapsto 75$
  $15 \mapsto ?$
- $1{,}2 \mapsto 7$
  $2{,}1 \mapsto ?$
- $9 \mapsto 20$
  $5 \mapsto ?$
- $25 \mapsto 3{,}2$
  $8 \mapsto ?$
- $\frac{3}{4} \mapsto \frac{1}{3}$
  $\frac{2}{3} \mapsto ?$

c) Wenn man bei einer umgekehrt proportionalen Zuordnung ein Paar zugeordneter Zahlen kennt, dann kann man für jede Zahl $x \neq 0$ den Zielwert ausrechnen.

Warum muss man $x \neq 0$ voraussetzen?

Bestätige Wurzels Aussage.

$2 \mapsto 1{,}5$

$x \mapsto$

$6 \mapsto 3$

$x \mapsto$

$x_0 \mapsto y_0 \quad (x_0, y_0 \neq 0)$

$x \mapsto$

28. Produktgleichheit

a) Betrachte die umgekehrt proportionale Zuordnung mit $3 \mapsto 2$.

- Fülle die zweite Zeile der Tabelle aus.

Ausgangswert	1	2,5	3	12	x
Zielwert					
Produkt					

- Berechne in der dritten Zeile jeweils das Produkt aus Ausgangs- und Zielwert. Was fällt auf?

b) Betrachte die umgekehrt proportionale Zuordnung mit $x_0 \mapsto y_0 \; (x_0, y_0 \neq 0)$.

- Berechne den Zielwert y zu einem beliebeigen Ausgangswert $x \neq 0$.
- Berechne das Produkt $x \cdot y$.

Berechnung von y:

Berechnung des Produktes:

c) Ergänze.

Produktgleichheit

29. a) Wurzel zeigt dir, wie man bei umgekehrt proportionalen Zuordnungen Zielwerte ausrechnen kann. Erkläre ihre Rechnung.

b) Verfahre ebenso. Die Zuordnungen sind umgekehrt proportional.

- $8 \mapsto 3$, $4{,}8 \mapsto y$
- $1{,}1 \mapsto 8$, $0{,}4 \mapsto y$
- $7 \mapsto 13$, $13 \mapsto y$
- $1{,}2 \mapsto 15$, $2{,}5 \mapsto y$
- $\frac{3}{5} \mapsto \frac{1}{4}$, $\frac{9}{4} \mapsto y$
- $9 \mapsto 9$, $10 \mapsto y$

c) Bei einer proportionalen Zuordnung ist ein Paar zugeordneter Zahlen gegeben. Berechne zu einem beliebigen Ausgangswert $x \neq 0$ den Zielwert y.

$5 \mapsto 0{,}2$ $\qquad$ $3 \mapsto 4$ $\qquad$ $1 \mapsto \frac{1}{3}$

30. Geschwindigkeit und Fahrzeit

Frau Grün fährt mit dem Auto von Saarbrücken nach Paris (400 km).

a) Wie lange braucht sie bei einer Durchschnittsgeschwindigkeit von $80\,\frac{\text{km}}{\text{h}}$?

b) Betrachte die Zuordnung ***Durchschnittsgeschwindigkeit* → *Fahrzeit nach Paris***. Warum ist die Zuordnung umgekehrt proportional?

c) Berechne für eine beliebige Durchschnittsgeschwindigkeit v die Fahrzeit t von Saarbrücken nach Paris.

Silvester und Wurzel helfen dir:

d) Berechne mit Hilfe der in c) hergeleiteten Formel die Fahrzeit bei einer Durchschnittsgeschwindigkeit von $120\,\frac{\text{km}}{\text{h}}$?

31. Dreisatzaufgabe

a) Ein Sportverein plant ein Zeltlager am Bostalsee. Für den 15-tägigen Aufenthalt von 24 Teilnehmern werden Vorräte gekauft. Wie lange reichen diese Vorräte, wenn kurzfristig sechs weitere Personen hinzukommen?

Löse die Aufgabe nach dem **Dreisatzschema**.

Anzahl der Teilnehmer → Versorgungszeit:

A.:

b) Wie lange reichen die Vorräte, wenn nur 20 Personen an dem Zeltlager teilnehmen?
Silvester möchte diese Aufgabe mit Hilfe der **Produktgleichheit** lösen.
Kannst du ihm helfen?

Anzahl der Teilnehmer → Versorgungszeit: umg. proportional

$24 \mapsto 15$ d

$20 \mapsto y$

A.:

c) Die Vorräte waren schon nach zehn Tagen aufgebraucht. Wie viele Personen haben an dem Zeltlager teilgenommen?

32. Löse die Dreisatzaufgaben auf beide Arten.

a) Ein Futtervorrat reicht bei einem Gestüt mit zwölf Pferden für 90 Tage. Wie lange reicht der Vorrat für 10 Pferde (15 Pferde)?

b) Drei Arbeiter pflastern einen Fußweg in 10 Tagen. Wie lange würden fünf Arbeiter dafür brauchen?

c) Um einen Flur mit Teppichfliesen auszulegen, werden 120 Stück zu 900 cm^2 benötigt. Wie viele Fliesen zu 625 cm^2 kann man stattdessen nehmen?

d) Für den Abtransport des Bauschuttes eines abgerissenen Gebäudes benötigt ein Lkw, der mit 3,5 m^3 Schutt (Ladevolumen) beladen werden kann, 20 Fahrten. Wie oft müsste ein Lkw fahren, der je Fuhre 5 m^3 Schutt transportieren kann?

33. Schaubilder umgekehrt proportionaler Zuordnungen

a) Von zwei umgekehrt proportionalen Zuordnungen ist jeweils der Zielwert zum Ausgangswert 1 gegeben. Bestimme die Zuordnungsvorschriften.

- $1 \mapsto 3$

  $x \mapsto$

- $1 \mapsto \frac{1}{2}$

  $x \mapsto$

b) Lege im Heft Wertetafeln an (jeweils mindestens sechs Einträge).

c) Berechne die Zielwerte von 0,1 , 0,01 , 0,001 usw.
Was beobachtest du?

d) Wie verhalten sich die Zielwerte, wenn x gegen Unendlich strebt?

e) Zeichne die Schaubilder für $x > 0$ in das vorbereitete Koordinatensystem.

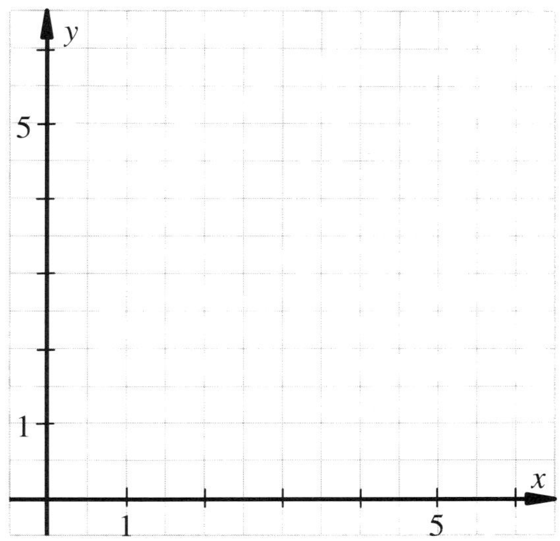

f) Füge in e) das Schaubild der Zuordnung $x \mapsto \frac{1}{x}$ $(x > 0)$ hinzu.

Ordnung muss sein!

In welcher Reihe sind die Zahlen von der kleinsten zur größten geordnet?

A : 0,345 ; 0,19 ; 0,8 ; $\frac{1}{5}$

B : 0,19 ; $\frac{1}{5}$; 0,345 ; 0,8

C : 0,8 ; 0,19 ; $\frac{1}{5}$; 0,345

D : $\frac{1}{5}$; 0,8 ; 0,345 ; 0,19

Sachaufgaben

34. Viele Sachaufgaben haben folgenden mathematischen Kern:

Gegeben sind eine proportionale oder umgekehrt proportionale Zuordnung, ein Ausgangswert und sein Zielwert sowie ein weiterer Ausgangswert. Gesucht ist der Zielwert dieses zweiten Ausgangswertes.

Wir berechnen diesen Zielwert mit Hilfe des Dreisatzschemas (**Vielfacheneigenschaft**) oder durch Aufstellen einer Gleichung (**Quotienten- oder Produktgleichheit**).

Löse die nebenstehende Aufgabe für eine proportionale und eine umgekehrt proportionale Zuordnung mit Hilfe beider Methoden.

$5 \mapsto 20$
$8 \mapsto y$

	proportionale Zuordnung	Umgekehrt proportionale Zuordnung
Dreisatzschema		
Gleichung aufstellen		

Weitere Übung: $20 \mapsto 6$, $12 \mapsto y$.

35. Benzinverbrauch

Das neue Auto von Herrn Grün verbraucht auf einer 320 km langen Strecke 20 ℓ Benzin.

a) Mit welchem Benzinverbrauch muss Herr Grün auf einer Fahrt von Saarbrücken nach Berlin (750 km) rechnen?

Wegstrecke → Benzinverbrauch:

320 km ↦ 20 ℓ

A.:

b) Der Tank fasst 56 ℓ. Berechne, wie weit Herr Grün mit einer Tankfüllung fahren kann.

> Ich habe auf die gleiche Weise wie in Teil a) begonnen, bin dann aber nicht weiter gekommen. Was habe ich falsch gemacht?

36. Plasterarbeiten

Ein Bauunternehmen hat den Auftrag, den Rathausplatz einer Stadt zu pflastern. Aufgrund seiner Erfahrungen schätzt der Unternehmer, dass 6 Arbeiter dafür zwölf Tage brauchen.

a) Wegen Urlaub stehen nur vier Arbeiter zur Verfügung. Wie lange dauern die Pflasterarbeiten?

b) Die Arbeiten sollen nur neun Tage in Anspruch nehmen. Wie viele Arbeiter müssen eingesetzt werden?

c) Zeige, dass Silvesters Aussage rechnerisch richtig ist. Was hältst du von der Idee, 100 Arbeiter einzusetzen?

Zu c)

> Mit 100 Arbeitern dauern die Arbeiten weniger als einen Tag!

37. Taschengeld

Lisa erhält jeden Monat Taschengeld. Wenn sie täglich 4,80 € ausgibt, reicht es für 25 Tage.

a) Das Taschengeld soll 30 Tage reichen. Wie viel darf Lisa durchschnittlich jeden Tag ausgeben?

b) Wie viele Tage reicht das Taschengeld, wenn sie pro Tag im Schnitt 3,75 € ausgibt?

c) Im Mai reichte das Taschengeld nur für 20 Tage. Wie hoch waren Lisas durchschnittliche Ausgaben pro Tag?

d) Wie viel Taschegeld bekommt Lisa im Monat?

38. Weg und Zeit

a) Ein Testzug fährt mit konstanter Geschwindigkeit. Nach $1\frac{2}{3}$ h hat er 150 km zurückgelegt. Wie weit ist er nach 2 h 24 min gekommen?

b) Ein Geschäftsmann fährt mit seinem Auto zu einem Termin in eine 105 km entfernte Stadt. Als er vom Ziel noch 25 km entfernt ist, ist er bereits $1\frac{1}{4}$ Stunden unterwegs. Wie lange braucht er für die restliche Strecke? Runde auf Minuten.

> Die Aufgabe lässt sich nur lösen, wenn man annimmt, dass der Geschäftsmann die ganze Zeit über mit gleicher Geschwindigkeit fährt.

39. Werbeprospekte

a) Um das Taschengeld aufzubessern, verteilen Gregor uns seine Freunde die wöchentlichen Werbeprospekte eines Supermarktes an die Haushalte ihres Stadtteils. Meistens sind sie zu zwölft, und dann muss jeder 300 Prospekte austragen. In den Ferien stehen nur acht Schüler zur Verfügung. Wie viele Prospekte muss jetzt jeder austragen?

b) Der Marktleiter bezahlt den Austrägern 1,75 € für je 25 Prospekte. Wie viel Euro bekommt Gregor, wenn er 300 Prospekte austrägt?

c) Die Druckkosten betragen 0,28 € pro Prospekt. Berechne die gesamten Kosten der Werbeaktion für diesen Stadtteil pro Woche.

40. Renovierung

a) Der Fußboden eines Hausarbeitsraumes soll erneuert werden. Bisher ist er mit 150 quadratischen Platten zu $900\,cm^2$ ausgelegt. Es sollen nun rechteckige Fliesen zu $1200\,cm^2$ verlegt werden. Wie viele dieser Fliesen werden mindestens gebraucht?

b) Der Hausarbeitsraum ist 4,5 m lang und 3 m breit. Sind diese Angaben mit den Angaben von Aufgabenteil a) vereinbar?

c) Begründe, dass man den Boden tatsächlich mit 150 quadratischen $900\,cm^2$-Platten - ohne zu stückeln - auslegen kann.

d) Die $1200\,cm^2$-Platten sind 40 cm lang und 30 cm breit. Wie würdest du diese Platten verlegen?

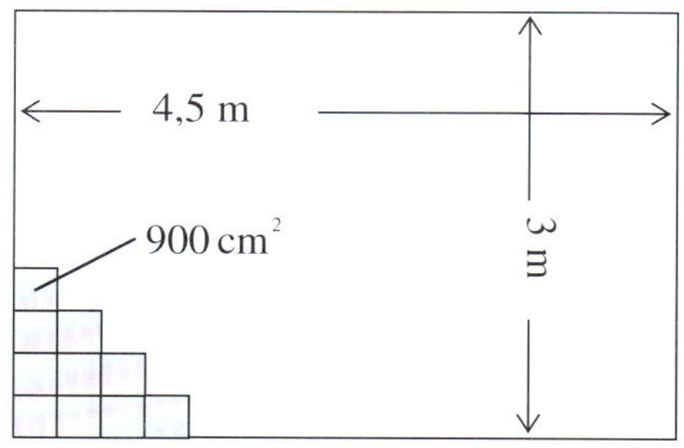

41. Wandertage

a) Die Klasse 7a (25 Schüler) verbringt drei Tage im Schullandheim. Die Kosten für Übernachtung und Verpflegung für diesen Zeitraum betragen 3150 €. Da die Klasse einen Mathematik-Wettbewerb gewonnen hat, darf sie zwei Tage länger bleiben.

- Wie viel kostet nun der Aufenthalt insgesamt?
- Wie hoch sind die Kosten pro Schüler pro Tag?

b) Die Klasse 7b (28 Schüler) plant am Wandertag eine Busfahrt nach Metz. An den Fahrtkosten muss sich jeder Schüler mit 17,50 € beteiligen. Da am Wandertag drei Schüler wegen Krankheit fehlen, muss der Fahrpreis neu berechnet werden.

- Wie viel muss jeder Schüler bezahlen?
- Wie hoch ist der Rechnungsbetrag des Busunternehmens?

c) Am Wandertag will die 7c (26 Schüler) einen Weg von 26 km in weniger als $5\frac{1}{2}$ Stunden zurücklegen (reine Gehzeit, Pausen nicht eingerechnet).

An einer Wegmarkierung stellen die Schüler fest, dass sie in 1 h 12 min eine Strecke von 6 km zurückgelegt haben. Muss die Klasse danach schneller gehen oder kann sie das bisherige Tempo beibehalten?

42. Überschwemmung

Ein überschwemmter Keller wird mit drei gleich starken Pumpen (Fördermenge $5\,\frac{\text{m}^3}{\text{h}}$) in 1 h 36 min leer gepumpt.

a) Wie lange dauert es, wenn nur zwei dieser Pumpen eingesetzt werden können?

b) Wie viele solche Pumpen muss man mindestens einsetzen, wenn der Keller in weniger als einer Stunde leer gepumpt sein soll?

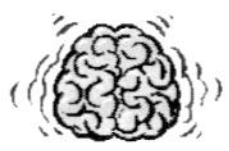

c) Die freie Bodenfläche des Kellers beträgt $100\,\text{m}^2$. Wie hoch stand das Wasser?

43. Und nun umgekehrt

Schreibe zu folgenden Rechnungen je eine Sachaufgabe.

a)	250 g	$\mapsto$	3,60 €
	50 g	$\mapsto$	0,72 €
	600 g	$\mapsto$	8,64 €

c) $2{,}5\,\text{kg} \cdot y = 1{,}5\,\text{kg} \cdot 90$

$y = 54$

b)	4	$\mapsto$	2,5 h
	1	$\mapsto$	10 h
	5	$\mapsto$	2 h

d) $\dfrac{y}{48\,\text{min}} = \dfrac{80\,\text{km}}{75\,\text{min}}$

$y = 51{,}2\,\text{km}$

44. Volumen und Masse

a) Ein Würfel aus Messing hat das Volumen $40\ \text{cm}^3$ und wiegt 340 g.
Welches Volumen haben 255 g Messing?

b) Eine Kugel aus Silber hat das Volumen $50\ \text{cm}^3$ und wiegt 525 g.
- Welche Masse hat ein 1 cm - Würfel aus Silber?
- Welche Kantenlänge hat ein Würfel aus Silber, der 283,5 g wiegt?

c) 12,5 ℓ Alkohol wiegen 10 kg.
- Was wiegen 10 ℓ Alkohol?
- Passen 1,25 kg reiner Alkohol in eine 1,5 ℓ -Flasche?

45. Wasserbecken

a) Der Zufluss zu einem Wasserbecken kann mit Hilfe eines Schiebers gesteuert werden. Fließen $4{,}5\,\text{m}^3$ Wasser pro Minute zu, ist das Becken in acht Stunden gefüllt.
Wie lange dauert die Befüllung bei einem Wasserzufluss von $5\,\frac{\text{m}^3}{\text{min}}$?

b) Aus dem Becken können durch ein Rohr in drei Stunden $36\,\text{m}^3$ Wasser abfließen.
Wie viel Wasser kann in 10 Stunden abfließen?

c) Das Becken ist vollständig gefüllt. Wie lange dauert es, bis alles Wasser durch das Rohr (Aufgabenteil b)) abgeflossen ist?

46. Zeit und Geschwindigkeit

Herr Kiefer braucht mit dem Auto 30 Minuten von der Wohnung zur Arbeitsstätte bei einer Durchschnittsgeschwindigkeit von $70\frac{\text{km}}{\text{h}}$.

a) Wie lange braucht er samstags morgens, wenn er durchschnittlich $84\frac{\text{km}}{\text{h}}$ fahren kann?

b) Letzten Donnerstag hat er $37\frac{1}{2}$ Minuten für den Heimweg gebraucht.
Berechne die Durchschnittsgeschwindigkeit.

47. Die Bedingungen ändern sich

Ein Reitstall kauft für seine 20 Pferde einen Hafervorrat, der für 18 Wochen reicht.

a) Zeitgleich zum Kauf des Hafers kommen vier Pferde hinzu.
Wie lange reicht der Vorrat jetzt?

b) Sechs Wochen nach dem Kauf des Hafers kommen zu den 20 Pferden vier Pferde hinzu. Für welchen Zeitraum reicht jetzt der Hafervorrat?
Wurzel zeigt dir, wie man diese Aufgabe angeht. Führe ihren Gedankengang zu Ende.

Die 20 Pferde fressen in den ersten sechs Wochen einen Teil des Vorrats, der Rest würde für sie noch zwölf Wochen reichen.

Die Sachlage nach sechs Wochen:

Zahl der Pferde → Versorgungsdauer:

A:

c) Acht Wochen nach dem Kauf des Hafers werden von den 20 Pferden vier verkauft. Wie viele Tage hält der Vorrat nun länger?

48. Hausbau

Herr Holz hat mit der Firma Stein & Sohn vereinbart, dass der Rohbau seines Hauses in 30 Arbeitstagen fertig gestellt sein soll. Erfahrungsgemäß werden dazu acht Bauarbeiter benötigt.

a) 15 Tage nach Baubeginn kommen zur Beschleunigung noch zwei Arbeiter hinzu.
Wie viele Tage früher kann nun die Arbeit fertig werden?

b) Zwölf Tage nach Baubeginn stellt sich heraus, dass der Rohbau erst nach insgesamt 42 Tagen fertig zu sein braucht. Wie viele Arbeiter können von der Baustelle abgezogen werden?

49. Radtour

Peter fährt auf dem Saar-Radweg von Saarbrücken nach Mettlach. Bei einer Durchschnittsgeschwindigkeit von $15\,\frac{\text{km}}{\text{h}}$ braucht er dafür 3h 20min.

a) Wie lange bräuchte Peter, wenn er die gesamte Strecke mit einer Durchschnittsgeschwindigkeit von $20\,\frac{\text{km}}{\text{h}}$ fahren würde?

b) Peter fährt zunächst eine Stunde mit $15\,\frac{\text{km}}{\text{h}}$ und erhöht dann Durchschnittsgeschwindigkeit auf $21\,\frac{\text{km}}{\text{h}}$. Wie lange braucht er jetzt bis Mettlach?

c) Peter fährt zunächst $1\frac{1}{3}$ Stunden lang mit $15\,\frac{\text{km}}{\text{h}}$. Mit welcher Geschwindigkeit müsste er weiterfahren, wenn er nach insgesamt 3 Stunden in Mettlach ankommen möchte?

50. Der Benzinverbrauch eines Autos steigt mit wachsender Geschwindigkeit. Das Auto von Manuels Vater verbraucht bei $60\,\frac{\text{km}}{\text{h}}$ 6,9 ℓ Benzin auf 100 km. Manuel will herausfinden, wie viel Benzin das Auto auf 100 km bei einer Geschwindigkeit von $100\,\frac{\text{km}}{\text{h}}$ verbraucht.

Im linken Kasten siehst du Manuels Rechnung, im rechten Kasten das Diagramm **Geschwindigkeit - Verbrauch** aus der Betriebsanleitung des Autos.

Geschwindigkeit	→	Verbrauch auf 100 km
$60\,\frac{\text{km}}{\text{h}}$	↦	6,9 ℓ
$20\,\frac{\text{km}}{\text{h}}$	↦	2,3 ℓ
$100\,\frac{\text{km}}{\text{h}}$	↦	11,5 ℓ

Bei $100\,\frac{\text{km}}{\text{h}}$ verbraucht das Auto 11,5 ℓ auf 100 km.

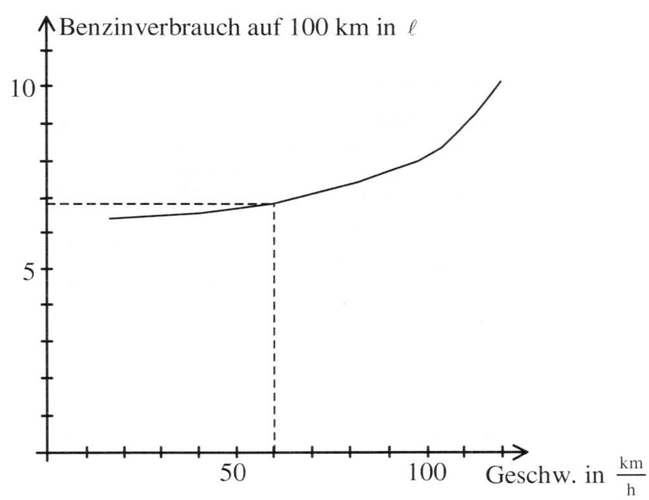

Nimm Stellung zu Manuels Rechnung.

51. Aufgepasst!

Theo Blitz läuft 100 m in 12 s. Wie lange braucht er für eine Strecke von 10000 m?

Drei Musiker spielen einen Tanz in $3\frac{1}{2}$ Minuten. Wie lange brauchen sechs Musiker für dasselbe Stück?

Zusammengesetzter Dreisatz

52. Die verglaste Frontseite eines Bürohochhauses von 3420 m² wurde von sechs Fensterputzern in fünf Tagen gereinigt. Wie lange werden vier Fensterputzer benötigen, um die gleichartige Verglasung von 912 m² an der Schmalseite des Hochhauses zu reinigen?

a) Die **Arbeitszeit** hängt vom **Flächeninhalt** der Glasfläche und von der **Anzahl der Fensterputzer** ab. Gib die entsprechenden Zuordnungen und ihren Typ an.

1.

2.

b) Wir lösen die Aufgabe in zwei Schritten:
Ich berechne, wie lange sechs Fensterputzer benötigen, um **912 m² Glasfläche** zu reinigen.

Führe Wurzels Rechnung zu Ende. Gib das Ergebnis als Bruch an.

Flächeninhalt	→	Arbeitszeit:
3420 m²	↦	5 d
1 m²	↦	
912 m²	↦	
A.:		

c) Ich berechne, wie lange **vier Fensterputzer** benötigen, um 912 m² Glasfläche zu reinigen.

Führe Silvesters Rechnung zu Ende.

Anzahl der F.	→	Arbeitszeit:
6	↦	
1	↦	
4	↦	
A.:		

d) Wurzel meint, man könne beide Rechnungen direkt hintereinander schreiben - übersichtlich in Tabellenform.

Flächeninhalt der Glasfläche (p)	Anzahl der Fensterputzer (up)	Arbeitszeit
$3420\,m^2$	6	5d
$1\,m^2$	6	$\frac{5d}{3420}$
$912\,m^2$	6	$\frac{912 \cdot 5d}{3420}$
$912\,m^2$	1	$\frac{6 \cdot 912 \cdot 5d}{3420}$
$912\,m^2$	4	$\frac{6 \cdot 912 \cdot 5d}{4 \cdot 3420} = 2\,d$

Die vier Fensterputzer benötigen zwei tage, um die Glasfläche an der Schmalseite des Hochhauses zu reinigen.

Beschreibe den Zusammenhang zu den Rechnungen in b) und c).

53. In einem Teich befinden sich $800\,m^3$ Wasser. Er kann von vier gleichen Pumpen in 4,5 Stunden leer gepumpt werden. Wie lange brauchen drei solcher Pumpen, um aus dem Teich $680\,m^3$ Wasser aus dem Teich zu pumpen?

54. Die Köchin einer Jugendherberge rechnet für eine Klasse mit 20 Schülern bei fünftägigem Aufenthalt mit einem Nudelverbrauch von 25 kg. Berechne den Nudelverbrauch einer Klasse mit 28 Schülern während eines achttätigen Aufenthaltes.

55. Die Inventur (Bestandsaufnahme) in einem Industriebetrieb wurde im Vorjahr von zwölf Angestellten bei einer täglichen Arbeitszeit von sieben Stunden an vier Tagen durchgeführt. In diesem Jahr soll die gleiche Arbeit an drei Tagen bei einer täglichen Arbeitszeit von acht Stunden erledigt werden. Wie viele Angestellte müssen eingesetzt werden?

56. Die sechs LKW einer Speditionsfirma verbrauchen an 15 Tagen erfahrungsgemäß 5940 ℓ Kraftstoff. Wegen günstiger Auftragslage werden an 7 Tagen drei zusätzliche LKW eingesetzt. Mit welchem Kraftstoffverbrauch muss während der 7 Tage gerechnet werden?

57. Für den Bau eines großen Möbelmarktes müssen $15\,000\,m^3$ Erde bewegt werden. Der Bauunternehmer rechnet beim Einsatz von fünf Radladern mit 48 Arbeitsstunden.

Wegen Änderungen am Bauplan fallen jedoch $21000\,m^3$ Erde an. Wie lange dauern die Erdarbeiten, wenn sechs Radlager eingesetzt werden?

Weitere Dreisatzaufgaben auf der Website des Verlags unter „Materialien" - www.softfrutti.de.

AUF EINEN BLICK

Proportionale Zuordnung: Dem k-fachen eines Ausgangswertes ist stets das k-fache seines Zielwertes zugeordnet (**Vielfacheneigenschaft**). D. h.: Wenn $x_0 \mapsto y_0$, dann $k \cdot x_0 \mapsto k \cdot y_0$.

Kennt man bei einer proportionalen Zuordnung ein Paar zugeordneter Zahlen, so kann man für jede andere Zahl x den Zielwert ausrechnen. Siehe Beispiel in der linken Box.

$12 \mapsto 8,\ x \mapsto ?$ $1 \mapsto \frac{8}{12} = \frac{2}{3}$ $x \mapsto \frac{2}{3}x$	$12 \mapsto 8,\ x \mapsto y$ $\frac{y}{x} = \frac{8}{12} = \frac{2}{3}$ $y = \frac{2}{3}x$

Quotientengleichheit: Bei einer proportionalen Zuordnung ist der Quotient aus Ziel- und Ausgangswert immer gleich. Man kann auch mit Hilfe der Quotientengleichheit Zielwerte berechnen (siehe rechte Box).

Umgekehrt proportionale Zuordnung: Dem k-fachen eines Ausgangswertes ist stets das $\frac{1}{k}$-fache (der k-te Teil) seines Zielwertes zugeordnet. D. h.: Wenn $x_0 \mapsto y_0$, dann $k \cdot x_0 \mapsto \frac{1}{k} \cdot y_0$.

Kennt man bei einer umgekehrt proportionalen Zuordnung ein Paar zugeordneter Zahlen, so kann man für jede andere Zahl $x \neq 0$ den Zielwert ausrechnen. Siehe Beispiel in der linken Box.

$12 \mapsto 8,\ x \mapsto ?$ $1 \mapsto 8 \cdot 12 = 96$ $x \mapsto \frac{96}{x}$	$12 \mapsto 8,\ x \mapsto y$ $x \cdot y = 8 \cdot 12 = 96$ $y = \frac{96}{x}$

Produktgleichheit: Bei einer umgekehrt proportionalen Zuordnung ist das Produkt aus Ziel- und Ausgangswert immer gleich. Man kann auch mit Hilfe der Produktgleichheit Zielwerte berechnen (siehe rechte Box).

Dreisatzaufgaben: Gegeben sind ein Paar zugeordneter Werte, d. h. $x_1 \mapsto y_1$ und ein weiterer Ausgangswert x_2. Man stellt den Typ der Zuordnung fest (proportional oder umgekehrt proportional) und berechnet dann – wie oben dargestellt – den zu x_2 gehörenden Zielwert y_2.

Fünf Tennisbälle wiegen 290 g. Wie viel wiegen acht Tennisbälle?	**Beispiele**	Bei einer mittleren Geschwindigkeit von 60 km/h dauert die Fahrt von Saarbrücken nach Kaiserslautern 72 Minuten. Wie lange dauert die Fahrt bei einer mittleren Geschwindigkeit von 80 km/h?
Anzahl $\rightarrow$ Gewicht: **proportional**	**Typ d. Z.**	Geschwindigkeit $\rightarrow$ Zeit: **umgekehrt proportional**
$5 \mapsto 290\,\text{g}$ $1 \mapsto \frac{290\text{g}}{5} = 58\,\text{g}$ $8 \mapsto 8 \cdot 58\,g = 464\,\text{g}$	**Lösung über Vielfacheneigenschaft**	$60\,\text{km/h} \mapsto 72\,\text{min}$ $10\,\text{km/h} \mapsto 6 \cdot 72\,\text{min} = 432\,\text{min}$ $80\,\text{km/h} \mapsto \frac{432\,\text{min}}{8} = 54\,\text{min}$
$5 \mapsto 290\,\text{g}$ $8 \mapsto \text{y}$ - - - - - - - - - - - - - - $\frac{y}{8} = \frac{290\text{g}}{5} \Leftrightarrow y = \frac{8 \cdot 290\text{g}}{5} = 464\,\text{g}$	**Lösung über Quotienten- bzw. Produktgleichheit**	$60\,\text{km/h} \mapsto 72\,\text{min}$ $80\,\text{km/h} \mapsto y$ - - - - - - - - - - - - - - $80\,\text{km/h} \cdot y = 60\,\text{km/h} \cdot 72\,\text{min}$ $y = \frac{60\,\text{km/h} \cdot 72\,\text{min}}{80\,\text{km/h}} = 54\,\text{min}$
Acht Tennisbälle wiegen 464 g.	**Antwort**	Die Fahrt dauert 54 Minuten.

2

Prozentrechnung

Prozentschreibweise

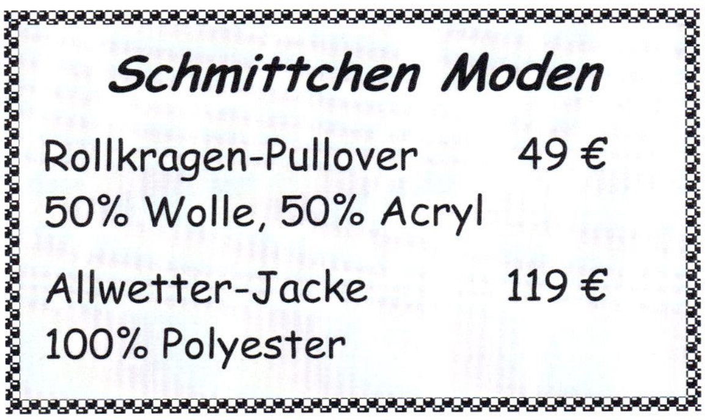

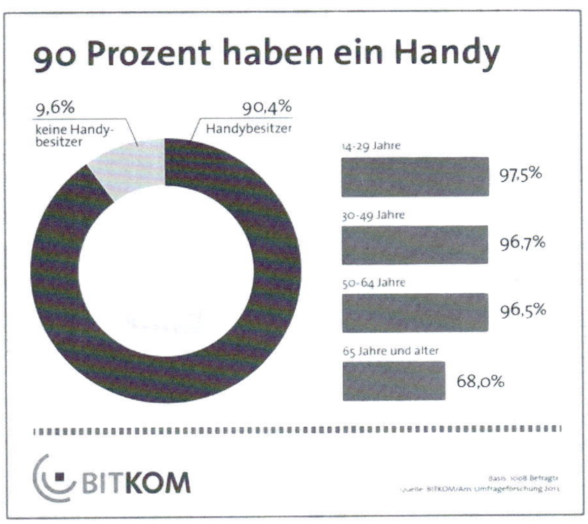

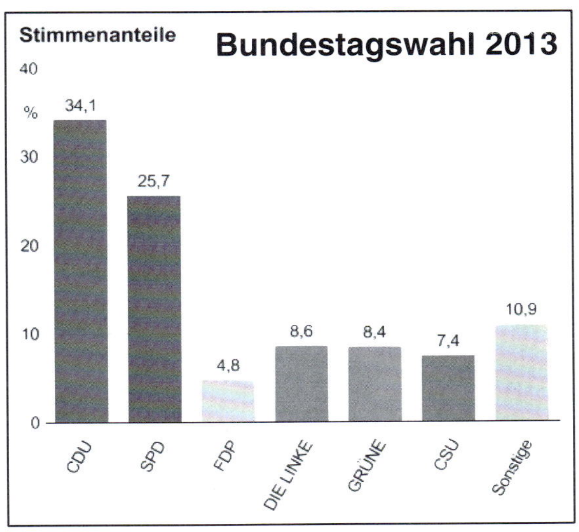

1. Im täglichen Leben findest du häufig Angaben in Prozent. Erläutere, was die voranstehenden **Prozentangaben** bedeuten.

Für Brüche mit dem Nenner 100 verwenden wir die **Prozentschreibweise**:

$\frac{p}{100} = p\%$ (lies: p Prozent)

Das Wort Prozent stammt vom italienischen „per cento“. Es geht auf die Kaufmannssprache zurück und bedeutet „je Hundert“.

2. Prozentangabe → Bruch

Wandle die Prozentangaben in vollständig gekürzte Brüche um. Vervollständige zunächst Silvesters und Wurzels Rechnungen.

$65\% = \frac{65}{100} =$

$7{,}5\% = \frac{7{,}5}{100} \overset{10}{=}$

$8\frac{1}{3}\% = \frac{8\frac{1}{3}}{100} = \frac{\frac{25}{3}}{100}$

$=$

a)

5% =	16% =	1% =
10% =	30% =	100% =
25% =	75% =	150% =
50% =	80% =	400% =

b)

12,5% =	33,6% =
3,5% =	22,5% =
0,4% =	18,75% =

3. Prozentangabe → Dezimalbruch

a) *Regel finden*

- $17{,}6\% = \frac{17{,}6}{100} = 0{,}176$
- 43% =
- 8,7% =
- 162% =

Regel: Verschiebe das Komma um

b) *Regel anwenden*

56% = 0,56	4% =	14,7% =
38% =	133% =	6,35% =
70% =	200% =	0,72% =

c)

$8\frac{3}{4}\% = 8{,}75\% =$	$10\frac{2}{5}\% =$
$13\frac{1}{2}\% =$	$34\frac{7}{10}\% =$
$7\frac{1}{4}\% =$	$6\frac{3}{8}\% =$

4. Dezimalbruch → Prozentangabe

a) Fülle die Lücken aus.

Silvester: Ich kann eine Prozentangabe als Dezimalbruch schreiben.

Zum Beispiel: 17,5% = .

Ich verschiebe das Komma um

Wurzel: Und ich kann umgekehrt aus einem Dezimalbruch eine Prozentangabe machen.

Zum Beispiel: 0,284 =

Ich verschiebe das Komma um

b) Verwende die Prozentschreibweise.

0,084 =	1,6 =	0,07 =
0,16 =	0,473 =	0,9 =

c) Und jetzt hin und zurück.

Prozentangabe ↔ Dezimalbruch			Dezimalbruch ↔ Prozentangabe		
68%	=			=	2,5%
	=	0,23	2,5	=	
8,3%	=		0,72	=	
	=	0,147		=	0,72%

5. Bruch → Prozentangabe

a) Erkläre, wie Wurzel und Silvester rechnen, und wandle dann selbst Brüche in Prozentangaben um.

$\frac{3}{8}$ =	$\frac{13}{25}$ =
$\frac{3}{5}$ =	$\frac{7}{8}$ =
$\frac{5}{4}$ =	$\frac{19}{50}$ =
$\frac{9}{20}$ =	$\frac{1}{16}$ =

b) Wurzel und Silvester wollen $\frac{1}{3}$ in eine Prozentangabe verwandeln, jeder auf seine Art. Führe die Rechnungen zu Ende.

c) Wandle in Prozentangaben um: $\frac{2}{3}$; $\frac{1}{6}$; $\frac{5}{6}$; $\frac{1}{12}$; $\frac{1}{15}$.

d) *Für Spezialisten:* Wandle $\frac{1}{7}, \frac{2}{7}, \ldots, \frac{6}{7}$ in Prozentangaben um.

6. a) Gib in Prozent an.

- die Hälfte =
- ein Drittel =
- ein Viertel =
- ein Fünftel =
- ein Sechstel =
- ein Zehntel =
- ein Zwanzigstel =
- ein Ganzes =
- das Doppelte =
- das $2\frac{1}{2}$-fache =

b) Nun umgekehrt.

- 40% =
- 90% =
- 75% =
- $66\frac{2}{3}$% =
- 1% =
- 1000% =
- 300% =
- 150% =

7. Verwende wie Wurzel den Prozentbegriff.

Messing besteht zu **drei Fünftel** aus Kupfer und zu **zwei Fünftel** aus Zink.

Messing besteht zu **60%** aus Kupfer und zu **40%** aus Zink.

a) Das Kaufhaus Elegant senkt die Preise um **drei Zehntel**.

Das Kaufhaus Elegant senkt die Preise um ________.

Alle Artikel kosten nur noch ________ des ursprünglichen Preises.

b) Mikes Basketballmannschaft hat in dieser Saison **drei Viertel** ihrer Spiele gewonnen.

Mikes Basketballmannschaft hat in dieser Saison ________ ihrer Spiele gewonnen und ________ ihrer Spiele verloren.

c) Das T-Shirt besteht aus reiner Baumwolle, das Polohemd zu **drei Fünftel** aus Baumwolle und zu **zwei Fünftel** aus Polyester.

Das T-Shirt besteht aus ________ Baumwolle, das Polohemd zu ________ aus Baumwolle und zu ________ aus Polyester.

d) Bei der Wahl zur Klassensprecherin erhält Sarah mehr als **die Hälfte** der Stimmen.

Bei der Wahl zur Klassensprecherin erhält Sarah mehr als ________ der Stimmen.

e) In der Klassenstufe 7 trägt **ein Drittel** der Schüler eine Brille.

In der Klassenstufe 7 tragen ________ der Schüler eine Brille.

f) Wenn du einen Würfel viele Male wirfst, wird bei ungefähr **einem Sechstel** der Würfe eine Sechs fallen.

Wenn du einen Würfel viele Male wirfst, wird bei etwa ________ der Würfe eine Sechs und bei etwa ________ der Würfe keine Sechs fallen.

g) In den letzten zehn Jahren hat sich der Benzinpreis **verdoppelt**.

In den letzten zehn Jahren ist der Benzinpreis um ________ gestiegen.

Er beträgt nun ________ des damaligen Preises.

Berechnung des Prozentwertes

8. Einstiegsaufgabe

- Das Procento-Gymnasium wird von 800 Schülern besucht, zwei Fünftel davon sind Mädchen. Wie viele Schülerinnen hat das PG?

$\frac{2}{5}$ von 800 =

- Verwende die Prozentschreibweise.

% von 800 =

- Merke dir die **Prozentformel** und die Begriffe
Grundwert, **Prozentwert** und **Prozentsatz**.

Prozentsatz
↓
$p\%$ von G = $p\% \cdot G$ = W
↑ ↑
Grundwert **Prozentwert**

Der Prozentsatz ist eine Zahl. Prozent- und Grundwert sind Größen (mit der gleichen Einheit).

9. Berechne den Prozentwert.

a) 8,5% von 360 kg
=

b) 96% von 4500 €
=

Weiter im Heft.

c) 4,2% von 620 m^2

d) 28% von 65 kg

e) 45% von 45 m

f) 77,6% von 15 m^3

g) 119% von 840,34 €

h) $12\frac{1}{2}$% von 6800 ℓ

Und hier?

$33\frac{1}{3}$% von 111 = ?

$16\frac{2}{3}$% von 750 h = ?

10. Rechne im Kopf.

Grundwert	290	240	5	90	90	125	48	10
Prozentsatz	50%	25%	20%	30%	$33\frac{1}{3}$%	80%	75%	19%
Prozentwert								

11. Mache eine Überschlagsrechnung.

a) 24% von 1600 € sind etwas

b) 51,3% von 870 € sind etwas

c) 75% von 997 € sind etwas

d) 34% von 666 € sind etwas

e) 40% von 2511 € sind etwas

f) $9\frac{1}{4}$ % von 7580 € sind etwas

g) 12,9% von 72 € sind etwas

12. a) Von den 800 Schülern des Procento-Gymnasiums kommen 38% mit dem Bus zur Schule. Wie viele sind das?

b) Ein Makler verlangt für seine Dienste beim Verkauf eines Hauses eine sogenannte Maklergebühr.

Wie viel verdient „Der ehrliche Makler" beim Verkauf des Hauses, das in nebenstehender Anzeige angeboten wird?

Zweifamilienhaus in Saarlouis
Kaufpreis: 210 000 €
Maklergebühr: 3,5% des Kaufpreises
„Der ehrliche Makler"

c) Die Erdoberfläche ist 510 Millionen km² groß. 29% sind mit Land, 71% mit Wasser bedeckt. Wie viel Quadratkilometer sind das jeweils?

d) Marokko hatte im Jahr 2013 rund 33 Millionen Einwohner. Die Statistiker rechnen damit, dass bis 2020 die Bevölkerung auf 108% dieser Zahl anwächst.

13. Luft besteht zu 21% aus Sauerstoff und zu 79% aus Stickstoff. Wie viel Liter von jeder Gasart sind in einem Raum von 15 m Länge, 10 m Breite und 3,8 m Höhe enthalten?

Rauminhalt eines Quaders:
$V = a \cdot b \cdot c$.

14. a) Der Sportverein SC Lattenbach hatte zu Beginn der Saison 600 Mitglieder. Wegen des Aufstiegs in die Oberliga nahm die Mitgliederzahl um 8% zu.

Silvester und Wurzel berechnen die neue Mitgliederzahl.
Vergleiche ihre Lösungswege.

Silvesters Lösung	Wurzels Lösung
8% von 600	108% von 600
$= 0{,}08 \cdot 600 = 48$.	$= 1{,}08 \cdot 600 = 648$.
$600 + 48 = 648$.	
Der SC Lattenbach hat nun	Der SC Lattenbach hat nun
648 Mitglieder.	648 Mitglieder.

b) Eine Jacke für 90 € wird im Schlussverkauf um 20% billiger angeboten. Was kostet die Jacke noch?

Rechne wie Silvester und Wurzel. Welchen Lösungsweg hältst du für geschickter?

Silvesters Lösung	Wurzels Lösung

15. a) Ein Trainingsanzug kostet im Sportgeschäft 89 €. Als Mitglied des Turnvereins erhält Julia einen Preisnachlass von 12%. Wie viel muss Julia für den Trainingsanzug zahlen?

b) Im Sporthaus Cento kosten ein Paar Fußballschuhe 60 € und ein Fußball 34 €. Die Preise werden um 15% erhöht. Berechne die neuen Preise.

c) Eine neu gegründete Firma nimmt mit 82 Mitarbeitern den Betrieb auf. Im ersten Jahr wächst die Belegschaft um rund 22%. Wie viele Mitarbeiter hat die Firma nach einem Jahr?

d) Beim Räuchern verlieren Fleischwaren etwa 37,5% ihres Gewichtes. Welches Gewicht hat ein Schinken von 7 kg 600 g nach dem Räuchern?

16. Schreibe zu den Rechenausdrücken Sachaufgaben aus der Prozentrechnung und löse sie.

a) $0{,}85 \cdot 960^*$ b) $1{,}4 \cdot 58^*$ c) $0{,}025 \cdot 352\,000^*$

* Füge gegebenenfalls eine Benennung hinzu.

Berechnung des Prozentsatzes

17. Einstiegsaufgabe

a) 64 der 800 Schüler des Procento-Gymnasiums sind Mitglied im Schulchor. Welcher Bruchteil der Schüler ist das?

- Silvester löst die Aufgabe, wie du es in Klasse 5 gelernt hast.
- Wurzel verwendet die Prozentformel und gibt den Bruchteil in Prozent an.

Führe beide Rechnungen durch.

64 = —— von 800
=

p% von 800 = 64

Antwort:

b) Der Schulhof des Procento-Gymnasiums hat eine Fläche von 2800 m^2. 420 m^2 davon sind Grünanlagen. Wie viel Prozent der Schulhoffläche sind das?

18. Training

Berechne den Prozentsatz.

Grundwert	720	210	360	80	25	50	60	500
Prozentwert	360	21	90	120	1	23	36	90
Prozentsatz								

19. a) Von den 875 Schülern eines Gymnasiums sind 98 in der Klassenstufe 7. Wie viel Prozent sind das?

b) Bei der Schulsprecherwahl erhält Paula 25 von 40 Stimmen und Paul den Rest. Wie viel Prozent der Stimmen sind das jeweils?

c) Eine Münze wird 60-mal geworfen. Dabei liegen 27-mal Zahl und 33-mal Wappen oben. Gib den Anteil der Würfe in % an, bei denen Zahl (Wappen) erscheint.

d) Der Rotwein in einer $\frac{3}{4}\ \ell$-Flasche enthält 90 ml reinen Alkohol. Berechne den Alkoholgehalt des Weines in Prozent.

e) Jonas und Marc spielen Basketball. In der letzten Saison hat Jonas 15 von 25 Freiwürfen und Marc 10 von 16 Freiwürfen verwandelt. Wer ist der bessere Schütze?

20. Für Dreisatz-Fans

a) Von den 750 Schülern eines Gymnasiums sind 63 in einem Schachverein. Wie viel Prozent sind das? Verwende das Dreisatzschema:

Schülerzahl → Prozentsatz:

750 ↦ 100%

A.:

b) Von den 750 Schülern eines Gymnasiums beherrschen 645 die Prozentrechnung. Wie viel Prozent sind das?

c) Ein Wassertank mit einem Fassungsvermögen von 7500 ℓ enthält 3150 ℓ Wasser. Zu wie viel Prozent ist der Tank gefüllt?

d) Ein Würfel wird 160-mal geworfen, 28-mal fällt die Sechs. Bei wie viel Prozent der Würfe ist die Sechs geworfen worden?

e) Bei der Wahl der Top Ten erhält die Gruppe Panico 990 von 3750 Stimmen. Berechne den Stimmenanteil der Gruppe in Prozent.

21. Prozentuale Zu- und Abnahme

a) Der Preis eines Smartphones wird von 400 € auf 436 € heraufgesetzt. Gib die Preiserhöhung in Prozent an.

Wurzel und Silvester veranschaulichen sich die Situation an folgendem Diagramm:

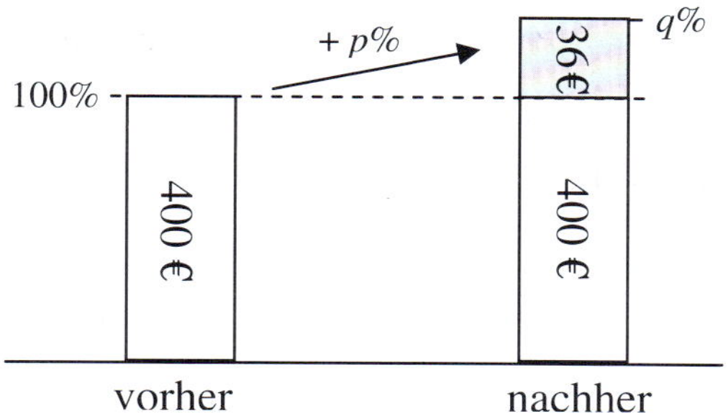

Wurzel und Silvester gehen nun unterschiedliche Wege.

Berechne in beiden Fällen die Prozentsätze und vergleiche.

b) Der Preis eines Fernsehgerätes wird von 950 € auf 798 € herabgesetzt. Wie viel Prozent beträgt der Preisnachlass? Vervollständige zunächst das Diagramm.

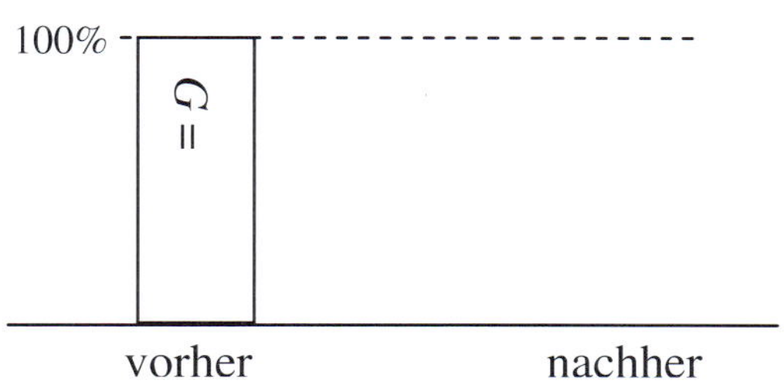

c) Ein Tennisclub hatte zu Jahresbeginn 240 Mitglieder und am Jahresende nach einer Werbeaktion 300 Mitglieder. Um wie viel Prozent hat die Mitgliederzahl zugenommen?

d) Im folgenden Jahr sank die Anzahl der Vereinsmitglieder wegen Streitereien von 300 Mitgliedern wieder auf 240. Um wie viel Prozent hat die Mitgliederzahl abgenommen?

22. Schreibe zu den Rechenausdrücken Sachaufgaben aus der Prozentrechnung und löse sie.

a) $\frac{1872}{5\,200}$ b) $\frac{99\,€}{120\,€}$ c) $\frac{24\,\text{mg}}{0{,}5\,\text{g}}$

Berechnung des Grundwertes

23. Einstiegsaufgabe

a) Bei einer Verkehrskontrolle vor einer Schule fuhren 44 Autos zu schnell, das waren 16% der kontrollierten Autos. Wie viele Fahrzeuge wurden kontrolliert?

G = Anzahl der kontrollierten Fahrzeuge

b) Herr Fröhlich bezahlt bei einer Last-Minute-Buchung für eine Mallorca-Reise nur 80% des vollen Preises, das sind 760 €. Berechne den vollen Reisepreis.

24. Training

Berechne den Grundwert.

Prozentwert	68	150	18	1500	99	300	300	75
Prozentsatz	50%	25%	20%	300%	10%	$33\frac{1}{3}\%$	30%	5%
Grundwert								

25. a) Bei einem Marathonlauf kamen 238 Läufer ans Ziel. Das waren 85% aller Läufer. Wie viele Sportler waren am Start?

b) In einer Aktionswoche verkauft eine Boutique alle Artikel 15% billiger. Der Preisnachlass für eine Jeans beträgt 11,85 €. Berechne den ursprünglichen Preis.

c) Studienrat Lämpel ist im wohlverdienten Ruhestand. Er erhält 3240 € Pension, das sind 72% seines letzten Gehaltes. Wie hoch war das letzte Gehalt?

d) Eine Wohnungsgesellschaft erhöht im April die Mieten um 8%. Herr Sand muss nun 38 € mehr bezahlen. Berechne Herrn Sands Miete im März und im April.

e) Die Gärtnerei Baum beflanzt 22,5% ihrer Anbaufläche mit Schnittblumen, das sind 855 m^2. Wie viel m^2 umfasst die gesamte Anbaufläche?

26. Für Dreisatz-Fans

a) Petra hat ihr Handy 15% billiger bekommen und dabei 27 € gespart. Berechne den ursprünglichen Preis. Verwende das Dreisatzschema.

Prozentsatz → Geldbetrag :

15% ↦

A.:

b) In einer Firma sind 65% aller Mitarbeiter Frauen, das sind 364. Wie viele Mitarbeiter hat die Firma?

c) In der Hauptsaison verlangt die Pension Gletscherblick 450 € pro Person und Woche, das sind 125% des normalen Pensionspreises. Berechne den normalen Pensionspreis.

27. Prozentuale Zu- und Abnahme

a) Nachdem der Preis um 10% erhöht worden ist, kostet ein Laptop 495 €. Wie viel hat der Laptop vor der Preiserhöhung gekostet? Lies zunächst, was Wurzel und Silvester dazu sagen, vervollständige dann das Diagramm und rechne.

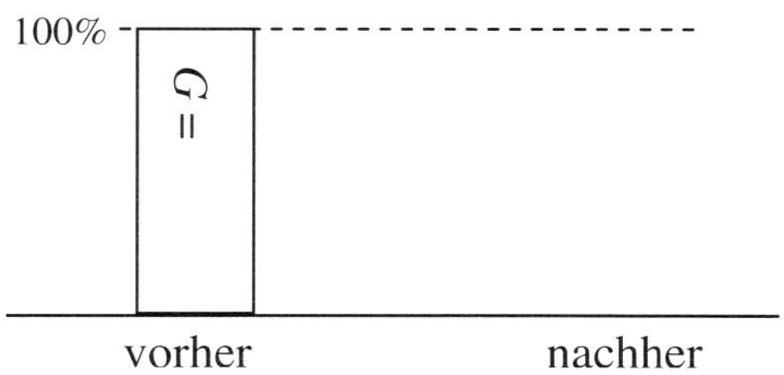

b) Nach einer Preissenkung um 20% kostete ein Digitalkamera nur noch 188 €. Wie teuer war sie vorher? Stelle zunächst Überlegungen wie in a) an.

c) Die Mitgliederzahl eines Sportvereins hat im letzten Jahr um 15% zugenommen und betrug am Jahresende 391. Wie viele Mitglieder hatte der Verein zu Jahresbeginn?

d) In 2014 verbrauchte Familie Saubermann 152 m^3 Wasser, 5% weniger als im Vorjahr. Wie viel Wasser verbrauchten die Saubermanns 2013?

28. Schreibe zu den Rechenausdrücken Sachaufgaben aus der Prozentrechnung und löse sie.

a) $\frac{522^*}{1{,}16}$ b) $\frac{69^*}{0{,}75}$ c) $\frac{5664^*}{1{,}18}$

* Gegebenenfalls eine Benennung hinzufügen.

Grafische Darstellungen

29. a) Wie viel Prozent des Streifens sind grau unterlegt?

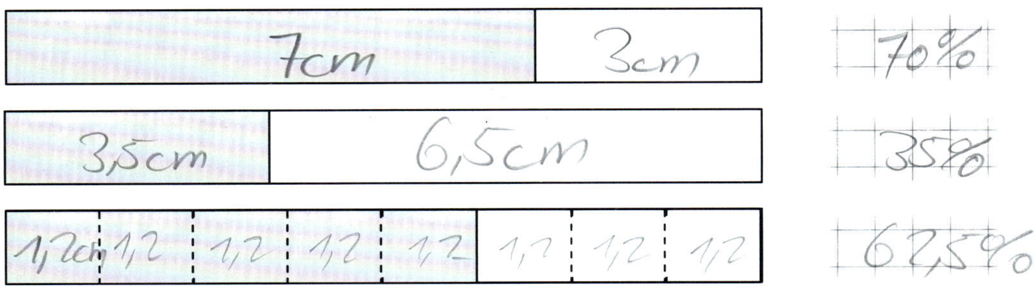

b) Zeichne 46% des Streifens farbig.

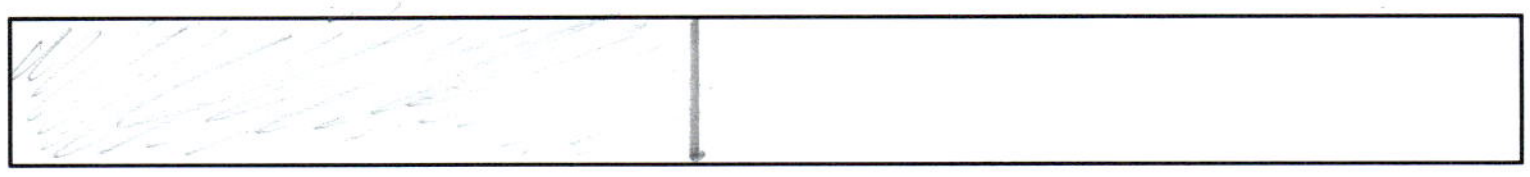

30. Marie bekommt 40 € Taschengeld im Monat. Für September hat sie in einem **Streifendiagramm** dargestellt, welchen Anteil ihres Taschengeldes sie wofür ausgegeben hat.

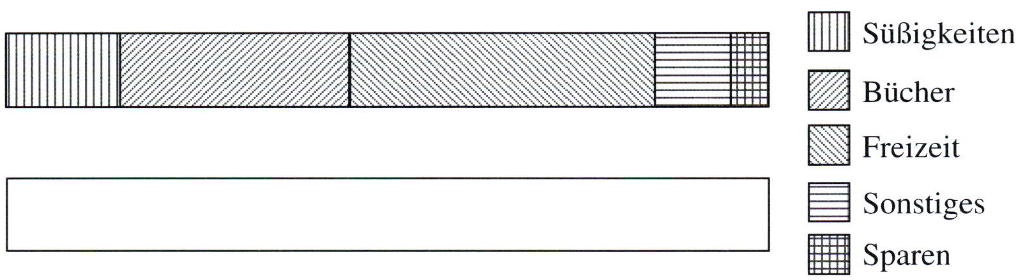

a) Lies ab, wie viel Prozent ihres Taschengeldes Marie im September für Süßigkeiten, Bücher, Freizeit, Sonstiges und Sparen ausgegeben hat. Rechne aus, wie viel Euro das jeweils sind.

	Prozentsatz	Prozentwert
Süßigkeiten	15%	6€
Bücher	30%	12€
Freizeit	40%	16€
Sonstiges	10%	4€
Sparen	5%	2€

b) Im Oktober hat Marie 8 € für Süßigkeiten, 18 € für ein Buch und 9 € für den Eintritt ins Schwimmbad ausgegeben. Den Rest hat sie gespart. Berechne die zugehörigen Prozentsätze und stelle sie im zweiten Streifendiagramm grafisch dar.

c) Maries Freund Markus zeichnet lieber **Balkendiagramme**.
Stelle Maries Streifendiagramme als Balkendiagramme dar.

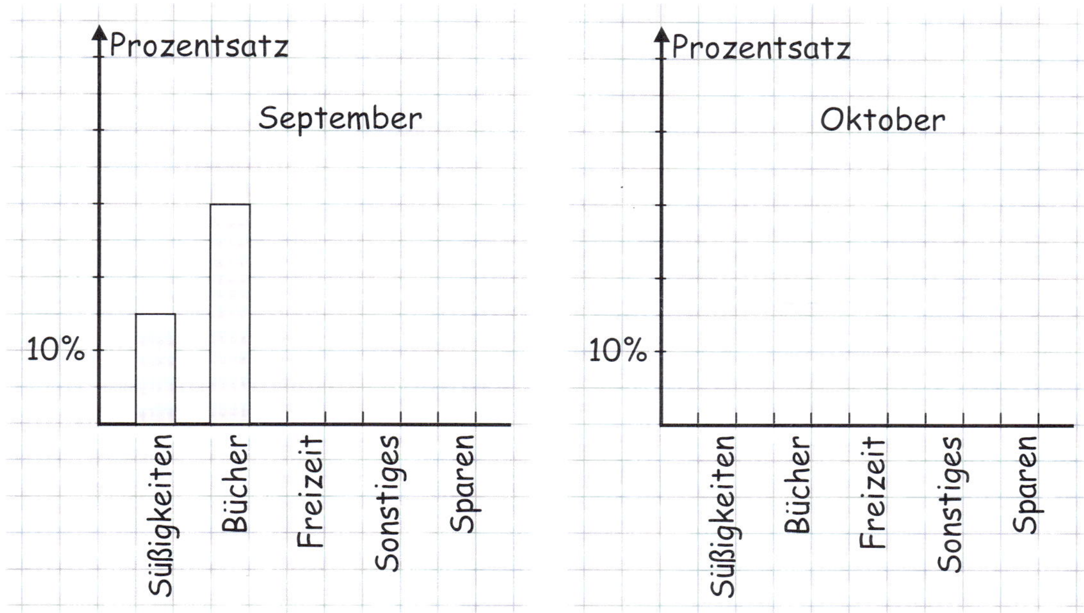

d) Marie möchte diese Diagramme in den nächsten Monaten fortsetzen. Erkläre, warum Streifendiagramme eine gute Wahl sind.

31. Kreisdiagramm

Silvester hat die Schüler eines Gymnasiums nach ihrem Lieblingsfach gefragt und das Ergebnis der Umfrage in einem Kreisdiagramm dargestellt. Leider hat er vergessen, die Prozentsätze an die einzelnen Sektoren zu schreiben.

a) Finde heraus, wie viel Prozent der Schüler Sport als Lieblingsfach genannt haben. Beschreibe, wie du vorgehst.

b) Bestimme die übrigen Prozentsätze.

c) An der Umfrage haben 560 Schüler teilgenommen. Wie häufig werden Englisch, Mathematik und Sport als Lieblingsfächer genannt?

32. Im Kreisdiagramm gehört zu jedem Prozentsatz $p\%$ ein bestimmtes Winkelmaß φ zu. Die Zuordnung $p\% \mapsto \varphi$ soll proportional sein und $100\% \mapsto 360°$ (voller Winkel).

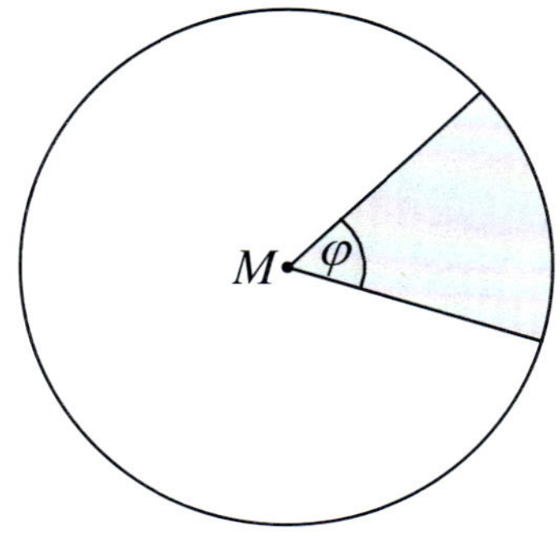

a) Begründe Wurzels Aussage:

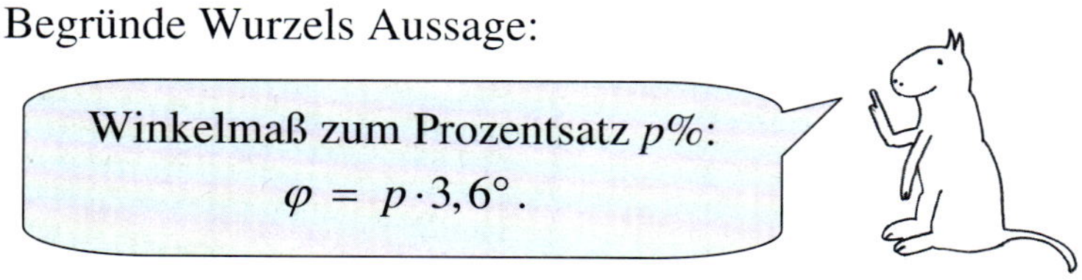

b) Fülle die Tabelle aus.

P%	5%	10%	12,5%	20%	25%	30%	$33\frac{1}{3}$ %	50%
φ	18°	36°	45°	72°	90°	108°	120°	180°

c) Welcher Prozentsatz gehört zum Winkelmaß 100°? Runde auf eine Dezimale.

27,8%

33. Die Fläche des Saarlandes verteilt sich wie folgt auf die Landkreise:

Landkreis	Flächen-Anteil	Winkelmaß
Regionalverband Saarbrücken	16,0%	57,6°
Landkreis Merzig-Wadern	21,6%	77,7°
Landkreis Neunkirchen	9,7%	34,9°
Landkreis Saarlouis	17,9%	64,4°
Saarpfalz-Kreis	16,3%	58,6°
Landkreis St. Wendel	18,5%	66,6°

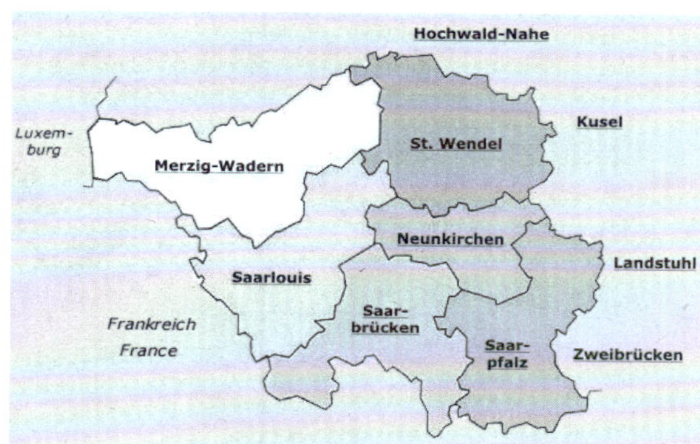

a) Stelle die Flächeninhalte der Landkreise in einem Kreisdiagramm dar. Berechne zunächst die zugehörigen Winkelmaße.

b) Es gibt Computerprogramme (z. B. Excel), mit denen man bequem Kreisdiagramme erstellen kann. Probiere es aus.

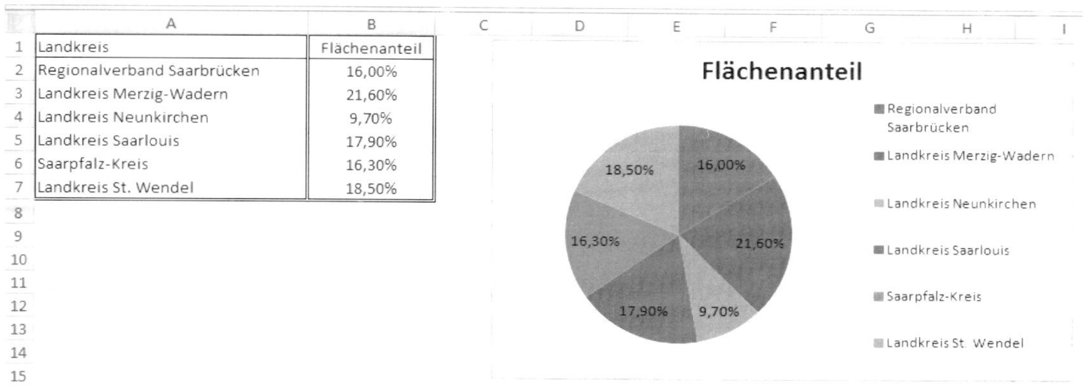

34. 600 Schüler wurden über ihr Leseverhalten befragt. Hier das Ergebnis:

	Anzahl	Prozentsatz	Winkelmaß
Ich lese überhaupt nicht.	96	16%	57,6°
Ich lese bis zu 30 min täglich.	138	23%	82,8°
Ich lese zwischen einer halben und einer Stunde täglich.	192	32%	115,2°
Ich lese täglich eine Stunde und mehr.	174	29%	104,4°

a) Ergänze in der Tabelle die Prozentsätze.

b) Stelle das Ergebnis der Umfrage in einem **vertikalen Streifendiagramm** dar. Wähle als Einheit 10 cm.

c) Stelle das Ergebnis in einem **Kreisdiagramm** dar.

35. a) Das Kreisdiagramm zeigt, wie Peter die 24 Stunden eines Schultages verbringt.

Rechne aus, wie viele Stunden Peter schläft, in der Schule verbringt, Hausaufgaben macht und Freizeit hat.

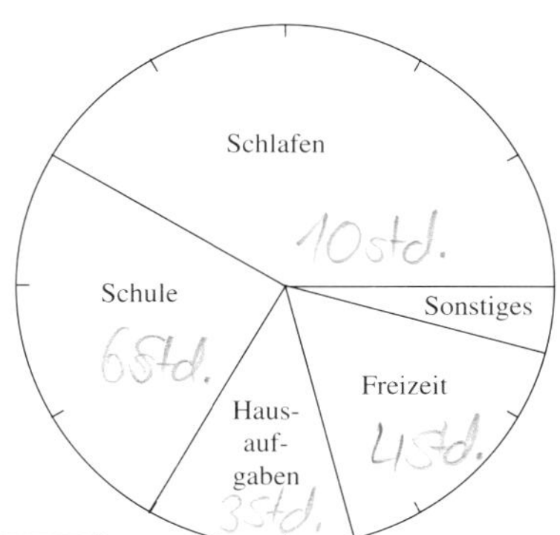

b) Sein Freund Pierre aus Forbach beschreibt seinen Tagesablauf so:

Dormir: 9 h	Avoir du temps libre: 5 h
A l'école: 7 h	D'autres activités: 1 h
Faire les devoirs: 2 h	

Zeichne zu Pierres Angaben ein Kreisdiagramm (französisch: un fromage).

36. Das Balkendiagramm rechts zeigt die Verteilung der Jahresnoten im Fach Mathematik im letzten Schuljahr am Procento-Gymnasium (800 Schüler).

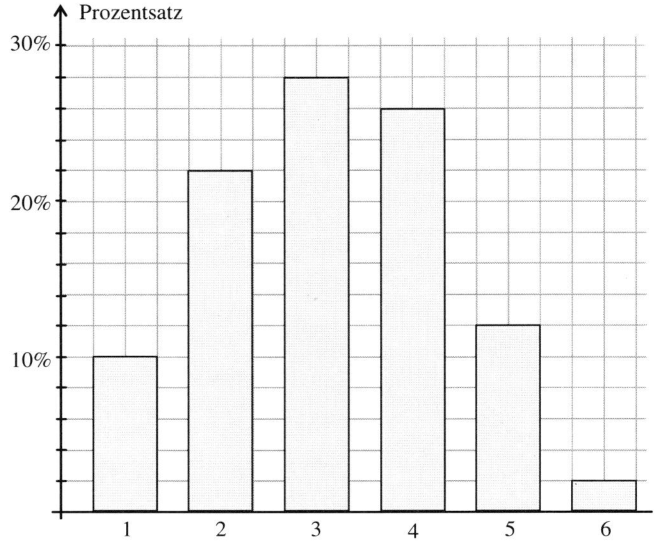

a) Fülle die Tabelle aus.

Note	sehr gut	gut	befriedigend	ausreichend	mangelhaft	ungenügend
Prozentsatz	10%	22%	28%	26%	12%	2%
Zahl der Schüler	80	176	224	208	96	16

b) Stelle die Verteilung der Mathematiknoten in einem Kreisdiagram dar.

c) Welchen Vorteil hat das Balkendiagramm gegenüber dem Kreisdiagramm?

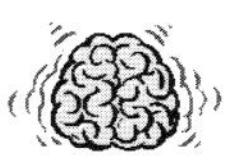

37. Bundestagswahl 2013

Die Tabelle zeigt die Ergebnisse der Bundestagswahl 2013.

	Anzahl	%
Wahlberechtigte	61 946 900	---
Wähler	44 309 925	72%
gültige Stimmen	43 726 856	99%
CDU/CSU	18 165 446	42%
SPD	11 252 215	26%
Die Linke	3 755 699	9%
Grüne	3 694 057	8%
FDP	2 083 533	5%
Übrige	4 775 906	11%

Quelle: www.bundeswahlleiter.de

a)
- Wie viel Prozent der Wahlberechtigten gingen zur Wahl (Wahlbeteiligung)?
- Wie viel Prozent der abgegebenen Stimmen waren gültig?
- Wie viel Prozent der gültigen Stimmen erhielten die einzelnen Parteien?

Runde die Prozentsätze jeweils auf eine Dezimale und trage sie in die Tabelle ein.

b) Stelle die Stimmanteile der Parteien in einem **Streifendiagramm**, einem **Balkendiagramm** und einem **Kreisdiagramm** dar.

Vermischte Prozentaufgaben

38. Gib in Prozent an.

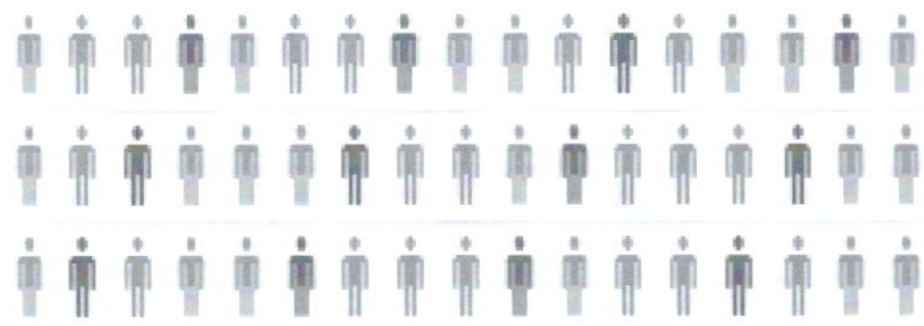

Jeder vierte Saarländer (einer von vier Saarländern) ist übergewichtig:

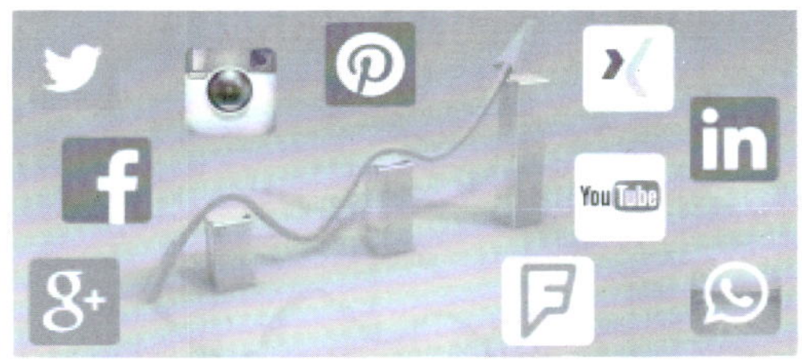

Drei von fünf Saarländern nutzen Soziale Netzwerke:

In Deutschland ist ungefähr ein Drittel der Landfläche mit Wald bedeckt:

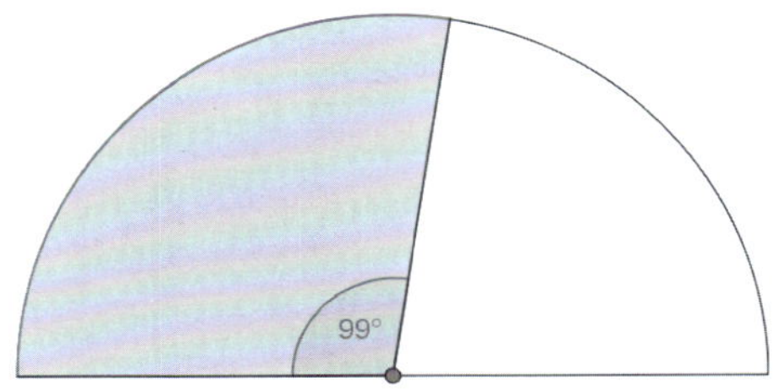

Anteil der dunklen Fläche an der Halbkreisfläche:

Was hältst du von dieser Aussage?

Vier von drei Saarländern
können nicht rechnen.

39. Rechne zunächst überschlägig und dann genau.

	Überschlag	genau
Wie viel % sind 6 von 32?		
Wie viel sind 67,5% von 600?		
48% von welcher Zahl sind 792?		
Wie viel sind 19% von 995 €?		
30% einer Fläche sind 153 m^2. Wie groß ist die Fläche?		
Wie vie % sind 153 g von 204 g?		

40. a) Der Landwirt Grün baut auf 9,8 ha Kartoffeln an, das sind 35% der Nutzfläche seines Betriebes. Wie groß ist die Nutzfläche?

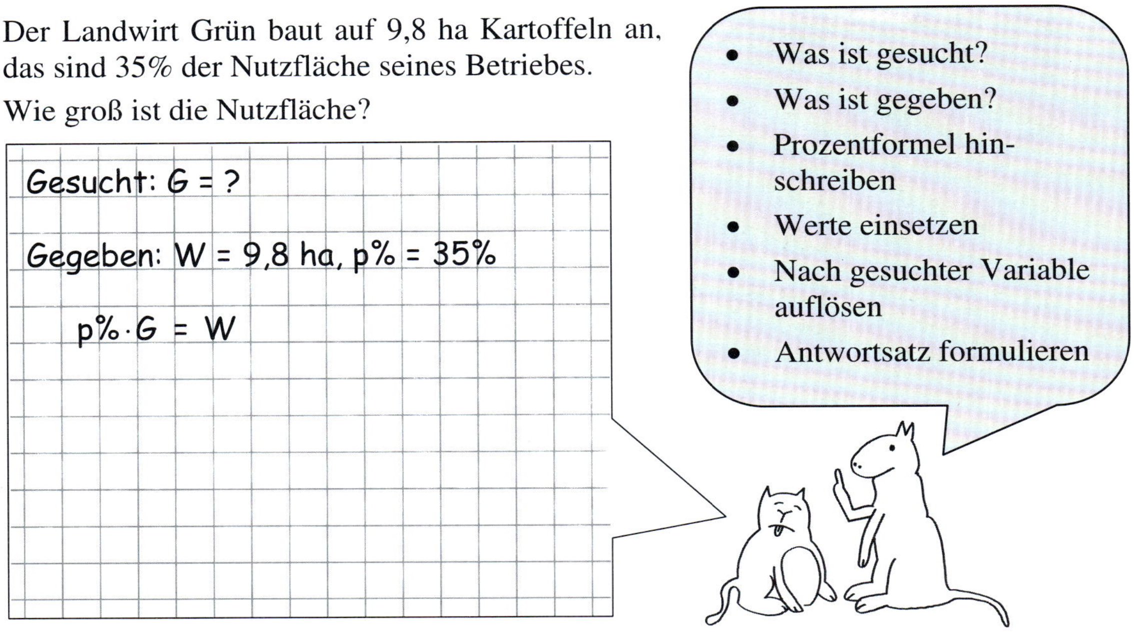

b) Frau Lehmann verdient monatlich 2350 €. Davon muss sie 18,6% Steuern zahlen. Wie hoch sind die Steuern?

c) Der Bau eines Hauses kostet 320 000 €, davon hat der Rohbau einen Anteil von 115 000 €. Wie viel Prozent sind das? Runde sinnvoll.

d) Die Hell-GmbH produziert LED-Lampen. Erfahrungsgemäß sind 1,5% der Lampen defekt. Aus einer Tagesproduktion wurden 138 defekte Lampen aussortiert. Wie viele Lampen wurden an diesem Tag hergestellt?

41. Lyoneraufgabe

Lyonerwurst enthält 13% Eiweiß und 28% Fett.

a) Ein Ringel Lyoner wiegt 400 g. Wie viel Gramm Eiweiß und Fett sind enthält der Ringel?

b) Silvesters Tagesbedarf an Fett beträgt 70 g. Welche Portion Lyoner deckt diesen Bedarf?

c) Eine 250g-Portion fettarmer Lyoner enthält 45 g Fett. Wie viel Prozent sind das?

42. a) Bei einer Bürgermeisterwahl gingen 8800 Personen zur Wahl. Rund 1,6% der Stimmen waren ungültig. Berechne die Zahl der gültigen Stimmen.

b) Die Miete einer Wohnung wurde um 5% erhöht und beträgt jetzt 420 €. Wie hoch war die alte Miete?

c) Der Preis einer Packung Kaffee steigt von 6,25 € auf 7,00 €.

- Um wie viel Prozent wird der Kaffee teurer?
- Wie viel Prozent des alten Preises beträgt der neue Preis?
- Wie viel Prozent des neuen Preises beträgt der alte Preis?

d) Die Länge eines Drahtes ist mit 50 m angegeben. Die Herstellerfirma schreibt in ihrem Prospekt, dass die Abweichung höchsten 0,5% beträgt. In welchen Grenzen liegt die Drahtlänge?

43. In der Annonce sind einige Zahlen verwischt. Ergänze sie.

ELEKTRO HELL

Alle Artikel % billiger!

Digitalkamera	~~260~~ €	jetzt:	€
Smartphone	~~380~~ €	jetzt:	247 €
HD-Beamer	€	jetzt:	598 €

44. Zahlenrätsel

a) Vergrößert man eine Zahl um 42%, so ergibt sich 639.

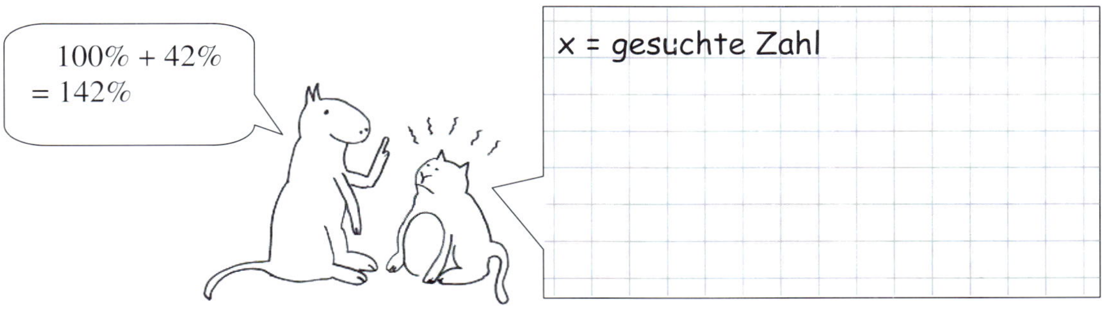

b) Vergrößert man eine Zahl um 35%, so ergibt sich 216.

c) Verkleinert man eine Zahl um 22%, so ergibt sich 507.

d) Vergrößert man eine Zahl um 2,5%, so ergibt sich 4305.

e) Verkleinert man eine Zahl um 1%, so ergibt sich 79,2.

45. Stoffrest

Aus dem abgebildeten Stoffrest soll eine möglichst große kreisrunde Tischdecke herausgeschnitten werden.

a) Zeichne die Kreisfläche ein und berechne ihren Inhalt.

b) Wie viel Prozent Verschnitt entsteht?

c) Um wie viel Prozent ist die Verschnittfläche kleiner als die Kreisfläche?

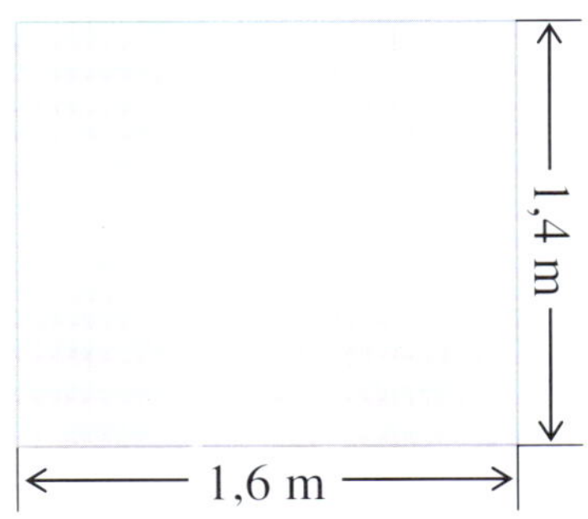

46. Rechteck verändern

a) Ein rechteckiger Platz ist 80 m lang und 50 m breit.

- Der Platz wird um 10% verlängert. Um wie viel Prozent nimmt seine Fläche zu?
- Was ergibt sich, wenn statt der Länge die Breite um 10% vergrößert wird?
- Die Länge und die Breite werden um 10% vergrößert. Prüfe, ob der Flächeninhalt um 20% zunimmt.

b) Länge und Breite des Platzes werden um 10% verkleinert. Um wie viel Prozent ändert sich der Flächeninhalt?

47. Legierungen

a) Konstantan ist eine Legierung (ein Metallgemisch) aus Kupfer und Nickel. Es sollen 150 kg Konstantan aus 55% Kupfer und 45% Nickel hergestellt werden. Wie viel kg Kupfer und wie viel kg Nickel werden benötigt?

b) Messing ist eine Legierung aus Kupfer und Zink. Messing 60 besteht zu 60% aus Kupfer und zu 40% aus Zink. Wie viel Messing 60 kann man aus 18 kg Zink herstellen? Wie viel Kupfer wird dazu benötigt?

c) Eine 50-Cent-Münze wiegt 7,8 g und besteht aus „Nordischem Gold", das ist eine Legierung aus Kupfer, Aluminium, Zink und Zinn. Es werden 100 kg Kupfer benötigt, um 14 400 50-Cent-Münzen herzustellen. Wie viel Prozent Kupfer enthält eine solche Münze?

48. Mischungsaufgabe

a) Wie viel Liter reinen Alkohol und wie viel Liter Wasser enthalten 60 Liter 65-prozentiger Alkohol?

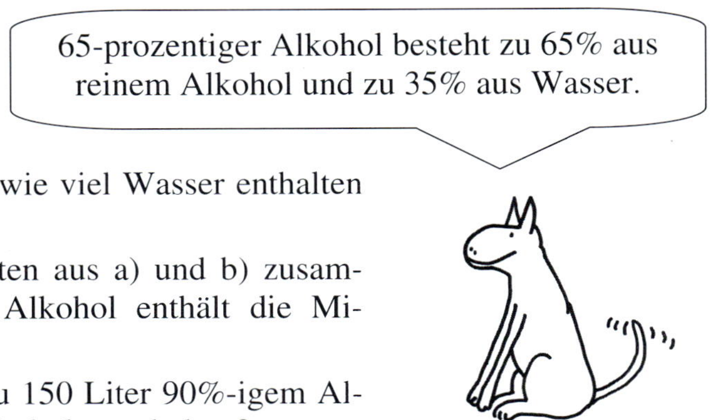

b) Wie viel Liter reinen Alkohol und wie viel Wasser enthalten 40 Liter 80%-iger Alkohol?

c) Nun werden die beiden Flüssigkeiten aus a) und b) zusammengeschüttet. Wie viel Prozent Alkohol enthält die Mischung?

d) Wie viel Liter Wasser muss man zu 150 Liter 90%-igem Alkohol hinzufügen, um 60%-igen Alkohol zu erhalten?

49. Prozente von Prozenten

a) Gegeben ist ein 10 cm langer Streifen:

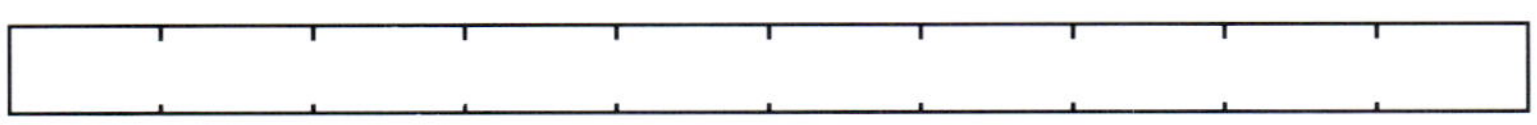

- Umrande 80% des Streifens mit einem Farbstift.
- Male 25% der umrandeten Fläche farbig aus.
- Ergänze.

25% von 80% des Streifens = ____ % des Streifens.

b) Rechne und erkläre.

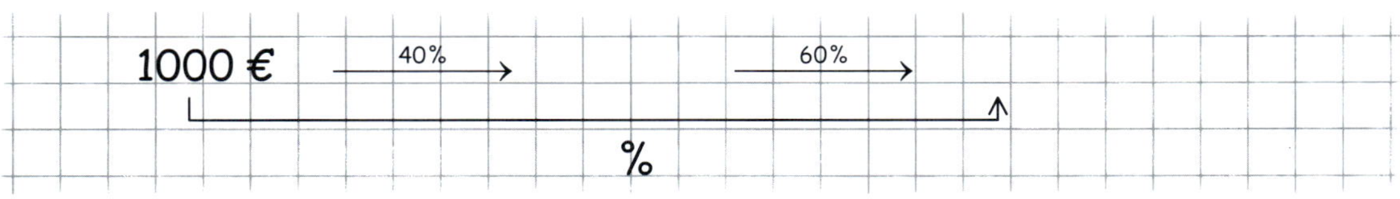

c) Berechne.

- 30% von (75% von 1600) =
- 80% von (36% von 250 kg) =
- 125% von (15% von 800 €) =

d) Vergleiche.

- 25% von (60% von x) =
- 60% von (25% von x) =

e) Zeige:

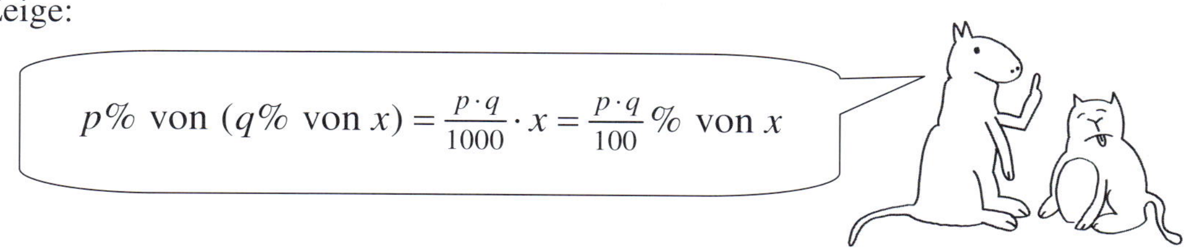

50. a) Vergrößere die Zahl 500 um 20% und die neue Zahl nochmals um 20%.
- Welche Zahl erhältst du?
- Um wie viel Prozent ist diese Zahl größer als 500?
- Welche Zahl erhältst du, wenn du 500 um 40% vergrößerst?

b) Verkleinere die Zahl 500 wird um 16% und die neue Zahl um 10%.
- Welche Zahl erhältst du?
- Um wie viel Prozent ist diese Zahl kleiner als 500?
- Welche Zahl erhältst du, wenn du 500 um 26% verkleinerst?

c) Vergrößere die Zahl 500 um 40% und verkleinere dann die neue Zahl wieder um 40%.
- Welche Zahl erhältst du?
- Um wie viel Prozent weicht diese Zahl von 500 ab?
- Du hast die Zahl 500 um 40% vergrößert. Um wie viel Prozent musst du die neue Zahl verkleinern, damit wieder 500 herauskommt?

51. a) Das Monatsgehalt eines Angestellten beträgt 3200 €. Im Laufe von drei Jahren wird es zweimal erhöht: zunächst um 5,5% und das neue Gehalt dann um 4%.
- Wie viel Euro verdient der Angestellte im Monat nach drei Jahren?
- Um wie viel Prozent ist das ursprüngliche Gehalt im Ganzen gestiegen?

b) Ein Autohersteller erhöhte im vergangenen Jahr die Preise um 3,2% und vor zwei Wochen um weitere 2,5%.
- Um wie viel Prozent sind die ursprünglichen Preise im Ganzen gestiegen?
- Wie teuer war ein Auto, das jetzt 23 906 € kostet, vor den beiden Preiserhöhungen?

c) Ein Elektromarkt hat den Preis eines Fernsehgerätes zweimal reduziert. Zunächst wurde das Gerät um 12,5% verbilligt und kostete danach noch 350 €. Dieser Preis wurde noch einmal um 10% gesenkt.
- Um wie viel Prozent ist das Fernsehgerät insgesamt billiger geworden?
- Wie hoch war der ursprüngliche Preis?
- Was kostete das Gerät nach der zweiten Preissenkung?

52. Procento-Gymnasium

Jahr	Schülerzahl	Jungen	Mädchen	Anteil der Mädchen in %
2010	750	450		
2015	800		360	

Ergänze die Tabelle und kreuze die richtigen Aussagen an.

Von 210 bis 2015 …

○ … ist die Zahl der Mädchen um 5% gestiegen.

○ … ist die Zahl der Mädchen um 20% gestiegen.

○ … ist die Zahl der Jungen um 20% gesunken.

○ … ist der Prozentsatz der Mädchen um 12,5% gestiegen.

○ … ist der Anteil der Jungen um $8\frac{1}{3}$ % gesunken.

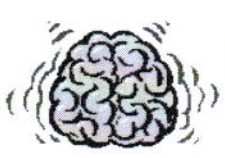

53. Prozentpunkte

Wahlergebnisse werden oft mit den Ergebnissen der vorausgegangenen Wahl verglichen.

Die Ergebnisse der Gemeinderatswahl in Prozentingen von 2010 und 2015:

	2010		2015		Veränderung zu 2010 in Prozentpunkten
	Anzahl	%	Anzahl	%	
gültige Stimmen	8000	98	8200	98,2	+ 0,2
SPD	2880	36	2788	34	- 2
CDU	2480		2665		
...	...	...	...	...	...

a) Auf welchen Grundwert beziehen sich die Prozentangaben bei den gültigen Stimmen?

b) Ergänze die Angaben zur CDU.

c) Begründe, warum folgende Aussagen falsch sind.

- Die SPD verliert 2015 im Vergleich zu 2010 2% der Stimmen.
- Die CDU gewinnt 2015 im Vergleich zu 2010 1,5% der Stimmen.

54. Aus einer Zeitung:

> Fuhr vor einigen Jahren noch jeder zehnte Autofahrer zu schnell, so ist es mittlerweile nur noch jeder fünfte. Doch auch 5% sind zu viele, und so wird weiterhin kontrolliert, und die Schnellfahrer haben zu zahlen.

Nimm Stellung zu dem Zeitungsartikel.

55. Eine Zeitung meldet:

> 70% aller mit dem Fahrrad verunglückten Kinder sind Jungen. Jungen auf dem Fahrrad sind also stärker gefährdet als Mädchen.

Die Zeitungsmeldung beruht auf folgender Tabelle, in der die 10000 Schülerinnen und Schüler einer Region, die mit dem Fahrrad zur Schule fahren, nach Geschlecht und Unfallbeteiligung aufgeführt sind.

	Verunglückt	Nicht verunglückt	Summe
Jungen	70	8400	8470
Mädchen	30	1500	1530
Kinder insgesamt	100	9900	10000

Beurteile die Zeitungsmeldung.

56. Zum Knobeln

Gurkenaufgabe: Eine Gurke wiegt 600 g und besteht zu 90% aus Wasser. Nach einem Tag in der Sonne ist der Wasseranteil auf 80% gesunken. Wie viel wiegt die Gurke jetzt?

Kamelaufgabe: Vor dem Trinken besteht ein Kamel zu 84% aus Wasser, nach dem Trinken zu 85% und wiegt 800 kg. Wie viel wog es vor dem Trinken?

Aus Handel und Wirtschaft

57. a) Erläutere nebenstehende Rechnung.

b) Erkläre den Unterschied zwischen **Bruttopreis** und **Nettopreis**.

A. Schmied
Werkzeuge und Maschinen

Barverkauf

1 Rasenmäher		259,00 €
1 Kehrmaschine		169,00 €
	Summe netto	428,00 €
	MwSt. 19%	81,32 €
	Summe brutto	509,32 €

Die **Mehrwertsteuer** (MwSt.) wird vom Staat auf alle Waren und Dienstleistungen erhoben.

- MwSt. = 19% des **Nettopreises**.
- **Bruttopreis** = Nettopreis + MwSt.
  = 119% des Nettopreis

Für Lebensmittel, Bücher und Zeitungen gilt ein ermäßigter Mehrwertsteuersatz von 7%.

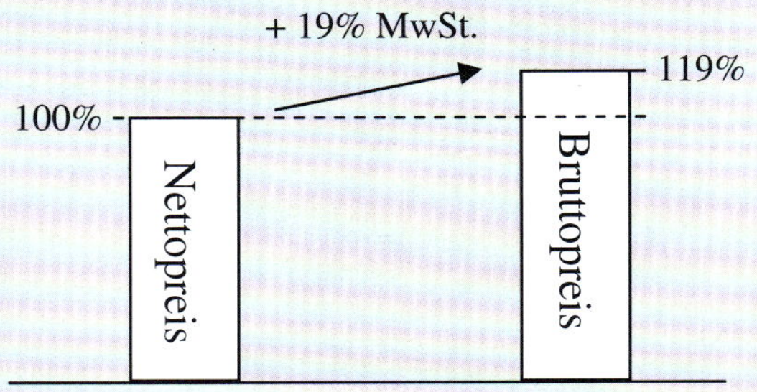

58. a) Der Nettopreis eines E-Bikes beträgt 2100 €.
Berechne die MwSt. und den Bruttopreis.

b) Ein Kühlschrank kostet brutto 476 €. Berechne den Nettopreis und die MwSt.

c) Die MwSt. für eine Jeans beträgt 14,25 €. Berechne den Netto- und den Bruttopreis.

59. Silvester hat die Zusammenhänge zwischen Nettopreis, Bruttopreis und Mehrwertsteuer in einem Diagramm dargestellt.

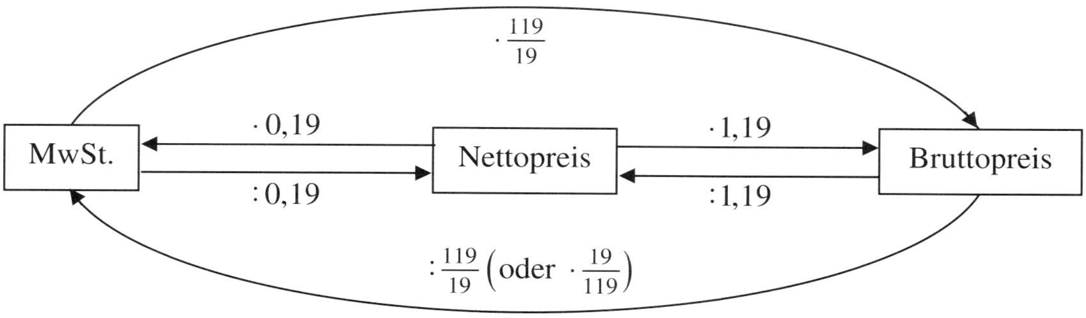

a) Erkläre das Diagramm und überprüfe die Zahlenangaben.

b) Ergänze.

Mehrwertsteuer	Nettopreis	Bruttopreis
	65 €	
		952 €
95 €		

60. a) Die Reparaturrechnung einer Autowerkstatt beträgt netto 452 €. Berechne den Bruttobetrag.

b) Die Mehrwertsteuer für einen Rasenmäher beträgt 49,50 € (auf zwei Dezimalen gerundet). Berechne den Bruttospreis.

c) Der Bruttospreis eines Pkw beträgt 21 420 €. Berechne die MwSt.

d) Herr Schubert kauft in Innsbruck ein Paar Bergschuhe. Die Schuhe kosten netto 165 € und brutto 198 €. Wie hoch ist der MwSt.-Satz in Österreich?

61. a) Beschreibe den Kassenbon des Discount-Marktes und erkläre, wie die Mehrwertsteuer berechnet wird.

b) Silvester hat einen Taschenrechner und ein Mathebuch gekauft. Die MwSt. für den Taschenrechner betrug 2,85 € und für das Buch 1,40 €. Wie viel musste Silvester insgesamt zahlen?

Discount-Markt

3466 Nugathappen		0,99 A
9746 Marzipanhappen		0,99 A
3687 Edelmarzipan-Stollen		2,79 A
4355 Lebkuchen, 600 g		2,79 A
2928 Butter-Mandel-Stollen		2,89 A
7999 Aachener Auslese		4,29 A
37375 Zekol Profi Reiniger		2,99 B
Summe		17,73
7 Artikel		
Bar	EUR	17,73
Nettobetrag	MwSt A	13,78
MwSt	07,0%	0,96
Nettobetrag	MwSt B	2,51
MwSt	19,0%	0,48

Vielen Dank für Ihren Einkauf

Unsere Öffnungszeiten
Mo - Sa: 08:00 - 20:00 Uhr

62. Herr Franzen will sein Bad mit neuen Fliesen auslegen lassen. Die Fliesen hat er bereits gekauft. Für welchen Handwerker soll er sich entscheiden?

Aktionswoche Bad	***Platten Kiefer***
Fliesenlegen: nur 30 € pro m^2 (zuzüglich MwSt.)	Fliesenlegen: 35 € pro m^2 (inklusive MwSt.)

63. Das Modehaus **Elegant** kauft eine Kollektion Mäntel für 200 € pro Mantel ein. Der Nettopreis wird auf 280 € festgesetzt.

a) Wie groß ist die **Handelsspanne**?

Handelsspanne = Nettopreis - Einkaufspreis =

b) Wie viel Prozent vom Einkaufspreis beträgt die Handelsspanne (der sogenannte **Kalkulationsaufschlag**)?

Kalkulationsaufschlag =

c) Was kostet ein Mantel brutto?

Bruttopreis =

Einkaufspreis + **Handelsspanne** = Nettopreis,

$$\textbf{Kalkulationsaufschlag} = \frac{\text{Handelsspanne}}{\text{Einkaufspreis}},$$

Nettopreis + MwSt. = Bruttopreis.

64. a) Möbel **Otto** kauft eine Couch zu 1400 € ein. Die Firma rechnet mit 50% Kalkulationsaufschlag. Zu welchem Preis wird die Couch dem Kunden angeboten?

b) Bei **Megabyte-Müller** kostet ein Drucker netto 243 €. Müller kalkuliert mit einem Aufschlag von 35%. Berechne den Einkaufspreis und den Bruttopreis. Der Bruttopreis wird auf ganze Euro gerundet.

c) Eine Ware, die im Einkauf 240 € kostet, wird brutto für 380,80 € verkauft. Berechne die Handelsspanne und den Kalkulationsaufschlag.

Rabatt

Der **Rabatt** ist ein Preisnachlass, der bei Ausverkäufen, beim Bezug größerer Mengen oder für besondere Käufergruppen (z. B. Firmenangehörige) eingeräumt wird.

Skonto

Der (oder das) **Skonto** ist ein Preisnachlass, der bei Barzahlung oder bei Bezahlung innerhalb einer vorgegebenen Frist (z. B. eine Woche) eingeräumt wird.

65. a) Herr Giebel bezahlt die nebenstehende Rechnung sofort nach Erhalt durch Überweisung von seinem Girokonto.

> **Dachdeckermeister First**
> **Rechnung:**
> Dachdeckerarbeiten: 1650 €
> Bei Zahlung innerhalb von 8 Tagen 2% Skonto.

b) Frau Koch kauft eine neue Küche. Sie bezahlt bar, erhält 3% Skonto und spart so 234 €. Wie viel muss Frau Koch für die Küche bezahlen?

c) Ein Firmenangehöriger erhält einen Pkw, der normalerweise 18 500 € kostet, zu einem Preis von 15 170 €. Berechne den Rabatt in %.

66. a) Frau Peter bezahlt den Fernseher bar und erhält daher 3% Skonto. Schreibe für Frau Peter eine Rechnung.

> ELEKTRO MÜLLER
> Fernsehgeräte
> Nettopreis: 800 €

b) Der Auszubildende Martin rechnet so: 19% MwSt. dazu, 3% Skonto ab, also 16% dazu. Kann Frau Peter mit der Rechnung einverstanden sein? Welchen Denkfehler macht Martin?

c) Die Auszubildende Martina zieht vom Nettopreis den Skonto ab und berechnet dann zu dem reduzierten Nettopreis den Bruttopreis. Ist diese Rechnung korrekt?

d) Herr Paul erhält als Firmenangehöriger auf den Fernsehapparat 20% Rabatt. Da er die Rechnung in 6 Monatsraten bezahlen will, erfolgt auf den Barpreis ein Aufschlag von 5%. Wie hoch ist jede Rate?

67. Herr und Frau Hoff möchten mit ihrer 10-jährigen Tochter und ihrem 14-jährigen Sohn Skiurlaub in Südtirol machen. Herr Hoff hat die Angebote zweier Pensionen für eine Woche Übernachtung und Frühstück eingeholt. Vergleiche die Angebote.

Pension **Gletscherblick**	
Pro Person 180 € (1 Woche).	
Kinderermäßigung:	
4 – 9 Jahre	50%
10 – 12 Jahre	30%
13 – 16 Jahre	10%

Pension **Weißkugel**	
Pro Person 204 € (1 Woche).	
Kinderermäßigung:	
Bis 6 Jahre	100%
7 – 12 Jahre	50%
13 – 16 Jahre	30%

68. Brutto, Netto, Tara

Bei verpackter Ware unterscheidet man
- das **Nettogewicht**: Gewicht der Ware ohne Verpackung,
- das **Taragewicht**: Gewicht der Verpackung,
- das **Bruttogewicht**: Gesamtgewicht.

Nettogewicht
+
Taragewicht
=
Bruttogewicht

a) Eine Kiste Äpfel wiegt brutto 27,5 kg. Die Kiste selbst wiegt 4% des Bruttogewichts. Berechne das Gewicht der Äpfel.

b) Ein Glas Gurken wiegt 685 g. Auf dem Etikett sind 450 g Nettogewicht und 320 g Abtropfgewicht (= Gewicht der Gurken ohne Aufgussflüssigkeit) angegeben.
- Wie viel Prozent des Bruttogewichts beträgt die Tara?
- Wie viel Prozent des Nettogewichts beträgt das Abtropfgewicht?

c) Eine Waschmaschine wird zum Versand verpackt. Das Nettogewicht ist 68,2 kg, das Taragewicht beträgt 12% des Bruttogewichts. Berechne das Bruttogewicht.

69. Herr Meier verdient im Monat 2800 €.

Davon werden Steuern und Versicherungsbeiträge abgezogen. Ausbezahlt erhält er das Nettogehalt. Berechne das Nettogehalt.

Wie viel Prozent des Bruttogehaltes betragen das Nettogehalt und die Abzüge?

Bruttogehalt:	2800 €
Steuern:	- 412 €
Versicherungen:	- 568 €
Nettogehalt:	€

70. Gehaltserhöhung

Bei Tarifverhandlungen stehen drei Vorschläge zur Debatte:
1. Die Gehälter werden um 120 € angehoben.
2. Die Gehälter werden um 5% angehoben.
3. Die Gehälter werden um einen Sockelbetrag von 30 € und 3,9% des ursprünglichen Gehaltes angehoben.

Wie wirken sich die drei Regelungen auf die Gehälter von Arbeitnehmern aus, die 2000 €, 2500 €, 3000 € verdienen? Berechne jeweils auch den prozentualen Anstieg der Gehälter. Stelle die Ergebnisse in der folgenden Tabelle zusammen.

altes Gehalt	Regelung 1		Regelung 2		Regelung 3	
	neues Gehalt	Anstieg in %	neues Gehalt	Anstieg in %	neues Gehalt	Anstieg in %
2000 €						
2500 €						
3000 €						

Kleine Anteile - Promille

‰ = **Promille**

p‰ steht für $\frac{p}{1000}$.

17‰ $= \frac{17}{1000} = 0{,}017$

71. a) Schreibe als Dezimalbruch.

5‰ $= \frac{5}{1000} = 0{,}005$	128‰ =
9‰ =	7,5‰ =

b) Verwende die Promilleschreibweise.

$\frac{32}{1000}$ =	0,0016 =
0,045 =	$\frac{3}{500}$ =
0,008 =	$\frac{7}{125}$ =

c) Finde heraus, wie Prozent und Promille zusammenhängen.

- 1% =
- 1‰ =

72. a) Silvester und Wurzel berechnen, welcher Bruchteil 280 g von 80 kg sind. Nimm Stellung zu den Rechnungen.

$\frac{280\text{g}}{80\text{kg}} = \frac{0{,}28\text{kg}}{80\text{kg}} = 0{,}0035$
$= 0{,}35\%$

$\frac{280\text{g}}{80\text{kg}} = \frac{0{,}28\text{kg}}{80\text{kg}} = 0{,}0035$
$= 3{,}5‰$

b) Berechne den Promillesatz.

① 3 cm von 6 m
② 210 mg von 150 g
③ 51 ℓ von 6 m³
④ 6 kg von 7,5 t
⑤ 1,2 ml von 2,5 ℓ
⑥ $\frac{1}{5}$ min von $\frac{5}{6}$ h

73. a) Herr Barth kauft über seine Bank 75 BASF-Aktien zum Kurs von 84,60 €. Die Bank verlangt dafür eine Orderprovision von 2,5‰ des Ordervolumens. Berechne das Ordervolumen (= Preis für 75 Aktien) und dann die Orderprovision.

b) Erdbeeren enthalten 0,62‰ Vitamin C. Für Kinder im Alter von 10 - 12 Jahren empfiehlt die Deutsche Gesellschaft für Ernährung eine tägliche Zufuhr von 65 mg Vitamin C. Wie viel Gramm Erdbeeren decken diesen Bedarf?

74. Versicherungen

Versicherungssumme: (maximaler) Betrag, der bei einem Schadensfall erstattet wird.

Prämie: Jahresbeitrag des Versicherten.

Prämiensatz: Prozent- oder Promillesatz der Prämie von der Versicherungssumme.

a) Frau Jung hat ihren Hausrat für 75 000 € versichert. Der Prämiensatz beträgt 1,6‰ der Versicherungssumme. Die Versicherungssteuer beträgt 16,15% der Prämie.

Welchen Betrag muss Frau Jung jährlich an die Versicherung überweisen?

Hausratversicherung	
Versicherungssumme:	75000 €
Prämie netto:	
Versicherungssteuer:	
Prämie:	

b) Nebenstehender Kasten enthält Informationen über Herrn Alts Wohngebäudeversicherung.

Mit wie viel Euro hat Herr Alt sein Haus gegen Feuer, Leitungswasser, Sturm und Hagel versichert?

Wohngebäudeversicherung	
Prämie:	523,53 €
Versicherungssteuer:	16,34 %
Prämiensatz:	1,8 ‰
Versicherungssumme:	

c) Nebenstehender Kasten enthält Informationen über eine Haftpflichtversicherung. Berechne den Prämiensatz.

Haftpflichtversicherung	
Versicherungssumme:	1 Mio EUR
Prämie:	142,80 €
Versicherungssteuer:	19 %
Prämiensatz:	

75. Winzige Anteile

ppm = parts per million
(Teile von einer Million)
1 ppm steht für 10^{-6} (ein Millionstel).

$$12\,\text{ppm} = \frac{12}{1000000} = 12 \cdot 10^{-6}$$

a) Eine Salzlösung wiegt 2,5 kg und enthält 20 mg Salz. Gib den Salzgehalt in ppm an.

b) Die Zahnpasta in einer 75ml-Tube wiegt 104 g. Sie enthält zum Schutz vor Karies 1450 ppm Natriumfluorid. Wie viel Milligramm sind das?

c) Ergänze nebenstehende Umrechnungstabelle für %, ‰ und ppm. Verwende die Zehnerpotenzschreibweise.

von \ in	%	‰	ppm
%	1	10	10^5
‰			
ppm			

76. Mischungsproblem

Meerwasser hat einen Salzgehalt von 35‰, d. h. 1 kg Meerwasser enthält 35 g Salz.

a) Man mischt 1 kg Meerwasser mit 13 kg salzfreiem Wasser. Welchen Salzgehalt hat die Mischung?

b) Mit wie viel Kilogramm salzfreiem Wasser muss man 1 kg Meerwasser mischen, damit die Mischung nur noch einen Salzgehalt von 0,5‰ (Trinkwasserqualität) hat?

77. Wasserverunreinigung

Durch Einleitung einer giftigen Chemikalie in einen Stausee ist das Wasser so verunreinigt worden, dass ein Badeverbot erlassen werden musste. Im See wurden 125 ppm der Chemikalie gemessen. Die Verunreinigung nimmt langsam ab, und zwar um 10% pro Woche. Das Badeverbot kann aufgehoben werden, Wenn die Verunreinigung auf einen Wert unter 25 ppm gesunken ist.

a) Wie viel ppm beträgt die Verunreinigung nach einer, zwei drei Wochen?

b) Begründe: Nach n Wochen $(n \in \mathbb{N})$ beträgt die Verunreinigung $0{,}9^n \cdot 125\,\text{ppm}$.

c) Nach wie vielen Wochen kann das Badeverbot aufgehoben werden?

78. Alkohol und Verkehrssicherheit

Die Wirkung von Alkohol wird von vielen Autofahrern unterschätzt. Bei nahezu jedem zweiten Verkehrsunfall mit tödlichem Ausgang ist Alkohol im Spiel. In manchen Ländern gibt es daher ein absolutes Alkoholverbot für Kraftfahrer. In der Bundesrepublik Deutschland liegt die zulässige Grenze bei 0,5‰ Alkoholgehalt im Blut (Blutalkoholkonzentration). Aber auch bei einer Blutalkoholkonzentration von 0,3‰ kann ein Autofahrer als fahruntüchtig gelten, wenn er einen alkoholtypischen Fehler macht.

a) Herr Fritz trinkt innerhalb einer Stunde 1 ℓ Bier mit einem Alkoholgehalt von 5 Vol% (Volumenprozent). 1 ml Alkohol wiegt 0,8 g. Zeige, dass Herr Fritz 40 g reinen Alkohol zu sich genommen hat.

b) Der Alkohol wird im Magen und Darm vom Körper aufgenommen und verteilt sich innerhalb von 30 bis 60 Minuten gleichmäßig im gesamten „Körperwasser".

Herr Fritz wiegt 73 kg, rund 68% seines Körpergewichts entfallen auf das „Körperwasser". Mit welchem Alkoholgehalt im Körperwasser (und damit auch im Blut) muss Herr Fritz höchstens rechnen?

c) 5 bis 10% des konsumierten Alkohols werden durch Schweiß, Urin oder Atem ausgeschieden, den übrigen Alkohol transportiert das Blut zur Leber, wo er chemisch umgewandelt wird. Der Alkoholabbau erfolgt mit ca. 0,15‰ pro Stunde. Wie viele Stunden sollte Herr Fritz warten, bis er sich wieder ans Steuer setzt?

Zinsrechnung

Du willst Geld anlegen?

Vergiss deinen Sparstrumpf!

Durch regelmäßiges Sparen und rentable Anlageformen kannst du im Laufe der Jahre ein stattliches Vermögen aufbauen.

Wir zeigen dir, wie aus Mäuschen Mäuse werden!

Geld leihen

Ob ein neues Mofa oder ein Ultra-Riesen-HD-TV – wir helfen dir ohne große Umstände, wenn du einmal mehr Geld benötigst, als du auf dem Konto hast.

Mit einem Privatkredit lassen sich Pläne schneller verwirklichen oder günstige Angebote nutzen.

Selbstverständlich zu fairen Konditionen!

79. Einführende Aufgaben

a) Für **Spareinlagen** erhält man von der Bank oder Sparkasse **Zinsen**. Die Zinsen werden mit Hilfe des **Zinssatzes** berechnet. Der Zinssatz gibt an, wie viel Prozent des Sparbetrages nach einem Jahr als Zinsen (als **Jahreszinsen**) gutgeschrieben werden.

Frau Koch hat 5000 € auf einem Sparbuch angelegt. Die Einlage wird mit einem Zinssatz von 1,5% verzinst. Wie viele Jahreszinsen erhält Frau Koch? Welches Guthaben hat sie nach einem Jahr?

Jahreszinsen:

Neues Guthaben:

b) Man kann bei einem Geldinstitut einen **Kredit** oder ein **Darlehen** aufnehmen, d. h. für eine bestimmte Zeit Geld (= **Kapital**) leihen. Dafür muss man an die Bank Zinsen bezahlen.

Herrn Stein fehlen für den Bau seines Hauses noch 45 000 €. Er leiht das Kapital bei einer Bank zu einem Zinssatz von 3%. Wie viele Jahreszinsen muss er bezahlen?

Jahreszinsen:

c) Die Zinsen sind proportional zur **Laufzeit**. Sie betragen z. B. in einem halben (drittel, viertel, ...) Jahr nur die Hälfte (ein Drittel, ein Viertel, ...) der Jahreszinsen.

Ein Unternehmer braucht einen Kredit in Höhe von 28 000 € für drei Monate. Welchen Betrag muss er bei 8% Verzinsung an die Bank zurückzahlen?

Jahreszinsen:

Zinsen für 3 Monate:

Rückzahlung:

Kapital K : Gesparter oder geliehener Geldbetrag

Zinsen Z : Preis für die Überlassung von Kapital auf Zeit

Zinssatz $p\%$: Er gibt an, wie viel Prozent des Kapitals nach einem Jahr als Zinsen zu zahlen sind. Häufig ist deshalb p. a. hinzugefügt (z. B. 5% p. a.); p. a. = pro anno (lat.): pro Jahr.

Jahreszinsen = $p\%$ von K

80. Grundaufgaben

a) Sarah hat ein Jahr lang 650 € auf ihrem Sparbuch. Wie viele Zinsen erhält sie bei einem Zinssatz von 0,8%?

b) Herr Kurt hat zu einem Zinssatz von 5% bei seiner Sparkasse Geld geliehen. Er zahlt 325 € Jahreszinsen. Wie hoch ist das Darlehen?

c) Julia hat 250 € auf ihrem Sparbuch und erhält dafür 2,75 € Jahreszinsen. Wie hoch ist der Zinssatz?

d) Zinssätze sind marktabhängig und verändern sich. Berechne die Jahreszinsen auf eine Spareinlage von 1000 € in den Jahren 2004, 2008, 2012, 2015 und aktuell.

Sparbuch-Zinssätze	
2004:	2,1%
2008:	4,5%
2012:	0,6%
2015:	0,15%
aktuell:	

81. Hinführung zur Zinsformel

Berechne die Zinsen für verschiedene Laufzeiten.

Kapital: 12000 € - Zinssatz: 5%	
Laufzeit	Zinsen
1 Jahr	5% von 12000 € =
$\frac{2}{3}$ Jahre	$\frac{2}{3}$ von (5% von 12000 €) =
0,7 Jahre	0,7faches von (5% von 12000 €) =
$\frac{1}{2}$ Jahr	
3 Jahre*	
$\frac{3}{4}$ Jahre	
1,5 Jahre*	
i Jahre*	

* ohne Verzinsung der Zinsen

Zinsformel

Ein Kapital K, das zum Zinssatz $p\%$ verzinst wird, bringt in i Jahren die Zinsen

$$Z = i \cdot p\% \cdot K\ .$$

Für in Monaten bzw. Tagen angegebene Laufzeiten gelten folgende Vereinbarungen:

Laufzeit m Monate: $i = \frac{m}{12}$,

Laufzeit t Tage: $i = \frac{t}{360}$.

82. Berechnung der Zinsen

a) Silvester hat 10 000 € für 8 Monate zu 7,5% geliehen. Kannst du ihm bei der Berechnung der Zinsen helfen?

Gesucht: Z = ?

Gegeben: K = 10 000 €, p% = 7,5% = , i =

Z =

A.:

b) Anne hat drei Viertel Jahr lang 220 € auf ihrem Sparbuch. Der Zinssatz beträgt 1,2%. Berechne die Zinsen.

c) Frau Klein legt für 5 Monate 18 000 € zu 4,2% an. Wie hoch sind die Zinsen?

d) Herr Reiter hat sein Konto für 26 Tage um 720 € überzogen. Berechne die Überziehungszinsen bei einem Zinssatz von 12,5%.

83. Berechnung des Kapitals

a) Ein Kapital bringt bei 5% Verzinsung in 5 Monaten 100 € Zinsen. Berechne das Kapital.

Gesucht: K = ? Gegeben: Z = 100 €, p% = 5% = , i =

$K = \frac{Z}{i \cdot p\%} =$

A.:

b) Herr Raab hat zu einem Zinssatz von 9% bei seiner Bank Geld geliehen. Er bezahlt vierteljährlich 126 € Zinsen. Wie hoch ist das Darlehen?

c) Herr Otto hat mit seiner Bank eine Festgeldanlage vereinbart: Er überlässt der Bank einen bestimmten Geldbetrag für 4 Monate bei 4,5% Verzinsung. Welches Kapital hat Herr Otto eingesetzt, wenn er nach 4 Monaten 300 € Zinsen erhält?

d) Für eine größere Anschaffung möchte Familie Wolf einen Kredit aufnehmen. Für den Zins kann sie monatlich höchstens 75 € aufbringen. Wie hoch darf das Darlehen höchstens sein, wenn der Zinssatz 5% beträgt?

84. Berechnung des Zinssatzes

a) Eine Festgeldanlage von 15 000 € bringt in 6 Monaten 135 € Zinsen.
Berechne den Zinssatz.

Gesucht: p% = ? Gegeben: K = 15 000 €, Z = 135 €, i = $\frac{1}{2}$

p% = ——— =

A.:

b) Eine Festgeldanlage von 36 000 € bringt in einem Monat 51 € Zinsen. Berechne den Zinssatz.

c) Wie viel Zinsen werden für die spätere Zahlung des Fernsehgerätes verlangt? Wie hoch ist der Zinssatz?

ELEKTRO MÜLLER
Fernsehgerät:
- 950 € bei sofortiger Zahlung
- 965,20 € bei Zahlung in 3 Monaten

d) Herr Sauer hat sein Konto 10 Tage lang um 2520 € überzogen. Die Sparkasse berechnet dafür 9,80 € Zinsen. Berechne den Zinssatz.

85. Berechnung der Verzinsungsdauer

a) In welcher Zeit bringen 1600 € bei $4\frac{1}{2}$ % Verzinsung 48 € Zinsen?

Gesucht: i = ? Gegeben: K = 1600 €, Z = 48 €, p% = 4,5% =

i =

A.:

b) Frau Becker hat 7200 € zu 3% angelegt. In welchem Zeitraum erzielt sie damit einen Ertrag von 108 €?

c) Lisa zahlt 480 € auf ein Sparkonto ein. Wie viele Monate muss sie warten, bis ihr Sparguthaben bei 5% Verzinsung auf 500 € gewachsen ist?

d) Die Firma Reeder leiht sich kurzfristig 63 000 € bei einem Zinssatz von 9%. Sie zahlt 63 189 € zurück. Für wie viele Tage hat sich die Firma das Geld geliehen?

Vermischte Zinsaufgaben

86. Ergänze für den Zinssatz 5% p. a. (pro anno).

Kapital	Jahreszins	Monatszins	Tageszins
7200 €			
			4 ct
		200 €	

87. Vergleiche nachstehende Kreditangebote. Berechne jeweils den Zinssatz p. a. .

Sparkasse	Darlehen-Bank	Kredit Müller
Sofort-Kredit: 2000 € Nur 0,6% Zinsen pro Monat.	Sofort-Kredit: 2000 € Nur 16,50 € Zinsen im Monat.	Sofort-Kredit: 2000 € Nur 1 € Zinsen am Tag.

88. Wachstumssparen

Herr Berg legt 12 000 € auf dem Wachstumssparkonto an. Die Zinsen werden ausbezahlt.

a) Wie viel Zinsen erhält Herr Berg im Laufe der 54 Monate?

b) Finde heraus, was der Prozentsatz 2,04% angibt.

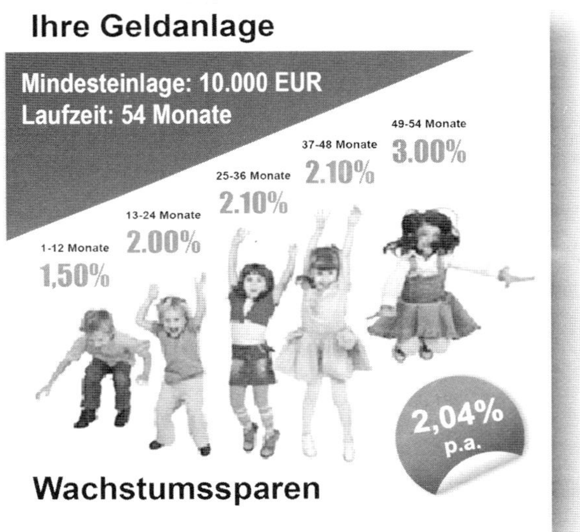

89. Frau Philips möchte den Smart-LED-Fernseher TX-60ASW75 kaufen. Da sie das Gerät nicht bar bezahlen kann, überlegt sie,

- ob sie das Angebot von Elektro Meyer zur Ratenzahlung annehmen soll,
- oder ob sie bei der Sparkasse für 11% Zinsen p. a. das notwendige Geld leihen und den Kredit in 10 Monatsraten abbezahlen soll.

Was rätst du Frau Philips?

Elektro Meyer

Smart-LED-TV TX-60ASW75

Barpreis: 1199 €

Auch in 10 Monatsraten zu je 135 € zu zahlen.

90. Herr Lorenz hat erst in einem Monat wieder genügend Geld auf seinem Konto, um die Rechnung zu bezahlen.

Bei sofortiger Zahlung müsste er sein Konto mit dem zu zahlenden Betrag bei einem Zinssatz von 12% überziehen.

Was rätst du Herrn Lorenz?

```
Rechnung
Malerarbeiten:  4000€

Bei sofortiger Zahlung:
      2% Skonto.
Zahlbar innerhalb eines
Monats.
```

Im Bankwesen zählt jeder Monat 30 Tage, das Jahr 12·30 Tage, also 360 Tage.
Bei Einzahlungen beginnt die Verzinsung des neuen Betrages am folgenden Tag, bei Abhebungen am gleichen Tag. (deutsche Zinsmethode)

91. Berechne die Anzahl der Zinstage und Kalendertag, wenn kein Schaltjahr vorliegt.

erster Zinstag	letzter Zinstag	Anzahl der Zinstage	Anzahl der Kalendertage
21.03.	12.07.	112	114
01.02.	31.08.		
15.01.	14.04.		
06.07.	23.08.		
07.02.	30.04.		
24.05.	29.10.		
11.11.	04.04.		

92. a) Christian bringt am 30. April 500 € auf die Bank und lässt sich ein Sparkonto einrichten. Auf wie viel Euro ist sein Geld am Ende des Jahres angewachsen, wenn er 1,5% Zinsen erhält?

b) Christine hat 960 € auf einem Sparbuch mit 1,2% Verzinsung. Am 1. Juni löst sie das Sparbuch auf und erhält Guthaben und Zinsen ausbezahlt. Wie viel ist das?

c) Christiane hat zu Jahresanfang ein Sparguthaben von 600 €. Am 15. Juni zahlt sie weitere 150 € auf das Sparbuch ein. Die Sparkasse gewährt 2% Zinsen. Wie viel Zinsen werden ihr am Jahresende gutgeschrieben?

93. a) Herr Benz überweist am 4.7. einen größeren Geldbetrag und überzieht dabei sein Girokonto bis zum 23.7. um 4500 €. Wie viel Sollzinsen muss er bei einem Zinssatz von 11,5% dafür bezahlen?

b) Eine Sparkasse zahlt einem Kunden für die Zeit vom 01.03. bis 31.05. bei einem Zinssatz von 3,6% 126 € Zinsen. Welches Kapital hat der Kunde angelegt?

c) Ein Kaufmann muss für einen Kredit in Höhe von 25 000 € für die Zeit vom 01.08. bis 10.09. bei seiner Bank 250 € Zinsen bezahlen. Wie hoch ist der Zinssatz?

d) Frau Weber hat am 18.5. einen Kredit in Höhe von 15 000 € zu einem Zinssatz von 12% aufgenommen. An welchem Tag (Datum) hat sie den Kredit zurückgezahlt, wenn ihr 240 € Zinsen berechnet wurden?

94. Ein Sparbuch weist innerhalb eines Jahres folgende Buchungen auf (alle Geldbeträge in €).

Datum	Einzahlung	Auszahlung	Guthaben	Zinstage	Zinsen
01.01	---	---	1500	120	25
30.04.	300	---			
15.05.	120	---			
01.06.	---	---	1920		
21.08.	---	840			
17.10.	---	180			
30.11.	250	---			
Jahreszinsen:					
Kontostand zu Beginn des neuen Jahres:					

Der Zinssatz beträgt zu Jahresanfang 5% und sinkt am 1. Juni auf 4,5%. Die Zinsen werden erst am Ende des Jahres gutgeschrieben. Fülle die Tabelle aus.

95. Tilgungsplan

Herr Beck nimmt für eine größere Anschaffung bei seiner Bank einen Kredit in Höhe von 18000 € zum Zinssatz von 10% auf. Für **Tilgung** (= Rückzahlung) und Zins bezahlt Herr Beck 1200 € pro Quartal an die Bank.

Herr Beck hat mit einem Tabellenkalkulationsprogramm einen Tilgungsplan erstellt, von dem du hier einen Ausschnitt siehst.

Tilgungsplan

Quartal	Rate	Zinsen	Tilgung	Restschuld
				18000,00
1	1200	450,00	750,00	17250,00
2	1200			
3	1200	412,03	787,97	15693,28
4	1200	392,33	807,67	14885,61
5	1200	372,14	827,86	14057,75
6	1200	351,44	848,56	13209,20
7	1200	330,23	869,77	12339,43
8	1200	308,49	891,51	11447,91
9	1200	286,20	913,80	10534,11
10	1200	263,35	936,65	9597,46
11				

a) Ergänze „von Hand" die fehlenden Werte zum zweiten und elften Quartal.

b) Verwende ein Tabellenkalkulationsprogramm, um selbst den gesamten Tilgungsplan zu erstellen.

c) Gib die Kosten des Kredits absolut und in Prozent an.
Wie lange dauert es, bis der Kredit getilgt ist?

Zinseszinsen

96. Zu Jahresbeginn eröffnet Silvester ein Sparkonto mit 1000 €, der Zinssatz beträgt 5%.

a) Wie viel Zinsen erhält Silvester innerhalb von drei Jahren, wenn er sich jedesmal am Jahresende die Zinsen ausbezahlen lässt?

$K = 1000€,\ p\% = 5\%,\ i = 3$

$Z = i \cdot p\% \cdot K = 3 \cdot 5\% \cdot 1000€ = 150€$

b) Silvester hebt am Jahresende die Zinsen nicht ab, sondern lässt sie jeweils dem Guthaben hinzufügen. Fülle aus.

	Guthaben am Jahresanfang	Jahreszinsen	Guthaben am Jahresende
1. Jahr	1000 €	50€	1050€
2. Jahr	1050€	52,50€	1102,50€
3. Jahr	1102,50€	55,13€	1157,63€

Um welchen Betrag ist Silvesters Guthaben innerhalb von drei Jahren gewachsen? 157,63€

Werden fällige Zinsen nicht abgehoben, so werden sie dem Kapital hinzugefügt und zusammen mit diesem verzinst.
Der Betrag, um den das Kapital insgesamt anwächst, heißt **Zinseszins**.

97. Ein Kapital K_0 wird mehrere Jahre bei einem Zinssatz von $p\%$ angelegt. Die Zinsen werden jeweils am Ende des Jahres dem Kapital hinzugefügt.

a) Berechne das Kapital nach einem, zwei, drei Jahren.

- Kapital nach einem Jahr:

  $K_1 = K_0 + \text{Zinsen} = K_0 + p\% \cdot K_0 = K_0 \cdot (1 + p\%)$

- Kapital nach zwei Jahren:

  $K_2 = K_1 + \text{Zinsen} = K_1 + p\% \cdot K_1 = K_1 \cdot (1 + p\%)$

  $K_0 \cdot (1+p\%) \cdot (1+p\%) = K_0 \cdot (1+p\%)^2$

- Kapital nach drei Jahren:

  $K_3 = K_2 + \text{Zinsen} = K_2 + p\% \cdot K_2 = K_2 \cdot (1+p\%)$

  $K_0 \cdot (1+p\%)^2 \cdot (1+p\%) = K_0 \cdot (1+p\%)^3$

b) Auf welchen Wert ist das Kapital nach n Jahren angewachsen?

$K_n = K_0 \cdot (1+p\%)^n$

Zinseszinsformel

Ein Kapital K_0, dem alle Jahre die fälligen Zinsen hinzugefügt werden, wächst bei einem Zinssatz von $p\%$ nach n Jahren auf das Endkapital

$$K_n = K_0 \cdot (1 + p\%)^n .$$

98. Berechne das Endkapital.

	a)	b)	c)	d)	e)	f)
Kapital	400 €	1000 €	676,84 €	1500 €	3972 €	10 €
Zinssatz	3%	4,5%	5%	6,5%	8%	10%
Laufzeit	6 Jahre	5 Jahre	8 Jahre	11 Jahre	12 Jahre	10 Jahre
Endkapital	477,62€	1246,18€	1000€	2998,77€	10002,17€	25,93€

99. Sabine hat bei ihrer Einschulung von ihren Eltern ein Sparbuch über 500 € erhalten. Das Geld wird jährlich mit 6% verzinst. Welcher Kontostand ergibt sich nach 12 Schuljahren, wenn in der Zwischenzeit weder eingezahlt noch abgehoben wurde?

100. a) Nach fünf Jahren ist eine Spareinlage bei 4% Verzinsung mit Zinseszinsen auf 9124,90 € angewachsen. Wie groß war die ursprüngliche Spareinlage?

b) Welchen Betrag muss Herr Fischer bei der Geburt seiner Tochter Barbara anlegen, damit sie mit 18 Jahren 10000 € abheben kann. Der Zinssatz sei die ganze Zeit über 7,2%.

101. Bestimme $n \in \mathbb{N}$ mit Hilfe des Taschenrechners (x^y-Taste) durch Probieren.

$1{,}065^n \approx 2$	$1{,}2^n \approx 3$	$1{,}05^n \approx 1{,}8$	$1{,}06^n \approx 1{,}6$	$1{,}08^n \approx 10$
n = 11				

102. a) In wie vielen Jahren wächst ein Kapital von 6000 € bei 4,5% Verzinsung auf 8211 € an?

b) In wie vielen Jahren verdoppelt sich ein Kapital bei 6% Verzinsung?

c) Herr Schlau zahlt 100 € auf ein Sparkonto ein. Der Zinssatz beträgt 5%. Er will nun abwarten, bis er Millionär geworden ist. Nach wie vielen Jahren hat er es geschafft?

Fehlerangaben

103. Anna, Karl, Lisa und Otto schätzen die Seitenzahl eines Buches. Ergänze die Tabelle.

Name	geschätzte Seitenzahl	richtige Seitenzahl	Fehler
Anna	200	216	-16
Karl	225	216	
Lisa	210	216	
Otto	216	216	

Unter dem **absoluten Fehler** einer Schätzung bzw. einer Messung versteht man die Differenz zwischen dem Schätzwert bzw. Messwert und dem richtigen Wert.

Unter dem **prozentualen Fehler** versteht man den Prozentsatz des absoluten Fehlers vom richtigen Wert.

Prozentualer Fehler von Karls Schätzung in Aufgabe 103:

$$\frac{\text{absoluter Fehler}}{\text{richtiger Wert}} = \frac{9}{216} \approx 0{,}042 = 4{,}2\%$$

104. Silvester und Wurzel messen zwei Streckenlängen.

Name	Messwert	richtiger Wert	absoluter Fehler	prozentualer Fehler
Silvester	11 m	10 m		
Wurzel	101 m	100 m		

a) Gib die absoluten Fehler an. Sind beide Messungen gleich gut?

b) Welche prozentualen Fehler machen Silvester und Wurzel?

105. Wie groß sind der absolute und der prozentuale Fehler, wenn du folgende Zahlen auf Einer rundest?

Zahl	6,25	1,7	15,4	263,5	0,8	0,12
gerundete Zahl	6					
absoluter Fehler	-0,25					
prozentualer Fehler	-4%					

106. Gregor, Judith und Robert schätzen Antons Gewicht:

- Gregor: 4200 g ,
- Judith: $3\frac{3}{4}$ kg ,
- Robert: 3,9 kg .

Berechne die prozentualen Fehler der Schätzungen.

Anton

Gewicht:
3 kg 820 g

AUF EINEN BLICK

Prozent- und **Promilleschreibweise:** $p\% = \frac{p}{100}$; $p‰ = \frac{p}{1000}$

Anteile in Prozent

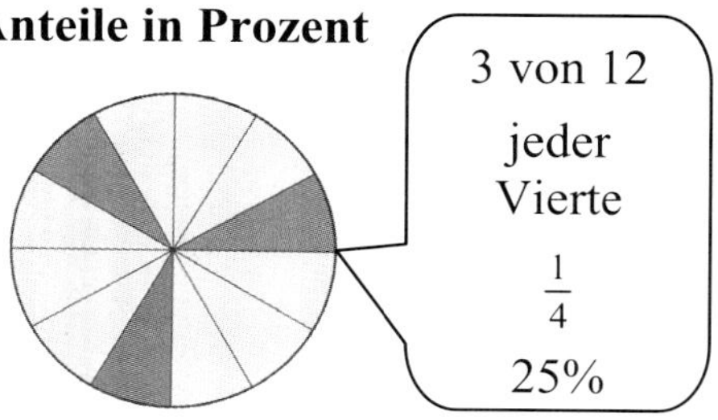

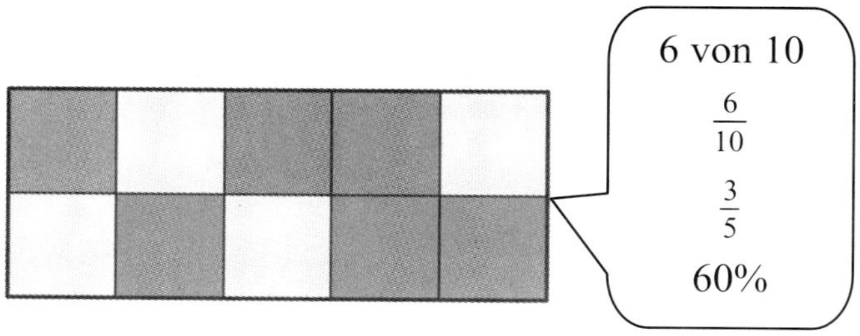

Anteile kannst du leicht vergleichen, wenn sie in Prozent angegeben sind.

Umrechnen in Prozent ...

- Erweitern auf den Nenner 100: $\frac{3}{4} = \frac{75}{100} = 75\%$.
- Über die Dezimalbruchschreibweise: $\frac{5}{8} = 0{,}625 = 62{,}5\%$.

... und umgekehrt

$36\% = \frac{36}{100} = 0{,}36$ bzw. $\frac{9}{25}$

Prozente in Diagrammen

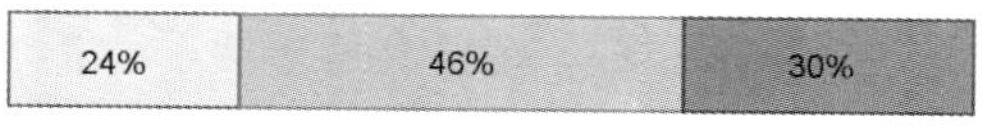

Streifendiagramm

Kreisdiagramm

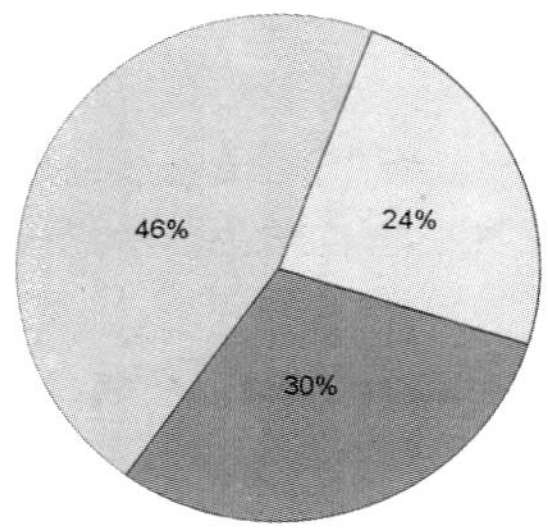

Prozentformel

$p\%$ von $G = p\% \cdot G = W$

Prozentsatz | **Grundwert** | **Prozentwert**

Grundaufgaben der Prozentrechnung

Prozentwert gesucht:
Wie viel sind 38% von 500?
$38\% \cdot 500 = 0{,}38 \cdot 500 = 190$

Prozentsatz gesucht:
Wie viel Prozent sind 36 von 90?
$p\% \cdot 90 = 36 \Rightarrow p\% = \frac{36}{90} = 40\%$

Grundwert gesucht:
7,5% einer Zahl sind 120.
$7{,}5\% \cdot G = 120 \Rightarrow G = \frac{120}{0{,}075} = 1600$

Prozentuale Zu- und Abnahme

800 € zuzüglich 19% MwSt.:
$800\,€ \xrightarrow{\cdot 1{,}19} 952\,€$

800 € abzüglich 3% Skonto:
$800\,€ \xrightarrow{\cdot 0{,}97} 776\,€$

Der Verkaufspreis von 496 € liegt um 55% über dem Einkaufspreis E:
$E \xrightarrow{\cdot 1{,}55} 496\,€$
$\Rightarrow 496\,€ \xrightarrow{:1{,}55} 320\,€$

Zinsformel: $Z = i \cdot p\% \cdot K$ i: Laufzeit in Jahren; $p\%$: Zinssatz; K: Kapital; Z: Zinsen.